Construction and Sharing
of Ecological Civilization
Wuhan City Circle as An Example

生态文明
共建共享研究
以武汉城市圈为例

戴胜利◎著

科学出版社
北 京

内 容 简 介

本书首先基于对城市圈生态文明建设现状的梳理，找出了城市圈生态文明共建共享机制建构中存在的问题和困难；在此基础上，构建了城市圈生态文明共建共享的协调框架，并选择了合适的模式；最终从组织建设、制度设计、文化引导等方面，设计了城市圈生态文明共建共享的实现路径。

本书对于解决跨区域生态文明建设过程中的健康发展问题有重要价值，对相关政府部门人员，以及生态文明建设、资源环境、公共管理、区域经济等领域的研究人员具有重要参考价值。

图书在版编目（CIP）数据

生态文明共建共享研究：以武汉城市圈为例 / 戴胜利著 .—北京：科学出版社，2015.2

ISBN 978-7-03-043344-2

Ⅰ.①生… Ⅱ.①戴… Ⅲ.①生态环境建设–研究–武汉市 Ⅳ.①X321.263.1

中国版本图书馆CIP数据核字（2015）第029418号

责任编辑：朱丽娜 高丽丽 / 责任校对：刘亚琦
责任印制：张 倩 / 封面设计：铭轩堂
编辑部电话：010-64033934
E-mail:fuyan@mail.sciencep.com

科 学 出 版 社 出版
北京东黄城根北街16号
邮政编码：100717
http://www.sciencep.com
双青印刷厂印刷
科学出版社发行 各地新华书店经销

*

2015年5月第 一 版 开本：720×1000 1/16
2015年5月第一次印刷 印张：15 1/4
字数：286000

定价：56.00元
（如有印装质量问题，我社负责调换）

目　录

第一章

导　论

第一节　研究背景及意义

一、选题的背景

（一）城市圈有关公共事务协调的选题背景

中国实行改革开放政策 30 多年来，经济实现了腾飞，城市也获得了巨大的发展。城市与城市之间的合作日渐繁多，尤其是地理上比较近的城市之间的合作更加广泛，出现了"长江三角洲"、"珠江三角洲"、"京津冀"等好几个城市圈或者城市群。国家为了扶植中部地区的发展，实现"中部崛起"，于 2008 年 10 月批准了《武汉城市圈资源节约型和环境友好型社会建设综合配套改革试验总体方案》（以下简称《武汉城市圈建设方案》），武汉及其周边 8 个市形成城市圈共同发展的思路得到了中央的肯定。但是，自《武汉城市圈建设方案》获批到目前为止，由于时间太短，很多配套性的、细化的协作机制尚未形成，城市圈内的各种工作开展起来还是比较困难的。究其原因，最主要的还是在于武汉城市圈内 9 个城市都是相对独立的行政区，每个行政区都有自己的利益，在很多情况之下，城市之间都有利益冲突，如果没有一套有效的措施专门用于解决区域之间的利益冲突，一旦发生区域利益冲突，后果就相当严重。基于此，我们选择武汉城市圈区域公共事务作为研究对象，旨在建立一套有效的区域间公共事务的协调机制。

围绕"中国行政区经济与经济区经济运行的相互关系"这一大命题，中国学者近 20 余年进行了大量的研究，尽管这方面已有大量可喜的研究成果，但随着研究的不断深化和拓展，我们发现这一命题所涉及的理论和实际问题相当广泛。本书所要探讨和研究的是与这一命题关系密切的武汉城市圈内部各区域之

间就生态文明建设问题如何建立起共建共享的利益机制，以促进生态文明建设。

近20年来，特别是近10年来，中国行政区之间的各种利益冲突越演越烈，这些冲突已经严重影响和制约了中国区域经济的一体化发展。本书选择武汉城市圈有关生态文明建设方面的共建共享等协调机制作为切入点，从历史发展和中外对比等角度，着重探讨和研究在现有的行政区划体制不变的前提下，城市圈各区域之间协调有关公共事务的类型、原因和特点，并对如何解决相关公共事务的共同协调工作、共同建设投入、共同享有利益的机制进行探讨和研究。

社会公共事务的协调实质上是有关利益冲突的协调。在研究具体的协调机制之前，首先对社会的利益冲突进行简单的论述。社会的利益冲突是人类社会普遍存在的社会现象，有关社会、政治、经济、文化等方面冲突问题的研究，是社会学、人类学、政治学和经济学等多学科共同关注的焦点和基本问题。社会冲突乃源自西方的语汇，有其特定的制度与文化背景及语境。因此，对于城市圈区域之间的利益冲突，急需进行不同视野的学术观察和理论研究，尤其是需要对这类冲突事件进行个案形式的深入研究。这就要求我们在现代化和市场化的背景下，确定如何分析利益冲突的构成因素（原因），处理各种利益冲突关系（解决方式），以及在此基础上建立适当的协调机制和整合模式（解决机制）。

本书并不企图从改变目前武汉城市圈现行的行政区划体制来研究和解决有关生态文明建设的协调问题，因为这两者之间没有必然的因果关系，不管武汉城市圈的行政区划体制改革得如何完善，只要"行政区经济"仍然在刚性地制约着经济区经济的发展，公共事务的协调及矛盾冲突问题就在所难免；本书也不企求在主观上迅速消除"行政区经济"的现象，因为"行政区经济"作为一种转轨体制过程中过渡的客观历史现象，还有其一定的积极功能，在过渡阶段，它还有一定的生命力，不会马上退出历史舞台。在过渡阶段，"行政区经济"利弊共存，但其发展趋势是弊越来越大于利，最大的弊端在于其刚性制约了"经济区经济"的自然发展和区域经济一体化的发展。本书企图通过理论与现实问题的探讨和比较研究，在找出淡化"行政区经济"现象或行政区的经济功能手段的过程中，同时探讨和找出解决城市圈内市级行政区之间有关公共事务的协调途径和机制，尤其是有关生态文明建设的协调机制，达到共建共享的目的。本书从宏观方面通过对中外行政区有关公共事务协调解决机制的比较研究，以及从武汉城市圈目前的公共事务尤其是生态文明建设共建共享困难的类型和原因研究入手，提出了解决问题的相应途径和机制。

（二）生态文明建设区域生态共建共享的背景①

改革开放 30 多年以来，我国经济保持了年均 9.7% 的快速增长，人均 GDP 由 1978 年的 226 美元增加到 2012 年的 6100 美元②，人民生活正在进行由总体小康向全面小康的历史性跨越。但在经济快速发展和人民生活水平快速提高的同时，伴随而来的是环境的不断被破坏和生态的不断恶化，这些现象也催生了生态文明建设课题的提出。

1. 理论背景

（1）党的生态文明建设理论

党的十七大将"建设生态文明，基本形成节约能源资源和保护生态环境的产业结构、增长方式、消费模式"作为我国全面建设小康社会的新要求。党的十七大把生态文明写入党的报告，中国特色社会主义事业的总体布局不断完善，从而把中国特色社会主义事业的总体布局的四位一体，发展为社会主义经济建设、政治建设、文化建设、社会建设、生态文明建设的五位一体。这充分体现了科学发展观的要求，体现了我国改革发展进入关键时期的要求，同时也体现了我们党正视和解决现实问题的勇气和智慧。在"五位一体"的总体布局中，生态文明建设占有极其重要的战略地位。生态文明建设关系到最广大人民的根本利益，关系到全面建设小康社会的全局，关系到我们子孙后代的幸福安康，关系到党的事业的兴旺发达和国家的长治久安。没有良好的生态环境，中国特色社会主义建设事业就难以实现。③

（2）"反公共地悲剧"理论

1998 年，美国教授米歇尔·赫勒（M. A. Heller）提出了"反公共地悲剧"理论（Tragedy of Anti-Commons）。他认为，尽管"公共地悲剧"说明了人们过度利用（overuse）公共资源的恶果，但却忽视了资源未被充分利用（underuse）的可能性。在公共地内存在很多权利所有者，为了达到某种目的，每个当事人都有权阻止其他人使用该资源或相互设置使用障碍，而没有人拥有有效的使用权，导致资源的闲置和使用不足，造成浪费或福利减少，于是就发生了"反公共地悲剧"。在生态文明建设中，权利拥有者之间如何加强协作，充分利用资源，实现区域经济、社会效益的最大化，依然是一个新课题。区域生态文明共享要反对多个权利持有人互相排斥其他人使用资源而造成资源使用不足、效益降低

---

① 方世南 . 2009. 区域生态合作治理是生态文明建设的重要途径 . 学习论坛, 25（4）：40～43.
② 中华人民共和国国家统计局 . 2012. 中国统计年鉴（2012）. 北京：中国统计出版社 .
③ 根据党的十七大报告总结而来。

的"反公共地悲剧"。①

2．实践背景

（1）生态文明建设区域合作机制尚未形成共建共享的需要

具体到我国，我国的生态文明建设虽然取得了一定的成效，但是全国生态环境呈现出的总体恶化状况并未从根本上得到遏制。根据《中国环境的危机与转机（2008）》一书的披露，中国环境危机仍十分深重，环境"拐点"远未出现。②其重要原因在于，我国各地还未能按照科学发展观的要求更新观念和创新机制，统筹协调，建立多元合作的跨区域生态治理机制。各地区的生态文明建设，长期以来忽视了生态环境所具有的整体性和公共性的特点，地方政府固守着传统的"造福一方"和"守土有责"的狭隘视界，采取各自为政的做法。一些地方受经济利益的驱动而对环境整治持消极态度，因而在以治理环境污染和进行生态环境修复等为内容的生态文明建设方面难以取得扎实的成效。生态文明建设迫切呼唤跨区域的生态合作治理。

（2）生态环境的公共性特点呼唤区域共建共享

在生态文明建设上采取跨区域的生态合作治理，是由生态环境所具有的公共性的特点决定的。生态环境是一种公共物品和公共资源，由于生态环境具有不可分割的特点，对于生态环境的产权特别是跨区域生态环境的产权更是难以界定，即使科学地界定也要付出极其高昂的成本。鉴于生态环境是公共物品和公共资源，再加上跨区域生态环境的产权不明晰、管理上的条块分割和政出多门，哈丁（Hardin）所揭示的"公地的悲剧"现象就不断上演。

（3）地方政府公共行政管理创新的任务决定生态文明建设要共建共享

如果再不真正地确立和实践科学发展观，各区域不强化跨区域生态合作治理的共同体意识，不创新跨区域生态合作治理机制，不采取跨区域生态合作治理方式，生态危机还会持续地严重下去，其后果将不堪设想。在生态文明建设中强调跨区域合作治理，是由地方政府公共行政管理创新的任务决定的。按照建设生态文明的要求，以节能、降耗、减排、增效为主要切入点，形成资源节约型的生产和消费方式，把大力发展循环经济和低碳经济作为节能降耗和保护环境的基本途径，促进经济增长由主要依靠增加资源投入带动向主要依靠提高资源利用效率带动转变。转变经济发展方式已成为我国立于世界强国之林的关

① 肖祥 . 2012. "反公共地悲剧" 与区域生态文明共享 . 人民论坛，（371）（中）：58 ~ 59.
② 杨东平 . 2008. 中国环境的危机与转机 . 北京：社会科学文献出版社：109.

键环节。①

二、选题的研究意义

　　随着全球性的人口增长、资源短缺、环境污染和生态恶化，人类经过对传统发展模式的深刻反思，开始探求经济社会发展与人口、资源、环境相协调的可持续发展道路。特别是在党中央"科学发展观"、"五个统筹"和"建设和谐社会"思想的指导下，以生态城市圈建设为载体的区域可持续发展正在蓬勃开展。生态城市圈建设的实践为可持续发展提供了一个平台和切入点，也是科学发展观在区域发展中的具体体现。在生态城市圈建设过程中，科学的指标体系具有重要的意义。它不仅能反映系统的状态和性质，同时能够监测区域发展的过程，有助于认清区域的优势和不足，从而及时调整路线、方针与政策。因此，指标体系在揭示社会、经济、人口与资源、环境间的相互关系，动态监测区域生态状况的变化趋势，为政府部门制定今后的总体发展战略，以及为宏观管理和决策提供信息支持等方面具有重要的作用。

（一）选题的理论意义

　　1）随着全球性的人口增长、资源短缺、环境污染和生态恶化，人类经过对传统发展模式的深刻反思，开始探求经济社会发展和人口、资源、环境相协调的可持续发展道路。本书旨在发现适合跨区域生态文明建设的协调发展机制。

　　2）突破长期以来就"协调"论"协调"的局限，揭示区域生态文明建设的客观规律。长期以来，有关区域协调发展与区域经济利益冲突关系的研究十分薄弱，基本上是就协调论协调。本书计划在分析武汉城市圈生态文明建设的区域协同问题的前提下，通过构建武汉城市圈生态文明共建共享的基本框架，设计共建共享的基本模式和协同机制，并铺设其实现的路径，从而实现共建共享的目的。

　　3）本书中的研究是中国特色社会主义内在逻辑发展的要求，是党中央提出的重大研究课题。逻辑与历史相统一，是社会科学研究的基本方法。以此为指导，中国特色社会主义的研究，要与社会主义发展的时代主题相一致，与党中央提出的中心工作任务相统一。1997 年 9 月，党的十五大把"可持续发展"战略作为我国现代化建设的基本战略。2002 年，党的十六大提出将"可持续发展能力不断增强，生态环境得到改善，资源利用效率显著提高，促进

---

① 刘静 . 2008. 中国特色社会主义生态文明建设研究 . 中共中央党校博士学位论文 .

人与自然的和谐，推动整个社会走向生产发展、生活富裕、生态良好的文明发展道路"①作为全面建设小康社会的目标，体现了党在社会发展过程中对生态文明建设问题的高度关注。2007年，党的十七大第一次把"生态文明"写入党代会的报告。2012年，党的十八大报告倡导必须树立尊重自然、保护自然的生态文明理念，把生态文明建设放在突出位置，融入经济建设、政治建设、文化建设、社会建设的各个方面和全过程，努力建设美丽中国。②生态文明建设已经从"点题"发展到"破题"，并在全国全面展开，在这种情况下，中国特色社会主义研究理应把生态文明建设作为自己的重大研究课题。本书的涉及面较广，因此对这一课题的研究除了有利于丰富和完善上述理论外，还对深化和拓展马克思主义社会发展理论、中国特色社会主义理论等有着重要意义。③

（二）选题的实践意义

进入21世纪以后，我国经济社会的发展遭到了前所未有的挑战，人口、资源和环境等因素对今后十几年、几十年经济社会的发展有着极其深远的影响。我国已没有足够的资源和空间来支撑经济社会发展的原有方式，从长远来说，只有转变经济发展方式、实施中国特色社会主义生态文明建设，才是今后实现我国经济社会可持续发展的必然出路。用生态文明理念指导我国的经济建设和社会发展，提高全民的生态文明意识，摒弃过去不合理的经济发展方式，这将对我国产业结构的调整产生深远的影响。产业结构的调整朝着生态文明的方向发展，经济社会才能实现持续、健康发展。因而，当前加强中国特色社会主义生态文明建设研究，绝不是纸上谈兵，也不是权宜之计，而是我国经济社会实现可持续发展的客观要求。

1）生态文明建设是事关全民福祉和千秋万代的大问题，不解决好人口、资源和环境等生态问题，经济发展就失去了意义。就跨行政区的生态文明建设而论，这不是某一个人或者某一个地区能够单独解决的，需要大量的协同与合作，但如何协同？如何合作？这些机制都尚未建立，所以本书的研究具有重大的现实意义。

2）本书构建的跨区域生态文明建设协调系统和区域利益协同机制、模式，对完善跨区域建设的总体发展方针，实现跨区域经济协调发展，增强区域整体实力非常关键。

---

① 江泽民 . 2002. 全面建设小康社会，开创中国特色社会主义事业新局面 . 北京：人民出版社：9.

② 根据党的十八大报告归纳提炼而成。

③ 刘静 . 2008. 中国特色社会主义生态文明建设研究 . 中共中央党校博士学位论文 .

生态文明是以人与人、人与自然、人与社会和谐共生为宗旨，以建立可持续的生产方式和消费方式为内涵，引导人们走上持续和谐发展道路的文明形态。建设生态文明是党的十七大和十八大作出的重大战略部署，是实现全面建设小康社会宏伟目标的新要求，是实现经济社会全面、协调、可持续发展的重要途径。武汉城市圈具有较为丰富的生态环境资源，长江、汉江贯穿全境，湖泊密布，水网纵横，生态地位非常重要。加强生态文明建设，把良好的生态环境作为生存之本和发展之基，对武汉城市圈进一步转变发展方式，培育和发挥生态环境的比较优势，实施"两圈一带"发展战略，促进经济社会又好又快发展，加快构建促进中部地区崛起的重要战略支点，建设富裕、民主、文明、开放、生态的武汉城市圈，具有十分重要的意义。[①]

第二节　研究现状述评

一、关于生态文明方面的研究

人类的历史是一部探索、创造并不断思考、研究文明的历史。从一定意义上说，人类对文明的思考与人类发展的历史一样久远，人类对文明的研究同人类的文明等长。但是真正对文明做大规模、深入的研究还是近代以后的事情，对生态文明的专门研究则更晚。[②]

（一）国外生态文明理论的研究现状

20 世纪以来，生态环境的恶化不仅引发了人们对以往生产方式和生活方式的深层思考，而且也使得生态文明建设成为学术研究的重要对象。一般而言，生态文明的研究起源于欧美国家，并逐步传播到发展中国家。国外理论界并没有直接涉及生态文明的概念，主要是关于生态保护和循环经济的研究，有很多理论与方法值得借鉴。其中，欧美发达国家的相关研究开展得较

---

① 湖北省发展和改革委员会 . 2009.湖北省委省政府关于大力加强生态文明建设的意见 . 鄂发 [2009]25 号 .
② 刘静 . 2008.中国特色社会主义生态文明建设研究 . 中共中央党校博士学位论文 .

早，取得了很多成果。国外生态文明理论的研究，主要有产业共生理论、清洁生产理论、产业生态理论、生命周期评价理论、零排放理论及逆生产理论。产业共生理论在 20 世纪 60 年代后期由 Ehrenfeld 和 Gertler 在丹麦的卡伦堡市提出，他们研究了被公认为"产业共生"的丹麦卡伦堡工业园区，并提出企业间可相互利用废物，以降低环境的负荷和废弃物的处理费用，建立一个循环型的产业共生系统。清洁生产理论是由联合国环境规划署工业与环境规划活动中心首先提出的，他们认为"清洁生产是指将综合预防的环境策略持续地应用于生产过程中，以便减少对环境的破坏"[1]。产业生态理论是 1980 年由美国首先发展起来的，之后国外许多学者进行研究。Frosch 和 Robert 认为，产业生态指一个相互之间消费其他企业废弃物的生态系统和网络。在这个网络中，通过消费废弃物而能够给系统提供可用的能量和有用的材料。[2] Lowe 和 Emest 认为，产业生态是一个自然的与区域经济系统及当地的生物圈密切联系的服务系统。[3]零排放理论是 1994 年由联合国大学提出的，其认为废物是没有得到有效利用的原材料，主张将废物作为生产的原材料使用。国外生态文明实践的研究主要体现在循环经济上。20 世纪 90 年代以来，循环经济在发达国家迅速发展，同时在节约资源、保护环境方面也取得了显著的成绩。在企业层面建立小循环模式最著名的是美国的杜邦化学公司。该公司利用对环境危害最小的原料，实现了对环境污染的控制。在区域领域建立中，循环模式的典型案例是丹麦的卡伦堡工业园区。该工业园区根据自身的资源状况，把发电厂的热气供给其他厂使用，同时解决了周围居民的供热问题；各厂区之间建立了循环关系，保证了资源的合理利用。在社会层面建立大循环最好的是日本。由于日本的资源有限，其特别注重资源的再利用，尤其是强调建立循环型社会。[4]

（二）国内生态文明理论的研究现状

据资料考证，在我国最早使用生态文明概念的是著名生态学家叶谦吉。1987 年，他在全国生态农业问题讨论会上提出应"大力建设生态文明"，并于同年 6 月 23 日发表了《真正的文明时代才刚刚起步 —— 叶谦吉教授呼吁开展生态文明建设》一文，提出"所谓生态文明就是人类既获利于自然，又还利于

---

① UNEP, DEPA. 2001. Cleaner production assessment in dairy processing. Danish : United Nations Environment Programme : 1 ～ 5.

② Robert A F. 1992. Industrial ecology : a philosophical introduction. Proceedings of the National Academy of Sciences of the United States of America，89（3）：800 ～ 803.

③ Lowe，Ernest. 1993. Industrial ecology : an organizing framework for environmental management. Total Quality Environmental Management，11（2）：205 ～ 206.

④ 刘静. 2008. 中国特色社会主义生态文明建设研究. 中共中央党校博士学位论文.

自然，在改造自然的同时又保护自然，人与自然之间保持着和谐统一的关系"。此后，中国的理论界对生态文明的相关理论展开了深入的研究，主要有以下几个方面。

1. 有关生态文明内涵的研究

生态文明建设是人类在认识自然和改造自然的过程中，为实现人与自然、人与人、人与社会和谐发展，不断克服改造过程中的负面效应，建设有序的生态运行机制和良好的生态环境的过程。它体现了人类对自然的态度由敬畏自然、征服自然，最终走向与自然和谐相处的理性价值取向。它几乎涵盖了各个领域、各个行业，它的指向覆盖了经济领域、政治领域、文化领域和社会领域，在经济社会的各个领域中都发挥了引领和约束作用。生态文明建设作为生态文明在实践过程中力求取得的成果，包括生态文明软件建设和生态文明硬件建设。生态文明软件建设包括人的生态意识的转变，生态素质的培养，生态文化的发展，以及生态教育等方面；生态文明硬件建设包括生态方面的法律制度和规范的制定，以及生态设施、环境保护等物质设备的硬件建设。

由于生态文明的复杂性和新颖性，对其内涵尚有不同的理解。目前，主要有3种观点：第一，生态文明仅指人与自然和谐相处。高长江提出，"所谓生态文明，从发展哲学的意义上说，指的是一种人与物的和生共荣、人与自然协调发展的文明"[①]。李文华在《生态文明论》一书中认为，"生态文明的核心是统筹人与自然的和谐发展，把发展与生态保护紧密联系起来，在保护生态环境的前提下发展，在发展的基础上改善生态环境，实现人类与自然的协调发展"[②]。第二，生态文明不仅包括人与自然的关系，还包括人与人的关系。孙彦泉、蒋洪华认为，"生态文明是社会文明的生态化表现，指人们在改造客观物质世界的同时，不断克服改造过程中的负面效应，积极改善和优化人与自然、人与人的关系，建设有序的生态运行机制和良好的生态环境所取得的物质、精神、制度方面成果的总和"[③]。第三，生态文明有狭义与广义之分。甘泉提出，"生态文明理念有狭义与广义之别。狭义的生态文明，一般仅限于经济方面，即要求实现人类与自然的和谐发展；广义的生态文明，则囊括了社会生活的各个方面，不仅要求实现人类与自然的和谐，而且也要求实现人与人的和谐，是全方位的和谐"[④]。郭洁敏在《21世纪生态文明环境保护》一书中认为，广义上的生态文

---

① 高长江 . 2000. 生态文明：21 世纪文明发展观的新维度 . 长白学刊，（1）：7～9.
② 姬振海 . 2007. 生态文明论 . 北京：人民出版社：序 .
③ 孙彦泉，蒋洪华 . 2000. 生态文明的生态科学基础 . 山东农业大学学报（社会科学版），2（1）：45～49.
④ 甘泉 . 2000. 论生态文明理念与国家发展战略 . 中华文化论坛，（3）：25～31.

明是继工业文明之后，人类社会发展的一个新阶段；狭义上的生态文明是指文明的一个方面，即相对于物质文明、精神文明和制度文明而言，人类在处理同自然的关系时所达到的文明程度。目前，大多数学者认为，生态文明是指人类遵循人、自然、社会和谐发展这一客观规律而取得的物质与精神成果的总和；是指以人与自然、人与人、人与社会和谐共生、良性循环、全面发展、持续繁荣为基本宗旨的文化伦理形态。这个定义涵盖得比较全面，既包括了人与自然，也包括了人与人、人与社会，还包括了物质和精神及持续发展的内容。

申曙光对生态文明的哲学、科学与能源基础、生产与消费模式、体制与秩序等基本范畴进行了探讨，以图在理论上建立生态文明的总体框架。[①]他论证了生态文明兴起的客观必然性，阐述了生态文明的现实与理论基础；从生态文明的生态反思入手，论述了生态文明及其哲学基础、生态文明的生态与科学基础、生态文明的能源基础。[②]

2. 有关生态文明建设内容的研究

国内大部分学者认为，生态文明建设覆盖了经济、政治、文化、社会等多个层面。廖福霖认为，生态文明建设的核心内容是，在提高人们的生态意识和文明素质的基础上，自觉遵循自然生态系统和社会生态系统原理，运用高新科技，积极改善与优化人与自然的关系、人与社会的关系，以及人与人间的关系。[③]陈立认为，生态文明建设的内涵包括以下几个方面："第一，在自然观方面，强调人是自然生态环境的一部分，人的内在价值只是自然生态内在的一部分；第二，在文化价值观方面，强调自然生态具有自身的内在价值；第三，在生产方式方面，强调建立一种生态系统可持续前提下的生产方式；第四，在生活方式方面，强调建立一种既满足自身需要又不损害自然生态的生活方式；第五，在社会结构方面，强调社会结构的生态化。"[④]束洪福认为，"生态文明建设要求人类不仅要积极倡导进步的生态文明思想和观念，而且要推进生态文明意识在经济、社会、文化各个领域的延伸"[⑤]。周敬宣在《可持续发展与生态文明》一书中认为，"生态文明建设的主要内容包括生态治理、生态循环和生态伦理三个方面"。刘静认为，生态文明建设至少包含 3 个方面的重要内容：较高的生态意识、可持续的经济社会发展模式与公正合理的社会制度。[⑥]李良美认为，生态文明建设的基本

① 申曙光 . 1994. 生态文明构想 . 科学学与科学技术管理，（2）：62 ～ 65.
② 申曙光 . 1994. 生态文明及其理论与现实基础 . 北京大学学报（哲学社会科学版），（3）：31 ～ 37.
③ 廖福霖 . 2003. 生态文明建设理论与实践（第二版）. 北京：中国林业出版社：224.
④ 陈立 . 2009. 生态文明建设的基本内涵与科学发展观的重要意义 . 学习月刊，（11）：27 ～ 28.
⑤ 束洪福 . 2008. 论生态文明建设的意义与对策 . 中国特色社会主义研究，（4）：54 ～ 57.
⑥ 刘静 . 2008. 中国特色社会主义生态文明建设研究 . 中共中央党校博士学位论文 .

内容，可以包括如下几个方面：人类要尊重自身首先要尊重自然；价值观的革命；保护生态环境是伦理道德的首要准则；把生态文明作为社会结构的重要组成部分；人类社会活动在经济发展的基础上逐步转向以文化活动为主；生态时间的把握；尊重生命，珍惜生命；把追求知识、智慧和环境质量看作是人生的目的；社会民主的绿化；促进整个人类的平等合作关系。①

3. 有关生态文明建设原则的研究

刘静认为，生态文明建设是一项复杂的系统工程，涉及经济社会与资源环境等方方面面。生态文明建设的主要目的是改善环境质量，为人类的生存和发展创造一个良好的环境。因此，在生态文明建设中，应遵循公平性原则、可持续性原则和共同性原则。②孔云峰认为，"生态文明建设要遵循公平性、可持续性和共同性原则"③。田文富指出，生态文明建设要体现"发展是第一要义"的思想，"以人为本"的精神，以及环境友好与社会和谐的理念，要与物质文明、政治文明和精神文明建设相结合。④

4. 有关生态文明建设目标的研究

廖福霖认为，生态文明建设的主要目标是自然生态系统和社会生态系统的最优化和良性运行，实现生态、经济、社会的可持续发展。具体来说，生态文明建设的目标体系分为以下几个子目标：实现生态、经济、社会的可持续发展，是生态文明建设的首要目标；促进先进生产力的发展，是生态文明建设的中心目标；提高人们的生活质量，是生态文明建设的根本目标；为子孙后代的生存和发展打下良好的生态环境基础，是生态文明建设的长远目标；提高全民族的生态安全意识，是生态文明建设的极其重要的目标。⑤刘晓云认为，建设生态文明是一项重大而紧迫的发展课题，是一项长期而艰巨的事业，为了取得良好的效果，需要分阶段有重点地推进。将生态文明建设的目标分为近期目标（2020年前）、中期目标（2050年前）、远期目标。⑥闫心贵认为，生态文明建设的目标是，"基本形成节约能源资源和保护生态环境的产业结构、增长方式、消费方式。循环经济形成较大规模，可再生能源比重显著上升，可持续发展能力不断增强，生态环境得到明显改善，资源利用效率显著提高。生态文明观念在全社会牢固

---

① 李良美．2005．生态文明的科学内涵及其理论意义．毛泽东邓小平理论研究，（2）：47～51．

② 刘静．2008．中国特色社会主义生态文明建设研究．中共中央党校博士学位论文．

③ 孔云峰．2005．生态文明建设初探．重庆行政，（4）：85～87．

④ 田文富．2008．社会主义生态文明及其建设探析．广西师范大学学报（哲学社会科学版），44（2）：14～17．

⑤ 廖福霖．2003．生态文明建设理论与实践（第二版）．北京：中国林业出版社：224．

⑥ 刘晓云．2009．马克思恩格斯学说与现代理论．北京：中国社会出版社：89．

树立，促进人与自然的和谐，推动整个社会走上生产发展、生活富裕、生态良好的文明发展道路"①。

5. 有关生态文明建设途径的研究

生态文明建设的途径研究是当前学术界的研究的难点和重点。对此，学者们提出了许多建设性的建议，主要有以下观点：①树立科学的发展观，构建可持续发展体制。韦生彬认为，建设生态文明应该树立科学的发展观。②刘湘溶、朱翔在《生态文明——人类可持续发展的必由之路》一书中认为，为促进生态文明的顺利发展，应该改变单纯追求经济增长的工业文明观，确立可持续发展的生态文明增长观；确立生态文明观，建立可持续发展的技术体系。党德信认为，努力建设生态文明，要不断完善有利于节约能源资源和保护生态环境的法律和政策，加快形成可持续发展的体制和机制。③②加强法治建设，完善生态文明建设的法律环境。田启波认为，在生态文明建设进程中，应该协调法治与德治双重维度，加强法治建设，依法保护和治理生态环境。④闭薇娜、谭志雄认为，在生态文明建设过程中，应建立法律法规体系，充分发挥环境和资源立法在经济和社会生活中的约束作用。⑤李红卫指出，应该加快环境法制建设进程，为生态文明建设提供强有力的法律保障。⑥刘苗荣指出，建设生态文明应强化环境法治，建立和完善生态安全的法律支撑体系。⑦③构建完善的政府生态责任机制，实行绿色政府运行机制。李红卫认为，应该建立和完善科学的社会核算体系，以绿色GDP作为评价政府官员政绩的重要标准。⑧姬振海在《生态文明论》一书中认为，政府应建立符合国情的生态环境政策体系，并且探索建立绿色国民生产总值核算制度。蔡文认为，坚持政府在当前我国生态文明建设中的主导地位，应着力于加快中国特色的绿色政治制度建设。⑨尹小明认为，政府要树立起科学的政绩观，建立"绿色GDP"考核标准，使政府在进行公共管理的过程中，开展"绿色行政"，主动承担起保护生态环境的责任。⑩④加强公众生态教育，提高全民的环保意识。张炜、廖婴露认为，应该"通过生态教育，改变人类的思想观念，

---

① 闫心贵 . 2009. 毛泽东思想和中国特色社会主义理论体系概论 . 北京：经济日报出版社：78.

② 韦生彬 . 2007. 生态文明建设是构建和谐社会的基础 . 安徽农业科学，35（24）：7659～7660.

③ 党德信 . 2008-01-21. 着力推进生态文明建设 . 经济日报，第 6 版 .

④ 田启波 . 2004. 全球化进程中的生态文明 . 社会科学，（4）：119～124.

⑤ 闭薇娜，谭志雄 . 2006. 论资源危机与生态文明建设 . 重庆大学学报，12（5）：65～68.

⑥ 李红卫 . 2007. 生态文明建设 —— 构建和谐社会的必然要求 . 学术论坛，（6）：170～173.

⑦ 刘苗荣 . 2007. 强化环境防治 建设生态文明 . 河北法学，25（11）：139～141.

⑧ 李红卫 . 2007. 生态文明建设 —— 构建和谐社会的必然要求 . 学术论坛，（6）：170～173.

⑨ 蔡文 . 2010. 当前我国生态文明建设路径的现实选择 . 兰州学刊，（2）：44～47.

⑩ 尹小明 . 2009. 科学发展观视阈下我国生态文明建设的路径探讨 . 重庆社会主义学院学报，（2）：90～93.

让科学发展观、生态文明观实现在全社会的普及，使处在任何社会实践中的人们，都能自觉调控自己的行为，以适应地球生态系统的有限承受力，保护所在层次上的良性生态运行。同时要通过信息交流途径的完善，使公众享有生态文明建设的知情权和参与权"①。周卫见指出，"我们应大力开展生态文明教育，对全体公民进行生态文化和生态道德教育，制定和实施推进生态文明建设的道德规范，通过进行媒体宣传、举办生态保护讲座和科普展览，开展生态文明宣传活动，动员全社会力量广泛参与，使生态文明建设成为全社会的共同行动，让生态文明的观念深入人心，提高人们的生态保护意识"②。⑤发展循环经济，做强生态产业。刘莲玉认为，"生态文明建设要以循环经济为目标，培育和发展生态工业；以绿色环保为方向，培育和发展生态农业；以生态资源为依托，培育和发展生态旅游及第三产业"③。尹小明认为，"大力发展循环经济，做大做强生态产业。而现阶段发展生态产业的重点，是要建立起资源节约、环境少污染型的国民经济体系，走生态农业、生态工业的发展道路"④。

二、有关区域之间协调问题的研究

（一）国外有关城市或者区域之间协调问题的研究⑤

学界关于政治协调和区域公共管理研究的著述颇丰，国外学者近几年的研究主要集中在政府间协调和政府间合作竞争方面。Wright 的《理解政府间关系》、Howitt 的《联邦主义管理：政府间关系研究》、Painter 的《公共部门改革：政府间关系与澳大利亚联邦主义的未来》，以及 Nice 的《联邦主义：政府间关系的政治》等著作，都从不同角度探讨了美国、加拿大、澳大利亚等国的联邦制政府间关系问题。Breton 认为，联邦制国家政府间的关系总体上说是竞争性的，并且提出了"竞争性政府"的概念。⑥Muramatsu 于 2001 年分析了日本第二次世界大战期间的政府间关系，是一个以支持政府间的融合而反对分离模式的政府间关系。Stilborn 从理论和实践的角度，诠释了政府间由僵局、高度冲

---

① 张炜，廖婴露.2009.推进生态文明建设的理论思考.经济社会体制比较，（3）：155～159.

② 周卫见.2010.论生态文明建设的主要途径.法制与社会，（2）：187.

③ 刘莲玉.2008-02-22.生态文明的实现路径.中国环境报，第 2 版.

④ 尹小明.2009.科学发展观视阈下我国生态文明建设的路径探讨.重庆社会主义学院学报，（2）：90～93.

⑤ 张军涛，刘建国.2008.辽宁"五点一线"战略下的区域公共管理.大连海事大学学报（社会科学版），7（5）：70～74.

⑥ Buchanan J，Breton A. 1997. Competitive governments：an economic theory of politics and public finance. Public Choice，93（3）：523～524.

突，到共同协商解决问题的过程和途径。①Murakami 则从财政分权的角度，构建了一个多区域的内生增长模型与生产性政府支出，由此来审核纵向间的关系。②Wathana 从新的民主制度或民主执政、善治、效率等 6 个方面诠释了治理问题。③Buechs 阐释了 20 世纪 90 年代后期欧洲联盟（以下简称欧盟）的开放的方法，旨在提供一个"中间道路"解决欧洲社会政策中的两难局面，欧盟采取的是协调各成员国的社会政策④，这一政策对于世界其他各国处理政府间的协调具有借鉴意义。

（二）国内有关区域政府之间协调问题的研究

1）政府间关系的研究。薄贵利通过对中外中央与地方政府之间关系的分析，从权限划分的角度，探讨了中国政府间关系中的权力合理配置问题。⑤林尚立从规范的层面，探索了在经济市场化、政治民主化、权利法治化的政府生态环境下，我国国内的政府间关系的定位和出路问题。⑥谢庆奎从中央政府与地方政府之间，以及各地方政府之间的关系，对中国政府府际关系的四大板块进行了深入分析。⑦

2）制度层面的研究。陈瑞莲以地方政府的管理改革和制度创新问题展开了有针对性的分析和研究。⑧汪伟全从制度层面、政治层面、管理层面分析了我国建构地方政府间合作机制的整体制度安排。⑨张紧跟认为，地方政府间协调发展的关键在于制度建设，同时需要形成多元化的治理机制，而且还需要具有良好的制度环境和相对规范的行为主体。⑩李程伟就我国当前的社会管理体制创新在制度、组织和机制层面上的内容进行了解析。⑪金太军等提出了打破政府治理形态嬗变过程中存在的路径依赖和地方政府不合作博弈困境的引导性政策。⑫龙

① Stilborn J. 2008. Canadian inter governmental relations and the Kyoto Protocol：what happened，what didn't？http：//www. cpsa-acsp. ca/paper-2003/stilborn. pdf[2011-08-12].

② Murakami Y. 2005. Vertical intergovernmental relationship and economic growth. Economics Bulletin in its Journal，8（12）：56～61.

③ Bowornwathana B. 2007. Importing governance into the Thai polity：competing hybrids and reform consequences. International Public Management Review，8（2）：185～193.

④ Buechs M. 2007. New governance in European social policy：the open method of coordination. Basingstoke：Palgrave Macmillan Press：157～159.

⑤ 薄贵利 . 1999. 中央与地方权限划分的理论误区 . 政治学研究，（2）：23～29.

⑥ 林尚立 . 1998. 国内政府间关系 . 杭州：浙江人民出版社：168.

⑦ 谢庆奎 . 2000. 中国政府的府际关系研究 . 北京大学学报，37（1）：26～34.

⑧ 陈瑞莲 . 2005. 论区域公共管理的制度创新 . 中山大学学报（社会科学版），45（5）：61～67.

⑨ 汪伟全 . 2005. 论我国地方政府间合作存在的问题及解决途径 . 公共管理学报，2（3）：31～35.

⑩ 张紧跟 . 2005. 当代美国地方政府间关系协调发展的实践及其启示 . 公共管理学报，2（1）：24～28.

⑪ 李程伟 . 2005. 社会管理体制创新：公共管理学视角的解读 . 中国行政管理，（5）：39～41.

⑫ 金太军，沈承诚 . 2007. 区域公共管理制度创新困境的内在机理探究 —— 基于新制度经济学视角的考量 . 中国行政管理，（3）：99～101.

朝双等将地方保护主义、地区间恶性竞争、利益补偿机制欠缺，以及现存干部考核机制的缺陷作为影响我国地区合作的主要因素。[①]

3）区域行政改革层面的研究。陈瑞莲提出了"区域行政"的概念，并对区域公共管理未来的方向及其研究意义、方法等进行了全面的诠释。[②]王健等认为，中国区域经济一体化与行政区划的根本冲突在于，我国政府职能转变不能适应市场经济的发展需要。[③]陈剩勇等认为，现阶段我国区域经济一体化的路径选择是区域间政府的合作。[④]总体来说，各个学者都是从区域行政，以及改革的层面谈政府间的协调和公共管理问题。

4）区域间竞争与合作及多元化主体协调和治理的研究。冯兴元认为，我国经济过程中辖区政府间的竞争在地方分权和经济市场化的背景下更加激烈，需要找到相应的规范思路。[⑤]祝小宁等通过对地方政府间竞争与合作的利益关系进行分析，认为在竞争与合作过程中要保证各地方政府的利益不受损害。[⑥]曹现强认为，需要制度整合和政府职能转变，建立跨市域并有非政府组织参与的多元协商合作机制和合作机构，来实现城市群一定范围内协调统一的规划和公共服务供给。[⑦]刘亚平等认为，要限制地方政府树立壁垒干预市场的行为，需要三方互动来规范地方政府间的竞争。[⑧]陈国权等认为，从经济关系、行政关系和治理关系这三维框架结构来剖析县域社会经济发展带来的与传统府际的关系矛盾，能够有效地解释地方府际关系变迁与发展的逻辑。[⑨]

5）区域公共管理成本及利益方面的研究。陈庆云等系统介绍了运用利益分析方法来分析公共管理中的利益分析问题。[⑩]庄国波分析了公共政策在平衡利益中的作用，认为在经济发展中的公共管理要合理兼顾各方面的利益。[⑪]总之，学界对区域经济发展中的公共管理及政治协调问题进行了研究，但就如何实现多元主体参与区域公共管理的问题研究尚有不足。

---

① 龙朝双，王小增．2007．我国地方政府间合作动力机制研究．中国行政管理，（6）：65～68.

② 陈瑞莲．2003．论区域公共管理研究的缘起与发展．政治学研究，（4）：75～84.

③ 王健，鲍静，刘小康等．2004．"复合行政"的提出——解决当代中国区域经济一体化与行政区划冲突的新思路．中国行政管理，（3）：44～48.

④ 陈剩勇，马斌．2004．区域间政府合作：区域经济一体化的路径选择．政治学研究，（1）：24～34.

⑤ 冯兴元．2001．论辖区政府间的制度竞争．国家行政学院学报，（6）：27～32.

⑥ 祝小宁，刘畅．2005．地方政府间竞合的利益关系分析．中国行政管理，（6）：46～47.

⑦ 曹现强．2005．山东半岛城市群建设与地方公共管理创新——兼论区域经济一体化态势下的政府合作机制建设．中国行政管理，（3）：27～31.

⑧ 刘亚平，颜昌武．2006．三方互动：规范我国地方政府间竞争的思考．公共管理学报，3（3）：5～11.

⑨ 陈国权，李院林．2007．县域社会经济发展与府际关系的调整——以金华义乌府际关系个案研究．中国行政管理，（2）：99～103.

⑩ 陈庆云，鄞益奋．2005．论公共管理研究中的利益分析．中国行政管理，（5）：35～38.

⑪ 庄国波．2006．论公共管理中的利益平衡——公共政策角度分析．甘肃行政学院学报，（2）：29～31.

（三）跨地区行政协调方面的国际经验①

许多发达国家的地方政府探索并实践了多种多样的合作机制，积累了很多成功的经验。经济合作与发展组织（Organization for Economic Co-operation and Development，OECD）（1993 年、1996 年、2000 年、2001 年）曾大规模地对爱尔兰、芬兰、意大利、美国、奥地利、比利时、丹麦等国家基于不同政策议题的地方政府合作治理个案进行了调查和总结。②区域的协调机制包括市场协调、政府协调和治理协调 3 种形式，三者之间是相互融合的。区域治理由于结合了市场机制分散决策和区域政府解决区域公共问题的优点，已经成为西方发达国家区域公共管理和协调发展的主要方向。③事实上，区域发展中的政府间横向协调问题，也是一个国际性问题。在这方面，一些发达国家和国际组织已有长期的政策实践。④

（四）跨地区行政协调方面的国内经验

改革开放以来，为了促进不同空间层次的区域开展合作，各种类型的区域合作组织不断涌现，其中最为普遍的是成立经济协调会、经济协作区，建立联席会议制度。例如，西南六省区市七方经济协调会、西北五省区经济协调会、黄河经济协作区、武汉经济协作区、南京区域经济协调会、闽粤赣十三地市经济协作区等。据统计，从 20 世纪 80 年代到 20 世纪 90 年代中期，全国范围内共成立了 100 多个区域合作组织，许多组织有的一直延续至今。有的区域合作组织还成立了专门的常设机构，建立联络处和相应的组织制度，负责协作区的日常组织协调工作。从 2001 年开始，沪、苏、浙三地共同发起举办了由常务副省（市）长参加的"沪苏浙经济合作与发展座谈会"，每年召开一次，轮流承办，主要任务是按照三地主要领导明确的区域合作重点，商定、明确下一年的合作课题和重点任务，形成纪要。近年来，合作各方通过采取轮换地点定期召开高层领导人联席会议的方式，进行高层领导对话，就区域发展中的重大事项进行商讨，加强经验信息交流、研究区域合作理论、探讨总结和交流区域合作的经验和对策。从国家层面上看，在 1998 年机构改革前，原国家计划委员会⑤国土

① 陈家海，王晓娟 .2008.泛长三角区域合作中的政府间协调机制研究.上海经济研究，（11）：59 ～ 68.

② 李文星，朱凤霞 .2007.论区域协调互动中地方政府间合作的科学机制构建.经济体制改革，（6）：128 ～ 131.

③ 江国文，李永刚，汤纲 .2009.武汉城市圈"两型社会"建设协调推进体制机制研究.学习与实践，（2）：164 ～ 168.

④ 龚果 .2009.国内外典型城市群发展中的政府协调机制评述.湖南工业大学学报（社会科学版），14（3）：17 ～ 20.

⑤ 现为中华人民共和国国家发展和改革委员会。

地区司专门负责协调全国的地区经济合作工作，组织协调各地编制了诸多协作区规划，制定横向经济联合的有关政策，建立全国区域合作网络，组织召开经济合作工作会议等。[①]总体来看，在由计划经济体制向市场经济体制转轨的过程中，我国各种类型的区域合作组织表现出了明显的政府主导特征。各种类型的区域合作组织在不同的历史发展时期，为推动区域协调发展发挥了积极的作用。

三、区域生态建设研究

（一）国外城市与区域生态研究进展

国外城市生态和区域生态研究在 20 世纪初开始兴起。一些科学家努力把生态学原理应用于城市问题的研究之中，如 1915 年格迪斯（P. Geddes，1854 ～ 1932）发表了《进化中的城市》一文，试图运用生态学思想来研究城市的环境、卫生、规划、市政等问题；1952 年帕克（R. E. Parker，1864 ～ 1944）出版了《城市和人类生态学》一书，把城市看作一个类似于植物群落的有机体，用生物群落理论来研究城市环境，进一步完善城市与人类生态学研究的思想体系。

1971 年，联合国教育、科学及文化组织（United Nations Educational Scientific and Cultural Organization，UNESCO）（以下简称联合国教科文组织）制订了"人与生物圈"（Memory Allocation Block，MAB）研究计划，把对人类聚居地的生态环境研究列为重点项目之一，开展城市与人类生态研究课题研究，提出用人类生态学的理论和观点研究城市环境，并出版了《城市生态学》杂志（Urban Ecology）。以 1972 年梅多斯（D. L. Meadows，1942 ～ 　 ）等的《增长的极限》、1974 年哥德史密斯（E. Goldsmhti）的《生命的蓝图》、米都斯等的《只有一个地球》等为代表的一系列著作，全面阐述了经济学家和生态学家们对世界城市化、工业化与全球环境前景的担忧，从而激起了人们系统研究城市生态系统的兴趣，极大地推动了城市生态研究。美国、日本等国家还开始进行城市生态区域分析，把城市看作一个生态系统，并进行社会学、生态学、环境科学等多学科的综合研究。此后，1977 年 Berry 发表了《当代城市生态学》一文，系统阐述了城市生态学的起源、发展与理论基础，并应用多变量统计分析方法，研究城市化过程中的城市人口空间结构、动态变化及其形成机制，奠定了城市应用生态学的研究基础。

进入 20 世纪 80 年代，城市生态和区域生态研究更是异军突起。Forrester 及

---

① 汪阳红 . 2009. 改革开放以来我国区域协调合作机制回顾与展望 . 宏观经济管理，（2）：38 ～ 40.

Vester 和 Hester 对城市生态系统发展趋势进行了研究。Odum 认为，城市生态系统和自然生态系统有相似的演替规律，都有发生、发展、兴盛、波动和衰亡等过程，并且认为城市演替过程是能量不断聚集的过程。

1992 年 6 月 3 日至 14 日，联合国在巴西的首都里约热内卢召开了具有划时代意义的"人类环境与发展大会"。这次会议将环境问题定格为 21 世纪人类面临的巨大挑战，并就实施可持续发展战略达成一致，其中人类居住区及城市的可持续发展，给城市生态环境问题研究注入了新的血液，成为当代城市生态环境问题研究的重要动向和热点。1995 年，国际生态学会城市生态专业委员会召开了可持续城市系列研讨会。1995 年在土耳其召开了"联合国人居环境大会"。1997 年 6 月在德国的莱比锡召开了国际城市生态学术讨论会，研究的目标主要集中在城市可持续发展的生态学基础上。

随着现代生态学和城市生态学的迅猛发展，生态城市的理论研究随之高涨。20 世纪 70 年代以来，国外学者分别从不同的角度来研究生态城市的内涵、特征、指标体系、规划思路与方向、基本框架、具体目标及步骤等。1990 年，雷吉斯特（R. Register）先生召集了第一届国际生态城市会议，与会的 12 个国家的代表介绍了各国生态城市建设的理论和实践，并草拟了今后生态城市建设的 10 条计划。1992 年，第二届国际生态城市会议在澳大利亚的阿德雷德举行，大会就生态城市设计原理、方法、技术和政策进行了深入的探讨，并提供了大量的研究实例。第三届国际生态城市会议通过了国际生态城市重建计划，提出了指导各国建设生态城市的具体行动计划。第四届国际生态城市会议进一步交流了生态城市规划建设研究的实例，其中巴西的库里蒂巴市被公认为世界上最接近生态城市的成功范例。第五届国际生态城市会议于 2002 年 8 月在中国深圳召开，大会通过并发布了《生态城市建设的深圳宣言》。其主要内容是提出 21 世纪城市发展的目标、生态城市的建设原则、评价与管理方法；宣言呼吁人们为推动城市生态建设采取切实行动。这 5 届国际生态城市会议进一步推动了生态城市在全世界范围内的建设实践。[1]

（二）国内区域生态协调方面的研究

我国的城市生态研究相对较晚。20 世纪 70 年代初，我国参加了联合国教科文组织制订的"人与生物圈计划"。1978 年城市生态环境问题研究正式被列入我国科技长远发展计划，许多学科开始从不同领域研究城市生态环境，并对城市生态学理论进行了有益的探索。

---

① 张海峰 . 2005. 山东半岛城市群生态环境与经济协调发展模式研究 . 中国海洋大学博士学位论文：19.

　　1981 年，我国著名生态学家马世骏教授结合中国的实际情况，提出以人类与环境关系为主导的社会-经济-自然复合生态系统思想，在近 20 年来已经渗透到各种规划和决策程序中，对城市生态环境研究起到了极大的推动作用。王如松进一步在城市生态学领域发展了这种思想，提出城市生态系统的自然、社会、经济结构与生产、生活还原功能的结构体系，用生态系统优化原理、控制论方法和泛目标规划方法研究城市生态。从自然生态系统到城市复合生态系统的提出，标志着城市生态学理论的新突破，也是生态学发展史上的一次新综合，为城市生态环境问题研究奠定了理论和方法基础。1987 年 10 月，在北京召开了"城市及城郊生态研究及其在城市规划、发展中的应用"国际学术讨论会，标志着我国城市生态学研究已进入蓬勃发展时期。1988 年，《城市环境与城市生态》创刊，是我国唯一的城市生态与环境的专业刊物，它的出版发行对我国城市生态学的发展起到了很大的推动作用。

　　20 世纪 90 年代以后，随着生态城市作为可持续发展的理想模式的提出，生态城市作为人类理想的聚居形式和为之奋斗的目标，已成为我国当代城市生态环境研究的新热点，国内学者对其进行了许多的研究与探索。例如，黄光宇提出了创建生态城市的 10 条评判标准；宋永昌等提出了生态城市的评价方法；张炯提出了建设生态城市的 5 项原则；盛学良等对生态城市评价指标体系的建立进行了分析和研究，等等，所有这些都为我国生态城市建设奠定了理论基础。1980 年以来，我国开始进行生态城市建设实践，北京、天津、上海、长沙、宜春、深圳、马鞍山等城市都相应地开展了研究，主要集中在对城市生态系统的分析、评价和对策上，其中，江西宜春市是我国第一个生态市的试点。长沙市生态建设规划的研究编制，使我国的城市生态应用研究从分析、评价阶段向综合规划、统筹建设的阶段迈进了一步。进入 20 世纪 90 年代，我国建设生态城市的呼声越来越高。我国一些条件较好的城市，如上海、大连、常熟、北京、广州、深圳、杭州、苏州、天津、青岛等也提出建设生态城市的设想，并开展了广泛的国际合作和交流，积极采取步骤加以实施。可见，"生态城市"将是我国 21 世纪城市建设的主题。[1]尽管我国城市生态研究取得了很大的成就，但由于起步晚，同发达国家相比，还存在一些不足，如基础研究薄弱，技术手段滞后于理论研究，定性描述分析多，可比性定量数学模拟分析少。因此，以山东半岛城市群为研究对象，实证研究城市经济对生态环境的胁迫效应和自然系统的响应机制，具有极大的理论意义和实践意义。

---

① 张海峰 . 2005. 山东半岛城市群生态环境与经济协调发展模式研究 . 中国海洋大学博士学位论文：20.

四、对现有研究成果的分析与评价

当前，国内外学术界对生态文明建设问题和区域经济社会协调发展问题的研究取得了长足的进步和可喜的成绩，但仍然存在着不足。二三十年来，国内外对生态文明建设问题和区域经济社会协调发展问题的研究，较之对这一问题的初期研究而言已走向深入。然而，国内外学者对生态文明建设和区域社会经济协调发展问题的研究也存在着明显的不足和缺点，这也毋庸讳言。下面分别对其成绩和不足进行梳理。

（一）主要成绩

1) 从研究的学科来看，近年来生态文明建设问题成为我国学术界广泛介入的一个热点领域。已有经济学、政治学、法学、文化学、人口学、社会学等多种学科参与了对生态文明建设和区域社会经济协调发展问题的研究，这有助于对这一问题研究的深入。而且不同学科的学者们均注重从各自学科的理论视角出发，从不同的方面探讨生态文明建设和区域社会经济协调发展问题，形成了多角度、多层次的研究，这不仅为生态文明理论研究提供了坚实的理论基础，而且也为生态文明建设和区域社会经济协调发展实践提供了一定的理论支撑和研究模式。

2) 从研究的内容来看，对生态文明建设和区域社会经济协调发展研究的范围十分广泛，现有的论著和论文涉及了生态经济、生态政治、生态文化、生态制度、生态旅游、生态产业、生态城市、生态农业等。而且其注重结合不同的方向，对生态文明的不同专题进行比较深入、细致的探讨，进一步丰富了对生态文明建设和区域社会经济协调发展问题的研究。

3) 从研究的价值看，由于多学科的参与、多视角的探究，以及研究内容的广泛，研究的结论不论是论证还是描述，都更为丰富、更为具体，这有助于更清楚地把握生态文明建设和区域社会经济协调发展问题。已有的研究结论不仅使生态文明建设和区域社会经济协调发展的研究更具针对性、现实性和前瞻性，在解决实际问题方面开始走向操作性，具有一定的参考价值；而且研究更具理论性、学科性和科学性，充分显示了社会科学在研究这一课题中的重要意义。

4) 从研究的方法看，较为注重社会调查方法，比如，实际调查法、个案访谈法，也运用了实际研究、文献研究的方法，这样使获得的资料更加具体、丰满，有利于更好地认识和推进生态文明建设和区域社会经济协调发展。

（二）主要不足

1) 从研究的学科看，缺乏多学科、多视角的协同研究、综合研究，大多数学者的研究结论缺乏全面性。生态文明建设和区域社会经济协调发展问题是一个综合性很强的课题，如果单纯地从某一学科入手，而不是综合运用系统科学的理论与方法，很可能导致研究成果的偏执。

2）从研究的内容看，当前关于生态文明建设和区域社会经济协调发展问题的研究主要是集中在实践领域，从解决问题的角度开展研究，这类研究大多触及制度、体制层面，以实证研究为主。而对生态文明的理论基础研究较少，特别是结合马克思、恩格斯生态文明思想的研究更少。并且对于区域间如何通力合作共同建设生态文明，使生态文明能够共建共享，以及不同区域共建共享的模式、机制和实现路径等方面的研究更少。

3）从研究的方法看，一是已有的研究重视经验分析，大多数研究还停留在经验的层面，从而造成对经验描述多，对规律和共性的把握不足，因而不能很好地提升生态文明建设和区域社会经济协调发展问题研究的理论价值和学术内涵。二是有的研究思维方式比较僵化，未能很好地掌握辩证唯物主义和历史唯物主义，只侧重某一方面的分析和论述，缺乏对相互之间关系的逻辑分析。

综上所述，对生态文明建设和区域社会经济协调发展问题研究的基本评价是：已经起步，趋向深入；尚不成熟，任重道远。目前，对生态文明建设和区域社会经济协调发展问题进行全面、系统的研究并不多见，正因为如此，笔者觉得有必要对生态文明建设和区域社会经济协调发展问题做一个较为全面、系统和深入的研究，虽然会有不少困难，但在这方面进行理论探索是很有理论价值和实践意义的。

第三节　研究思路、内容和方法

一、主要思路

城市群生态文明建设共建共享模式、机制及其实现路径等方面的研究是一项复杂的系统工程，涉及城市群内的所有城市及其发展的各个方面，而且不同类型的城市群由于其发展阶段、地域特色不同，其共建共享模型、共建共享模式、共建共享机制、共建共享路径和共建共享的内容，以及协调的对策、措施都存在较大差别，而且城市群本身，以及城市群发展的外界条件也是处于一

个动态的发展中。本书遵循理论探索与实证研究相结合的总体思路，围绕城市群如何协调发展这个主轴，注重对城市群协调发展的方法论、理论模型、协调模式和协调对策与措施的研究。本书将按照"一条主线，两个目标，三大问题，四个主体"的思路开展研究。

1）紧紧抓住"跨区域生态文明协调发展"这条主线，这根主线既贯穿于本书研究活动的始终，又将"两个目标"、"三大问题"和"四个主体"连接起来，使研究成为一个整体。

2）以相连区域经济社会的健康快速发展和生态环境的有效保护、治理为目标。

3）围绕有关"跨区域生态文明建设需要协同哪些共建共享事项"，"谁来协同共建共享"，"如何协同共建共享"等3个问题展开，尤其是"如何协同共建共享"是本书的重中之重。

4）在此基础上，从政府、市场、企业、公众这4个主体入手，探讨区域内有关生态文明建设的协同机制、协同模式及其实现路径问题。

其时空约束维度的逻辑演进思路和博弈选择，如图1-1所示。

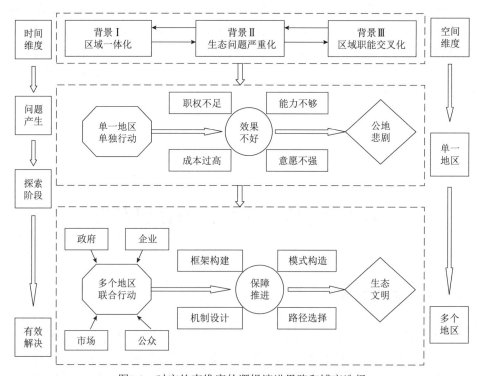

图1-1 时空约束维度的逻辑演进思路和博弈选择

二、研究内容

1）对国内外有关生态文明理论、城市或者区域间的协调的发展理论、可持续发展理论、公共产品理论、外部性理论等理论进行全面的梳理，为进一步的研究做好理论铺垫。

2）通过对城市圈生态文明建设现状的梳理，对经济社会发展状况，城市圈区域内公共事务协调现状的深入分析，找出城市圈生态环境共建共享机制中在构建方面存在的问题和困难，为进一步找出深层次的原因做好铺垫。

3）对城市圈生态文明共建共享的必要性进行分析。首先，分析城市圈各自建设生态文明的弊端，然后从区域生态文明建设矛盾的自我化解的不可行性入手，得出区域生态文明共建共享的必要性。

4）对城市圈生态文明共建共享的障碍进行分析，找出城市圈生态文明共建共享的真正难点，并从深层次去分析这些障碍的形成机理，为切实解决区域生态文明建设中的共建共享问题找出必须下工夫清除的障碍。

5）对城市圈生态文明建设区域共建共享协调框架进行构建，树立区域合作的理念，明确区域合作的指导思想和指导原则，设立城市圈区域生态文明建设的目标，探索城市圈生态文明建设的着力点。

6）城市圈生态文明共建共享模式的选择。主要对"政府主导模式"、"市场主导模式"、"紧密联盟模式"、"松散合作模式"、"区域网格化管治模式"和"完全融合模式"等几种模式的优缺点及选择的限制条件进行研究，以便为各区域的选择提供更多的参考依据，并在此基础上设计武汉城市圈生态文明建设共建共享模式的演进路径，最终选择适合城市圈的共建共享模式。

7）对城市圈有关生态文明建设的共建共享机制的设计。主要涉及城市圈有关生态文明建设的共建功能规划机制、产业分工与协调机制、利益协调机制、区域协调的综合决策机制、沟通协商机制、市场机制、区域共同发展的资金筹措机制、政府绩效考核机制、政策协调机制、技术创新机制、网络合作机制等。通过这些机制的设计，城市圈解决问题的基本方法就得以确立了。

8）城市圈生态文明共建共享实现的路径探索。从组织建设、制度设计、文化引导等方面设计路径。在组织建设方面，从总协同机构、功能性机构、民间组织3个方面设计区域的协同机构；在制度建设方面，从总章程、生态文明建设"责任与利益"的划分与分配、纠纷的协商与仲裁等方面设计协同制度；在文化引导方面，对政府、企业、社会公众宣传合作文化、和谐文化和科学发展文化。城市圈生态文明共建共享实现的路径还有一些其他方面的补充，比如，政府的管理协同路径、环境治理和生态文明建设资金的筹措路径、环境治理和生态文明建设的群众参与路径。

本书的主体内容结构图，如图1-2所示。

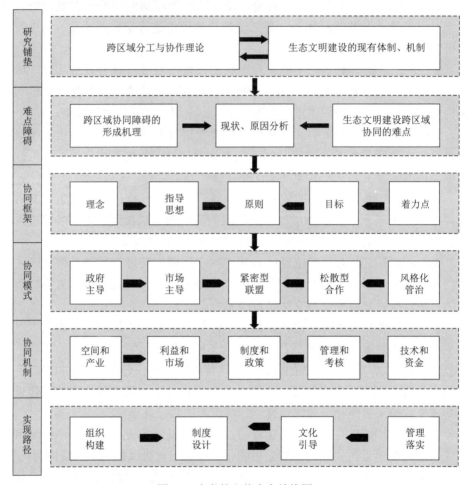

图1-2　本书的主体内容结构图

三、研究方法

任何研究都需要一定的方法，科学、合理的方法论对于任何一个研究主题来说都至关重要。同时，方法论的选择必须遵循特定的规范，其中最重要的一点是必须体现论题的特殊性，能够展现理论分析的创新。

本书研究区域经济发展协调机制的方法，重点就在于运用政治、经济、管理、社会四者相结合方法进行立体分析。

从经济角度分析城市圈共建共享生态文明的机制，侧重考虑城市圈各区域共建共享生态文明中的经济规律、经济机制，比如，各个区域之间在经济总量、经济结构上的差异，从经济学的视角解释这种差异的成因和影响，从社会角度分析城市圈各区域共建共享生态文明的机制，侧重考虑各个区域之间产生经济差异的社会性原因，以及各个区域之间在生态环境质量等方面的差异，并从社会学理论的视角解释这种差异的成因和影响。本书对城市圈各区域共建共享生态文明机制的研究，强调要综合分析城市圈各区域生态文明建设水平差异的形态和成因，全面理解转型期武汉城市圈各区域生态文明建设水平的差异，以及不协调的复杂机制和成因，最后在一个宏观的背景和平台上，立足于政治、经济、社会和管理的立体结构，进行生态文明共建共享模式的构造、机制的设计和路径的选择。

从知识谱系的角度来说，这种交叉和边缘的研究方法已经在很多学者的论述中得到了体现，逐渐成为人文社会科学的研究热点。交叉是指不同学科范式的互补和共生，边缘是指摆脱惯常的研究视角的束缚，从异质的角度探析研究的可能与空间。交叉与边缘研究于20世纪后半叶在西方社会科学界兴起后，已经成为解决学术发展中专门化和专科化的两难困境之关键。经济学与法学的交叉研究于今已比比皆是。武汉城市圈各区域生态文明建设共建共享机制，是区域经济学一个重要的专题，对客观经济规律的遵从和揭示无疑是其重要的任务之一，但其中蕴涵的制度性症结却更需要政治学、经济学、管理学、社会学视角的提炼。更为重要的是，提出这些经济规律作用下的制度性症结的解决机制，正在于政治学、经济学、管理学、社会学的交叉和边缘研究。

除了政治、经济、社会、管理四者的立体分析这一核心方法之外，本书还综合运用了以下研究方法。

1）比较研究法。通过比较研究，弄清楚每个问题的不同面，能够更加准确地了解跨区域协同的利弊两面性。通过比较研究，也能够发现不同的跨区域协同模式的优缺点，寻找到最适合中国现阶段国情的跨区域生态文明建设的共建共享的模式、机制和路径。

2）系统论与整体观研究方法。武汉城市圈生态文明建设是一个包括若干子系统及若干因素的系统工程，尽管分解研究对解决生态文明建设中的某些具体问题更有针对性，但若缺乏系统与整体的研究，则会造成顾此失彼的不够全面的结论，最终将不利于对整个问题的解决。因此，本书将坚持运用系统论和整体观的研究方法。

3）文献研究法。文献研究法是本书采用的主要方法。在本书的准备过程中，一方面对有关生态文明建设的国内外文献进行了大量检索和搜集，以便能够较准确地把握目前国内外生态文明发展研究的脉络。另一方面，通过对生

态文明保存的各类文件资料，包括政府发布的各地统计数据、各项活动的开展情况等资料的查阅，以便全面把握我国生态文明建设的现状及其存在的问题。

4）多学科综合研究方法。生态文明建设内容丰富，从理论研究上看，它牵涉经济学、生态学、管理学、政治学、法学、社会学等学科。本书采用多学科研究方法，尤其是当从科学社会主义和中国特色社会主义理论与实践的视角来研究这一复杂的问题时，更使得研究的学科交叉性和综合性加大。

5）实证分析与规范分析相结合的方法。实证分析和规范分析是社会科学研究最常用的方法。本书采用实证分析和规范分析相结合的方法，努力揭示武汉城市圈生态文明建设的真实现状，从中发现存在的问题，试图找到解决问题的出路，并在此基础上进行前瞻性的理论思考。

6）调查研究法。调查研究是人们在科学方法论的指导下，运用科学的手段和方法，对有关社会现象进行有目的、系统的考察，以此来搜集大量资料，并对这些资料进行认真分析和研究，以达到明了事物内部结构及其相互关系和发展变化趋势的目的。本书将综合运用各种调查研究方法，比如，实地调研、数据分析等，结合本书的研究内容，对武汉城市圈生态文明建设进行更加全面、深刻的理解和把握。

本 章 小 结

本章是导论。第一节从城市群、城市圈的兴起，以及生态文明共建共享的理论呼唤和实践需求方面，阐述了城市圈生态文明共建共享的背景，从理论和实践两个方面阐述了城市圈生态文明共建共享课题的研究意义；第二节对生态文明、区域之间的协调问题，以及区域生态建设等方面的研究现状进行了梳理，并对文献进行了总结；第三节从"一条主线、两个目标、三大问题、四个主体"4个方面提炼了本书的研究思路，对本书的主要内容进行了归纳，并总结出了本书的研究方法，主要包括比较研究法、系统论与整体观研究法、文献研究法、多学科综合研究法、实证分析与规范分析相结合的方法、调查研究法。通过本章的工作，为后续的有关城市群生态文明共建共享的研究做了前期的充分准备和铺垫，因此本章是后续研究工作的先导。

第二章

区域生态文明共建共享的理论基础

第一节 区域协调发展理论

一、国外研究现状和发展趋势

在西方经济学的研究中，区域经济研究一直是非主流的且易被忽视的。因为在主流经济学的一般经济分析中，时间被认为是最关键的因素，空间则因主流学派对要素的完全流动性和自由竞争机制的理想化假设而被忽视。马歇尔（A. Marshall，1842 ～ 1924）在其《经济学原理》一书中就明确地说："问题的不同处主要在于空间的区域变化和市场扩展的周期，其时间的影响因素相对于空间来说更为重要。"[①] 新古典学派偏好边际理论，其研究的对象必须是连续且能微分的，而空间因素的系统结构往往不具有连续性而被排斥在外。同样，古典学派一般假设要素有完全的流动性，若此假设成立，在市场机制的作用下，各个要素的供给自然会从富集地区流向稀缺地区，以致要素价格、成本和收入最终趋于均等化，也就不存在所谓的区域经济。[②] 而在微观经济学研究中，由于空间要素无法顺当地装配到阿罗 - 德布勒（Aroow-Debreu）类型的竞争性一般均衡模型中[③]，同样也被排斥在主流之外。

尽管如此，人们也意识到作为复杂概念的现代经济发展，是不能忽视空间因素的影响和空间关系的变化的，便促使一些经济学家从空间的角度来研究经济现象，并试图把空间维度融合到主流经济学理论的框架之内。正如斯科特

[①] Foust T B，Desouza A R．1978. The Economic Landscape：A Theoretical Introduction. Wheeling，Illinois：A Bell & Howell Company Press：3.

[②] 魏后凯．1990. 西方区域经济发展理论 —— 西方区域经济学述评（下）. 开发研究，（2）：54 ～ 59.

[③] 伊特韦尔，米尔盖特．1992. 新帕尔格雷夫经济学大辞典（第四卷）. 陈岱孙等译. 北京:经济科学出版社：128 ～ 131.

（A. Scott）指出的那样："区域财富的一般理论不仅必须考虑要素、技术与需求三个成分，而且要了解它们在时间中的增长，如人口增长、创新与富裕，还要进一步了解它们在空间的变化，如劳动力与资本移动，新技术的扩散和新区域性市场的拓展。"[①]著名经济学家萨谬尔森（Rsamuelson，1915～　）20世纪50年代曾明确表示，空间经济问题是一个十分引人入胜的领域。[②]国外对该问题的研究主要集中在以下几个方面。

（一）产业区位配置基本条件与空间布局竞争

政府根据区位理论和各地区资源现状，提出运输最低点指向、劳动指向、资本指向、技术指向等。这些指向虽揭示了产业集聚的客观条件，但未能从区域综合利益主体的要求和行为做更深入的（经济关系）探讨。

早在19世纪20年代，就已有经济学家开始研究空间经济均衡问题，除区位理论的创始者冯·杜能（J. H. von Thünen，1783～1850）[③]外，古诺（A. Coumot）[④]与霍特林（H. Hotelling，1895～1973）[⑤]等著名的经济学家在研究企业竞争时都涉足了企业竞争的空间均衡问题。

1826年，德国经济学家冯·杜能发表了其经济名作《孤立国同农业和国民经济的关系》，成为第一个试图用科学的区位理论解释空间经济活动规律的经济学家，同时他也开创了用最低生产成本原则来探讨产业配置的区域选择的理论学派。1909年，德国经济学家韦伯（A. Weber，1868～1958）在其撰写的《工业区位论》一书中创立了系统的工业区位理论。韦伯继承了冯·杜能的思想，确认了运输因素对工业区域配置的重大影响。因为韦伯结论的有效性是以市场因素对产品价格的影响近似等于零为前提的，在这种情况下，企业生产成本的变化与企业盈利水平的变化之间并不存在着一一对应的函数关系。[⑥]为此，韦伯以后的区位理论继承者们发现，最小区位生产成本并不能最终确定企业在某一区域的配置，这些学者创立了以取得最大限度利润为原则，以市场为中心的区位理论。研究市场划分理论的有谢费尔（Shaffie）的空间相互作用理论，费特尔（F. A. Fetter）的贸易区边界区位理论，帕兰德（T. Palander）的市场竞争区位理论，罗斯特朗（E. M. Rawstron）的盈利世界理论和吉（J. Gee）的自由进入理论等。[⑦]

① 伍海华. 1995. 现代经济发展. 青岛：青岛出版社：101～103.

② Samuelson P A . 1952. Spatial Price equilibrium and linear programming. American Economic Review，42（3）：283～303.

③ 冯·杜能. 1986. 孤立国同农业和国民经济的关系. 吴衡康等译. 北京：商务印书馆：201～203.

④ Coumot A. 1987. Researches into the Mathematical Principles of the Theory of Wealth. London：Macmillan.

⑤ Hotelling H. 1929. Stability in competition. Economic Journal，（39）：39～45.

⑥ 查尔斯·P. 金德尔伯格，布鲁斯·赫里克. 经济发展. 张欣译. 上海：上海译文出版社：173.

⑦ Caves R H . 1992. World Trade & Payments. New York：Harper Collins College Publishers：134～137.

研究市场网络理论的主要有克里斯泰勒（W. Christaller）[1]的中心地理论和勒施（A. Loseh）等[2]的区位经济学，二者都反映了市场空间结构分析的思想，详细研究了区域市场规模和市场需求结构与产业区域配置条件的空间关系，剖析了空间经济活动的内在规律，为之后的动态一般均衡理论奠定了基础。

第二次世界大战后，西方各国着力于经济的恢复和重建，并迅速进入高速发展阶段，但随之也产生了一系列新问题，如过度城市化、生态环境恶化、区域发展不平衡等。于是，各国政府纷纷采取相应的措施进行干预和调节，加大了"看得见的手"——政府对经济的宏观调控力度。这样在凯恩斯主义的影响下，一些西方经济学家开始了将古典区位论转变为现代区域经济学的尝试，其主要代表人物有艾萨德（W. Isard）[3][4]、俄林（B. Ohlin）[5]、弗农（R. Vernon）[6]等，而这种尝试基本上是围绕着成本、市场因素的综合分析展开的，这样便可以深入探讨区域发展目标的冲突和利益机制问题。

（二）区域发展目标的内在冲突与竞争布局

艾萨德从成本理论和市场理论出发，通过市场区的分析提出了竞争布局模式，系统总结了他对区域内发展目标冲突（而非区域间利益冲突）的看法；区域经济学家胡佛（J. E. Hoover，1895～1972）则从"区际贸易与要素流动"、"区际趋同"对区域经济发展的影响等角度讨论了"区域如何发展"的问题；尼吉坎普（P. Nigkamp）则运用西方经济学的一些最新成果，对空间相互作用等方面的问题进行了理论分析与研究方法的探讨。艾萨德是现代区域经济学的创始人，他的著作[7][8]对于区域经济学的形成起到了非常重要的作用。他指出，产业配置的基本条件，当然会同自然环境、产品成本、地区居民的购买力、区域间工资水平及价格水平的变化，以及区域间贸易结构的变化等因素有关。因此，合理的产业区域配置应取决于多种区位因素的影响，这种多因素分析不仅要对成本和市场因素进行综合分析，而且要对影响成本和市场的内在因素进行分析。

---

① Christaller W. 1966. Central Places in Southern Germany. Upper Saddle River：Prentice Hall：77～80.

② Losch A. 1939. The Economics of Location. New Haven，CT：Yale University Press：202～203.

③ Isard W. 1975. Introduction to Regional Science. Englewood Cliffs，N J：Prentice-Hall：123～125.

④ Isard W. 1956. Location and Space-economy；a General Theory Relating to Industrial Location，Market Areas，Land Use，Trade，and Urban Structure. Cambridge：The Technology Press of Massachusetts Institute of Technology，Wiley：135～137.

⑤ 俄林. 1986. 域际贸易与国际贸易. 逯宇铎译. 北京：商务印书馆：16.

⑥ Vernon. R. 1966. International investment and international trade in the product cycle. Q. J. E，80：190～207.

⑦ Isard W. 1975. Introduction to Regional Science. Englewood Cliffs，N J：Prentice-Hall：123～125.

⑧ Isard W. 1956. Location and Space-economy；a General Theory Relating to Industrial Location，Market Areas，Land Use，Trade，and Urban Structure. Cambridge：The Technology Press of Massachusetts Institute of Technology，Wiley：185～189.

为此，一方面他从韦伯的成本理论出发，考虑到以前的区位理论不完全适用的情况，详细讨论了运输量、运费率、劳动力费用对企业布局的影响，提出了著名的替代原则。另一方面，又从勒施的市场理论出发，通过对市场区的分析提出了竞争布局模式，并讨论了工业的聚集、规模经济、经济区的规模、经济的地域特点和贸易等一系列问题，他的著作试图把冯·杜能、韦伯、普列德尔、帕兰德、胡佛、勒施和达恩等的基本原理进行简化，提取共同的东西，从而"把分散的区位理论综合成一种通用的理论，从而与现有的生产、价格和贸易等理论相融合"①。

艾萨德的著作②③中系统总结了他对冲突问题的看法。在该书中，他探讨了"多区域社会的贸易、人口迁移、空间流动与剥削"（第八章），"博弈、冲突和二难推理"（第十章），"冲突的解决与协调过程"（第十一章），"发展理论、联合分析和冲突的解决"（第十六章）等问题。艾萨德是一个涉猎面广、博学多才的开创性学者，他将新古典经济理论、博弈论、公共选择学派理论运用于研究冲突问题，做了大量开拓性的工作。但从内容来看，该书在研究冲突问题时，并未突出对区域问题的研究，他在研究冲突时所讨论的"囚徒困境"、当权集团——在野集团冲突、"阿罗不可能性定理"等问题均是对其他学科有关成果的再现，其所谓的"冲突的解决"，只是讨论了运用规划方法解决区域内发展目标冲突而非区域间利益冲突的问题。美国另一名著名区域经济学家胡佛在《区域经济学导论》一书中未列专章讨论区际关系问题，只是在"区域如何发展"一章中讨论了"区际贸易与要素流动"、"区际趋同"对区域经济发展的影响。④由尼吉坎普主编的《区域与城市经济学手册》⑤，可以说是西方一本比较系统的区域经济学著作，该书汇集了区域经济学的主要研究成果，该书的特点有：①对区域经济理论与方法的发展现状做了较系统的阐述；②注重定量分析，"公共设施布局：多区域与多主体决策框架"（第四章）、"空间均衡分析"（第五章）、"空间相互作用、运输和区际商品流模型"（第九章）、"创新与区域结构变迁"（第十三章）等章节运用西方经济学的一些最新成果，对空间相互作用等方面的问题进行了理论分析与研究方法的探讨。

① 曾菊新 . 1996. 空间经济系统与结构 . 武汉：武汉出版社：189.

② Isard W，Christine S. 1982. Conflict Analysis and Practical Conflict Management Procedures：an Introduction Peace Science. Mass：Ballinger Pub：203～204.

③ Isard W，et al. 1960. Methods of Regional Analysis：an Introduction to Regional Science. Massachusetts：Press of The MIT and John Wiley &Sons Inc：159～161.

④ Hoover E M. 1975. An Introduction to Regional Economics. New York：Knopf Inc：135～137.

⑤ Nigkamp P. 1986. Handbook of Regional and Urban Economics，Volume I，Regional Economics. Amsterdam：Elsevier Science Publishers：171～195.

（三）支配区域分工的利益机制

在市场经济中，分工产生于交换，同时也促进了交换的发展，地域分工与区域贸易发展也有着同样的相辅相成的关系，二者的基础都在于市场经济所要求的利益机制。这在亚当·斯密的绝对优势、大卫·李嘉图的比较优势、赫克歇尔的要素禀赋等诸多西方经济理论中都有不同程度的体现，在马克思主义经济理论中也同样有所发展。这些理论虽然是从国际分工和国际贸易角度讨论的，但为一国地域分工的利益机制研究提供了思路。亚当·斯密认为，各国都存在着某种绝对有利的自然条件或者后来获得的专长，即都占有生产条件上的某种绝对优势，因而都拥有实际成本（即劳动耗费）小于其他国家的某种或某些商品。这些商品各自在价格上占有优势，在国际市场上具有相对较强的竞争能力。各国为了本国利益，都专业化地生产本国具有优势的商品，即实行国际分工就能提高每个国家的劳动生产率和社会总产量，并在国际贸易中获得较大的利益。亚当·斯密是坚决主张自由贸易的，但面对贸易保护主义，他的绝对成本学说就会面临一些解决不了的问题。[①]

大卫·李嘉图的基本观点是：由于两国劳动生产率的差异并不是在任何产品上都是相同的，两国产品的交换取决于生产这两种产品的比较成本，而不是由生产这两种产品所消耗的绝对成本来决定的。[②]因此，大卫·李嘉图主张每个国家都应该把劳动用在最有利于本国的生产上，生产和出口对本国相对有利的商品，进口本国相对生产成本较高的商品，即所谓的"优中选优，劣中选劣"，从而进一步解决了亚当·斯密学说所无法解决的问题。但二者都是假设国际分工的专业化生产只是各产业部门之间的一种劳务分工，而没有考虑生产要素在国际经济合作日益广泛、各国生产要素已渗入合作国的再生产过程之中的情况下，可以通过生产要素的国际移动来改善一个国家的要素禀赋，提高生产效益，节约社会劳动。但其提供了某些具有参考价值的东西，如生产要素禀赋差异概念，关于按区域比较利益、比较优势进行分工的原则，特别是两利相权取其大，两害相权取其轻的原则，对一国参与现代国际分工，以及安排国内的区域布局，促进区域协调发展都有帮助。俄林于1933年出版了《区域间贸易和国际贸易》一书，从产业地域分工论的角度，把国际分工、国际贸易与生产要素差异（土地、劳动力、资本）联系起来，分析了为什么不同区域在某种商品的生产上具有比较优势，提出了生产要素禀赋学说。因与赫克歇尔提出的观点基本一致，被称为赫克歇尔-俄林定理（H-O定理）。其基本观点是：每个国家或区域的生产要

[①] 亚当·斯密.1972.国民财富的性质和原因的研究.郭大力，王亚南译.北京：商务印书馆：55～57.
[②] 大卫·李嘉图.1962.政治经济学与赋税原理.王亚南译.北京：商务印书馆：187～189.

素禀赋各不相同，如暂不考虑需求情况，利用自己相对丰富的生产要素从事商品生产，就处于比较有利的地位；而利用禀赋差、相对稀少的生产要素来生产，就处于比较不利的地位。因此，各国、各地区在地域（国家）分工–国际贸易体系中应该生产能够发挥各自生产要素优势的产品。[①] 弗农把技术因素引入到生产要素禀赋学说中，将技术要素视为区域的创新能力，提出了产品生命周期理论及其在地域分工上的应用，形成了理论创新。[②] 弗农的产品生命周期理论揭示了区域生产要素具有综合性，区域经济发展条件不仅包括资本与劳动，而且还包括技术要素，它们共同决定了产业的区域配置。

（四）组织与制度安排影响区域利益格局的制度经济学框架

第二次世界大战后，在凯恩斯经济学逐步取得正统地位的同时，新制度经济在批评新古典经济学不切实际的假设和分析框架下，构建了以科斯（R. Coase）[③④]、诺斯（D. North）、阿尔奇安（A. Alchian）[⑤]、威廉姆森（O. Williamson）[⑥⑦⑧]、德姆塞茨（Demsetz）[⑨] 等为代表的新制度经济学派，其在深入研究外部性、公共产品的生产等现实问题的基础上构建起了各自的理论体系，主要包括交易成本经济学、产权经济学与制度变迁理论。新制度经济学强调组织与制度安排对利益格局的影响，在企业与政府（或国家）两个层次上研究制度重组对资源配置，以及效益或效用增进的影响。但从制度角度完整研究区域经济问题的论著较少，而且也往往是不系统的或因纯粹重复企业理论和国家理论而偏离区域经济主题。因此，制度经济学分析框架在区域经济关系领域的运用有待探讨。

（五）国外有关城市圈协调机制的研究

最早从城镇群体角度进行探索性研究与实践的是英国学者霍华德（1898

---

① Ohlin B. 1933. Interregional and International Trade. Massachusetts：Harvard University Press：198～200.

② Vernon R. 1970. The Technology Factor in International Trade. New York：Columbia University Press：104～106.

③ Coase R H. 1988. The Firm，The Market and The Law. Chicago：University of Chicago Press：97～99.

④ Coase R H. 1992. The institutional structure of production. American Economic Review，82（9）：713～719.

⑤ Alchian A A，Emsetz H. 1972. Production，information costs，and economic organization. The American Economic Review，62（5）：777～795.

⑥ Williamson O E. 1971. The vertical integration of production：market failure consideration. The American Economic Review，61（2）：112～123.

⑦ Williamson O E. 1979. Transaction-cost economics：the governance of contractual relations. Journal of Law and Economics，22（2）：233～261.

⑧ 威廉姆森，奥利弗. 1996. 经济组织的逻辑：企业制度与市场组织——交易费用经济学. 陈郁译. 上海：上海人民出版社：121～125.

⑨ Alchian A A，Emsetz H. 1972. Production，information costs，and economic organization. The American Economic Review，62（5）：777～795.

年），他提出的"田园城市模式"，建议围绕大城市建设分散、独立、自足的田园城市，以达到高度的城市生活与清净的乡村生活的有机融合，其实质是通过城镇群体空间组合解决大城市无限扩张所带来的一系列城市问题。芬兰规划师沙里宁在《城市：它的发展、衰败和未来》一书中指出：城镇群体发展应当从无序的集中变为有序的疏散，并在这种"有机疏散"的理论模式的指导下，拟定了著名的大赫尔辛基规划方案。

1957 年，法国地理学家戈特曼根据对美国东北海岸城市密集地区的研究，发表了具有划时代意义的著名论文《大都市带：东北海岸的城市化》，首次提出了"特大城市"（megaloplis）这一崭新的城镇群体概念。其认为在过去 3 个世纪里，这一地区对美国的发展起到了中枢性的关键作用。他认为在这一巨大的城市化地域内，支配空间经济形式的已不再仅仅是单一的大城市或都市区，而是聚集了若干都市区，并在人口和经济活动等方面密切联系成了一个巨大的整体。这种城市地域空间组织形式的出现，标志着美国空间经济的发展进入了成熟阶段。

弗里德曼提出了经济发展与空间演化相关模式。瑞典学者哈格斯特朗（T. Hagerstrand）于 1968 年提出的现代空间扩散理论，加深了城市圈空间演化过程模式。希腊学者杜克西亚斯（C. A. Doxiadis）在 1970 年大胆预测，世界城市发展将形成连片的巨型大都市区。加拿大地理学家麦吉（T. G. McGee，1991）对东南亚发展中国家城市密集地区进行研究后，提出了"城乡融合区"的概念，并认为这些地区已经出现类似于西方的大都市带的空间结构。

1990 年以来，国外从区域协调的角度研究城市群的热情进一步高涨，戈特曼[1]在其新书中，对他早年许多忽视社会、文化、生态的观点进行了修正。魏克纳吉、莱斯以"生态足迹"的概念来反证人类必须有节制地使用空间这种资源。秋元耕一郎从区域城市发展的轴线系统入手，对各行政单元（县）的城市体系的空间结构进行分类，并提出了促进合理发展的政策和措施。

总体而言，西方国家关于城镇群研究的理论与时间，经历了由静态到动态，从小范围到大区域，从城市群的形成机制研究到协调发展研究的变化，特别是全球化、信息化时代对城市群协调发展的影响成为研究与实践中的一项重要内容。

总之，对区域经济冲突与合作有关的区域分工、区域经济差距、区域经济传播等方面的问题，西方学者进行了较多研究。例如，针对区域分工问题提出了绝对利益理论、比较利益理论、要素禀赋理论等；在区域冲突分析方面，西方学者推动了制度经济学、博弈论与社会学等理论与方法在区域经济关系研究

---

① Gottman J. 1990. Since Meg a lopolis：The Urban Writings of Jean Gottman. Johns lfopkins：Johns Hopleins University Press：20 ～ 30.

中的运用，做了许多开拓性的工作。针对区域差距问题，提出了循环累积因果理论、核心-外围理论、倒"U"形理论与"钟"形理论等；针对区域经济传播问题，提出了区域生命周期理论、产品生命周期理论与梯度理论等。这些理论均从某一侧面阐明了区域经济关系的演变规律，对从一般意义上研究区域经济冲突与合作的发生与发展有一定的帮助。此外，西方国家出版的《区域科学杂志》、《区域研究》等杂志发表了许多讨论区域间贸易与要素流动、冲突解决等方面问题的文章，但据查阅文献所知，这些文章及其他一些有关著作都有如下一些明显的特点：①大多数研究是建立在资本主义完全市场经济假设的前提基础上的；②对政府在区域经济合作中的作用及参与方式几乎不涉及；③只有部分学者研究中国问题，且大多数人主要是从政治、社会的角度来看待区域经济关系的。例如，英国的特里坎农等[1]研究了中国的区域紧张局势问题，从其所发表的文章来看，他注重从政治角度分析区域经济关系的表现，但相对忽视了从经济角度研究中国区域经济冲突的生成机制与演化特征。

二、区域经济方面的国内研究现状和发展趋势

中国对区域经济的研究大多数集中在区域经济发展方面。本书的研究可以追溯到新中国成立初期关于工业布局思想的讨论及毛泽东《论十大关系》[2]的发表。形成全国性研究热点当在"六五"末至"七五"初期，重要成果以周叔莲、陈栋生等领衔的《中国地区产业政策研究》[3]和《中国产业布局研究》[4]（国家"七五"重点选题）为代表。20世纪80年代以来，随着中国区域经济冲突的加剧与合作的蓬勃发展，一些学者开始关注区域冲突问题。已有的成果大致可分为以下6类。

（一）对区际关系的理论思考与对策研究

这些研究从一定的角度实证分析了区际关系不协调的原因，如政策缺陷、体制弊端、政府行为不合理等，并提出了一些相关对策。例如，董辅礽[5]、陈

① Cannon T，Zhang L Y. 1994. Inter-region Tension and China's Reforms，Fragmented Asia：Regional Integration and National Disintegration in Pacific Asia. Aldershot：Ash Gate Publishing Ltd：93.
② 毛泽东. 1977. 毛泽东选集（第五卷）. 北京：人民出版社：275.
③ 周叔莲，陈栋生，裴叔平主编. 1990. 中国地区产业政策研究. 北京：中国经济出版社：89.
④ 陈栋生主编. 1998. 中国产业布局研究. 北京：经济科学出版社：151～154.
⑤ 董辅礽. 1996. 集权与分权——中央与地方关系的构建. 北京：经济科学出版社：123.

栋生[①]、程必定[②]、杨开忠[③]、魏后凯[④]等学者先后撰写了与此主题中的某些问题有关的论文。

（二）对区域经济合作基本问题的研究

这些研究多以专著的形式发表，如周起业等[⑤]、陈栋生等[⑥]均讨论了区域经济合作的基础、原则与形式等。

（三）一些协作区对各自工作的经验教习的总结与协作区发展的探讨

这些总结有一部分已公开发表，如《淮海经济发展探索》[⑦]、《联合与发展 —— 南京区域经济联合五周年实录》[⑧]。

（四）对区域经济差距的研究

一些学者将区域经济关系不协调归咎于区域差距，指出区域差距扩大有可能妨碍整个国家的发展[⑨][⑩]，而有些学者则认为差距的存在是发展中国家在起飞过程中必然会出现的现象。[⑪]近几年来，有关区域差距的论著相当多[⑫]，有助于探讨中国的区域经济利益冲突与协调的理论、实践及相关问题。

（五）行政区框架内各级政府功能及政府间关系的行政学相关研究

许多这类相关研究，有助于我们认识中国行政区间的关系的演变与现状。例如，由关山与姜洪主编的《块块经济学 —— 中国地方政府经济行为分析》[⑬]，

---

① 陈栋生主编 . 1998. 中国产业布局研究 . 北京：经济科学出版社：187.

② 程必定 . 1995. 区域的外部性内部化和内部和外部化 —— 缩小我国区域经济发展差距的一种思路 . 经济研究，（7）：61 ~ 66.

③ 杨开忠 . 1994. 中国区域经济差异变动研究 . 经济研究，（4）：28 ~ 33.

④ 魏后凯 . 1990. 论我国经济发展中的区域收入差异 . 经济科学，（2）：10 ~ 16.

⑤ 周起业等 . 1989. 区域经济学 . 北京：中国人民大学出版社：209.

⑥ 陈栋生 . 1993. 区域经济学 . 郑州：河南人民出版社：62 ~ 68.

⑦ 蒋志坚主编 . 1989. 淮海经济发展探索 . 北京：学术书刊出版社：125.

⑧ 南京市人民政府研究室与南京市经济协作委员会编 . 1992. 联合与发展 —— 南京区域经济联合五周年实录 . 89.

⑨ 魏先锋 . 1997. 市场经济体制下我国区域经济差距发展的趋势与对策 . 开发研究，（1）：25 ~ 27.

⑩ 胡鞍钢 . 1995. 中国地区差距报告 . 沈阳：辽宁人民出版社：152.

⑪ 林凌 . 1996. 东西部差距扩大的成因及改革对策 . 经济体制改革，（7）：4 ~ 21.

⑫ 周国富 . 2001. 中国经济发展中的地区差距问题研究 . 大连：东北财经大学出版社：145.

⑬ 关山，姜洪等 . 1990. 块块经济学 —— 中国地方政府经济行为分析 . 北京：海洋出版社：155.

钟成勋所著的《地方政府投资行为研究》①，比较系统地实证分析了中国地方政府行为的演变过程、经济效应及地方保护主义产生的原因等问题；再如，由谢庆奎主编，中国广播电视出版社于 1996 年开始出版的"中国地方政府管理丛书"详尽分析了各个层次的地方政府管理。在很多情况下，出于分析方便的考虑，许多区域研究是以行政区为区划框架进行的行政学研究，特别是行政学在行政的经济功能方面的研究，为分析区域经济关系提供了很大的帮助。

（六）国内城市群协调机制的研究

我国关于城市群协调发展的研究也有不少。姚士谋等②在对国内几大城镇密集区进行研究的基础上，提出了城市群的概念，其著作《中国城市群》是我国第一部以城市群为研究对象的专著。吴良镛③等学者通过对长江三角洲地区的研究，认为大都市带现象的出现是将城乡规划分裂开来各行其是的陈旧观念的表现，强调建立"自然-空间-人类"系统，即农业、工业协调发展的"城乡融合的社会"。朱英明④综合分析了城市群发展的等级、功能、再分配和增长特征，以及如何调整城市群管理战略和分配机制。20 世纪 90 年代中后期，围绕我国长江三角洲、珠江三角洲、京津冀等几大城市群开展的实证分析研究也得到了加强。

总体上看，国内关于城市群发展的理论研究还滞后于西方，侧重于城市群内部组织结构与相互关系的研究，而从经济学、社会学、生态学等多学科交叉研究城市群协调发展的理论探索较为缺乏，对新的经济、社会、技术因素及人文、生态等要素对城市群影响等的研究不够充分。

此外，国内许多学者在运用经济学的新理论与方法研究中国的经济发展问题时，部分对区域关系问题有涉及，并具有较好的启发意义。随着改革的不断深入，国内许多学者运用新制度经济学的理论与方法研究中国的改革成本与收益，提供了许多极具价值的研究成果。例如，盛洪在《分工与交易：一个一般理论及其对中国非专业化问题的应用分析》⑤一书中运用交易费用理论分析了分工与专业化发展的规律，并探讨了我国非专业化问题的原因及完善分工与专业化的途径。该书最后一章的第四节对重复建设、地区行政割据等制度的原因分析，对我们研究中国区域经济利益冲突与协调发展颇具启发意义。20 世纪 80

① 钟成勋 . 1993. 地方政府投资行为研究 . 北京：中国财政经济出版社：201～202.

② 姚士谋，陈振光，朱英明 . 1992. 中国城市群 . 合肥：中国科学技术大学出版社：102～110.

③ 吴良镛 . 1996. 迎接新世纪的来临 . 北京：中国建筑工业出版社：102.

④ 朱英明 . 2001. 我国城市群区域联系发展趋势研究 . 城市问题，（6）：34.

⑤ 盛洪 . 1995. 分工与交易：一个一般理论及其对中国非专业化问题的应用分析 . 上海：上海三联书店，上海人民出版社：85.

年代以来，博弈论迅速成为西方主流经济学的重要组成部分，并受到一些区域经济学者的重视。中国传播博弈论的学者逐步增多，一些学者著书立说，运用该理论研究中国问题，其中影响较广泛的有张维迎著的《博弈论与信息经济学》。[1]该书对基础设施建设、中央与地方关系等方面的博弈过程与结果的分析，对研究区域经济关系有启发意义。上述研究成果对深入研究中国区域经济的冲突与合作起到了十分重要的作用。但大多存在有些问题尚研究不够，有些重要的问题则被忽视的缺陷。首先，对区域经济冲突（有人称之为"诸侯经济"）的研究大多局限在行政区划框架内，对经济区框架的冲突的实证分析与规范研究不多见；其次，大量采用规范研究模式，而对这种对策的理论基础、实际操作方式，以及内在机制缺乏深入的探讨；再次，对转轨时期市场经济条件下的区域经济协调的利益机制缺乏深入的研究；最后，经济学中的最新研究成果很少被用来分析中国区域经济利益的冲突与合作问题，如新制度经济学、博弈论等领域的理论方法，对研究中国区域经济冲突与协调十分有价值，但运用较少。

近年来，随着全国城市圈建设的不断推进，城市圈内区域之间利益冲突的问题日益突出。但国内外学者大多是对区域经济的发展问题进行研究，而从城市圈区域之间利益冲突的形成机理、城市圈区域之间利益冲突的协调系统方面进行的研究尚显薄弱。本书就是以武汉城市圈为依托，以城市圈区域利益冲突为研究对象，对武汉城市圈区域之间的利益冲突进行的研究。

第二节　公共产品理论

一、公共产品理论概述

公共产品理论是新政治经济学的一项基本理论，也是正确处理政府与市场关系、政府职能转变、构建公共财政收支、公共服务市场化的基础理论。

一般而言，生态产品都至少具有非排他性或非竞争性两个特性中的一个，所以大多属于公共品、准公共品或公共资源的范畴。首先，在生态产品的供给

---

① 张维迎 . 1996. 博弈论与信息经济学 . 上海：上海三联书店，上海人民出版社：102.

过程中，尽管整个社会的福利在增进，但是一些生态建设涉及的个体的福利水平在下降，也就是说，在没有补偿或者补偿不到位的情况下，社会总福利的增加是以牺牲一些个体的利益为代价的，这违背了帕累托效率准则，因此政府要按照卡尔多效率准则对受损者进行补偿，标准应当不低于机会成本；其次，在生态产品的供给和需求过程中，要使投入的资金和设计的制度，既要有利于减少"公地悲剧"事件的发生，有利于减少"搭便车"行为，更要有利于调动生态区各级政府和居民的生态保护积极性，使他们主动地为生态建设出人力、出资金、出技术；最后，政府在生态产品的供给和需求过程中始终要发挥主导作用，不论是从健全法律、制度层面来讲，还是从资金的筹集、投入和保证方面来看，都应始终如一地发挥政府的积极作用。①

公共产品理论的发展源头，最早可以追溯到古典学派，以大卫·休谟关于"草地排水"的分析和亚当·斯密关于政府执行的三项国家职能等理论为代表。到 20 世纪 50 年代，萨缪尔森完成了对公共产品的经典定义，确定了现代公共产品理论的正式形成。他与马斯格雷夫及其后的经济学家，从公共产品的定义出发，对公共产品的最优供给问题及其运行机制进行了一系列的研究，公共产品理论得以继续向更深层次和更细致的方向发展。之后，其与公共选择理论和新制度经济学相结合，对供给模式多样化方面的问题进行了探讨，进一步拓宽了公共产品理论的研究范围。

二、公共产品理论的发展阶段

（一）公共产品理论的雏形 —— 大卫·休谟与亚当·斯密的公共产品理论

早在 1739 年，哲学家大卫·休谟就在其著作《人性论》中论述了"搭便车"现象。②他在书中讨论了如何处理超越个人利益的公共性的问题，在书中关于这个问题的描述，被后人总结为"集体消费品"。大卫·休谟认为，在某些只能通过集体完成的事情中，因人自利的天性，只能靠国家和官员来使每个人不得不遵守法则。他还举了著名的"公共草地排水"的例子来说明公共利益维护和政府参与的必要性。大卫·休谟的论述不仅表明了在公共利益的追求中个人的局限性和政府的优越性，而且还分析了共同体的规模对共同利益的影响，并初步

---

① 甘肃省财政厅课题组 . 2010. 我国区域生态建设的财政政策研究 —— 基于甘肃区域生态建设的考察 . 财会研究，(8)：6 ～ 15.

② 大卫·休谟 . 1983. 人性论 . 关文运译 . 北京：商务印书馆：132 ～ 133.

涉及了交易成本和群体博弈的思想。

继大卫·休谟之后，亚当·斯密 1776 年在其著作《国富论》中对政府的职能问题进行了更加深入的分析，集中阐述了公共产品的类型、提供方式、资金来源、公平性等重要方面。[①]虽然承认公共产品在完全没有政府的情况下难以较好地提供，但亚当·斯密作为古典经济学的代表人物，其与大卫·休谟都是崇尚自由主义的鼻祖，他认为政府只需充当"守夜人"，仅提供最低限度的公共服务。

（二）公共产品理论的发展 —— 奥意学派与瑞典学派的公共产品理论

意大利学者马尔科在其著作《公共财政学基本原理中》中最早使用了"公共产品"这一定义。在 19 世纪 80 年代，奥意学派对古典经济学的一些基本方法和理论加以修改，提出边际效用概念和边际分析方法，使公共产品理论分析基础从亚当·斯密时代的劳动价值论转变为效用价值论。他们区分了公共产品在消费和交易上与私人产品的区别，进而提出了差别税率的概念，来解决公共产品无法通过消费数量等来调节边际收益的不可分割性。

奥意学派之后是瑞典学派的公共产品理论，代表人物有威克塞尔和林达尔。与奥意学派相比，威克塞尔在有关征税的个人效用最大化方面的基础上，进一步将公平问题引入了公共产品理论，即利益赋税的公平还应以分配的公平为前提。除此以外，威克塞尔还研究了政治秩序对公共产品供应效率的影响。他认为，理想的政治程序是由消费者对若干公共服务的备选方案进行投票，政府依据获得一致支持的方案来提供公共产品，但这种理想状态是不存在的，因此，他提出"近似一致"原则来取代一致原则。

林达尔在威克塞尔思想的基础上建立了公共产品模型。在模型中，假定拥有充足理性的消费者会显示出真实偏好，社会由两个政治上平等的消费者 A 和 B 组成，在一定时期及一定的技术条件下，最大国民收入等于该社会资源约束下可以达到的最大私人产品和公共产品价值的总和。林达尔分析了这两个平等的消费者在此条件下将如何分担公共产品成本，从而最终达到供给均衡的问题。该模型所产生的唯一的稳定交点，被称为林达尔均衡；相应的税收价格被称为林达尔价格，等于其各自从公共产品消费中所获得的边际效用价值，并且两人的税额总计等于该公共产品的总成本。奥意学派和瑞典学派的理论贡献，是将微观经济学的分析延伸到公共经济领域，运用经济学的核心原理来说明政府行

为，相对于亚当·斯密时代的认识，其具有"革命性"的意义。如果说亚当·斯密使财政学成为一门研究分配活动的科学的话，"边际革命"则最终使其成为一门研究生产活动和经济活动的科学。

（三）公共产品理论的形成 —— 萨缪尔森的公共产品理论

一般认为，现代经济学对公共产品的研究，是从新古典综合派的萨缪尔森开始的。他在 1954 年和 1955 年发表在《经济学与统计学评论》上的两篇文章——《公共支出的纯理论》和《公共支出理论图解》举世闻名。在《公共支出的纯理论》中，萨缪尔森对公共产品的定义成了经典。为了严格表述公共产品的概念，萨缪尔森借助于数学工具，起初对私人产品和集体消费产品，即公共产品进行了严格的区分，采用"公共产品与私人品"的严格二分法。但在第二年发表的《公共支出理论图解》一文中，其又建议将之前的定义作为极端情形来看待，承认大多数的公共产品都不是纯公共产品，诸如教育、法庭、公共防卫等，都存在某些"收益上的可变因素，使得某个市民以其他成员的损失为代价而受益"。萨缪尔森对于公共产品的定义，虽然之后一变再变，但是非竞争性这一公共产品的基本属性已经被比较明确地提了出来，其不可分割性也被突出地强调了。

萨缪尔森还对私人品和公共产品的最优化供给均衡问题进行了比较和分析。公共产品无法像私人品一样可以通过竞争性的市场定价机制找到供给均衡点，萨缪尔森假定存在着很有洞察力的人（伦理上的观察者），知道个人的偏好函数，以此来解决公共产品个人偏好的显示问题。萨缪尔森总结公共产品的最优化供给均衡点，即公共产品有效定价原则为个人价格总和等于边际成本，政府可根据个人从公共产品消费中的边际收益对他们征税。萨缪尔森还对私人品和公共产品的一般均衡进行了分析，得出了公共产品最优供给的一般均衡条件，即著名的萨缪尔森条件：消费者对私人品和公共产品的边际替代率之和等于私人品和公共产品生产的边际转换率。

萨缪尔森的杰出贡献是给出了公共产品的严格定义。在萨缪尔森之前，古典学派的经济学家研究公共产品是从市场失灵、政府职能等问题入手的；而奥意学派和瑞典学派的学者虽然提出了共同消费、成本分摊等公共产品的特点，并且试图揭示其消费与所承担的税收之间的联系，但是萨缪尔森是第一个能够严格区分私人品和公共产品，提出了纯公共产品定义的经济学家。此外，其还对私人品和公共产品最优供给的局部均衡和一般均衡进行了分析，发展了诸如征税效率、公平分配和效率的兼顾等问题的研究。

（四）现代公共产品理论的进一步发展

1）马斯格雷夫的公共产品理论。到 20 世纪 50 年代末期，美国著名经济学家马斯格雷夫出版了著作《财政学原理：公共经济研究》，第一次引用"公共经济学"的概念，这时公共经济学才作为一个独立的经济学分支学科建立起来，所以，可以说马斯格雷夫是现代公共经济学的先驱。首先，他完成了公共产品的非排他性特征的描述，他将其阐述为"一种纯粹的公共产品在生产或供给的关联性上具有不可分割特征，一旦它提供给社会的某些成员，在排斥其他成员对它的消费上就显示出不可能或无效性"。"任何人都同等地消费，不管他是否为此付费。换言之，我们必须将联合消费与排他原则的不适用性结合起来。"其次，他在萨缪尔森的公共产品理论之上提出了产品的三分法，即产品可以被认为私人品、公共产品和有益品，在"非私人品"中又区分了公共产品和有益品：前者由于市场无法自发地提供公共产品的最优数量，是政府在尊重个人偏好的情况下提供的，后者是政府强制个人消费的政治经济产品，带有消费的强制性。马斯格雷夫夫妇还构建了社会货物（公共产品）的提供模型，通过征税确定公共产品的供给价值，拟订了一种非市场的等价交换。他们的预算模型在萨缪尔森的基础上还提出，公共产品偏好的显示需要通过政治过程，让消费者投票来显示偏好，而且还必须以给定的收入分配为基础。由于"搭便车"问题的存在，要使模型适用，必须与投票过程理论相结合。这就要求去设计能获得偏好显示的选举制度，确定最为接近有效定价原则的税收-支出制度。

马斯格雷夫和萨缪尔森一样，在经济效率的基础上，又加入了政治的因素来讨论公共产品的有效提供问题，将公共产品的有效供给与政治过程和分配公平相结合。实际上，这也显示出了公共产品理论与公共选择理论的不可分割性。

2）布坎南和蒂部特的公共产品理论。布坎南在萨缪尔森等研究的基础之上创造性地提出了"俱乐部产品"，讨论关于公共产品的不纯粹性和复杂性的问题，解决俱乐部的最优规模和成员对俱乐部产品最优消费的关系。所谓俱乐部产品，是指这样一类产品：一些人能消费，而另外一些人被排除在外。布坎南使用成本收益分析框架，从产品的"共同拥有"角度对产品的集体供给方式进行研究，认为俱乐部产品可以涵盖从纯私人品到纯公共产品之间的所有情况，从而达到规模最优。他指出，每种公共选择规则都存在交易成本，应根据交易成本最低原则来决定采取哪种公共选择方式。蒂部特于 1956 年发表的《地方指出的纯理论》一文，构建了一个地方性公共产品模型。在文中，蒂部特在马斯格雷夫和萨缪尔森关于联邦支出的基础上，探讨了地方公共产品的有效供给方式和条件，认为地方公共产品与市场上的私人品一样，纳税人可以通过用脚投票的方式充分流动，选择他们的偏好能得到最大满足的社区。在他的模型中，只要人们可以在社区内自由流动，各社区内资源配置、规模就将达到最优，有相似偏好的人聚居在一起，共同享用地方性公共产品。公共选择学派显示出了一个信号，即用脚投票等会引起公平与再分配的问题，比如，每个人以林达尔价格纳税，富人与穷人共同消费公共产品的情况会保证两种阶级之间的财富再分配。但是如果人们通过充分流动使相似偏好的人形成了一些地方政体，就会使再分配变得困难。一个社区就可能通过吸纳能带来足够高租金的人以改善自身的福利，相对贫穷的人就不能再从相对富裕的人对公共产品的较大需求中获得利益。政治寻租和投票悖论产生的高成本也可能造成政府失灵。在此基础上，关于公共产品的私人提供的问题便应运而生。①

三、公共产品理论研究的内容

西方经济学关于公共产品理论的研究可以说源远流长，产生了不同的流派，建立了不同模型，内容庞杂，十分丰富。归纳起来，主要集中在以下相互关联、不断深化、依次推进的 4 个层次，如表 2-1 所示。

表2-1　公共产品理论分析框架②

公共产品研究层次			对应理论与应用
第一层次：公共产品的内涵与范围			政府职能、政府边界、政府规模、市场失灵、外部性、政策失灵
第二层次：公共产品的供求机制	供给机制	提供多少；提供给谁、怎样融资；如何生产、定价与提供	公共产品最优供给、均衡理论、生产前沿面理论；税收、公债或收费、溢出效应；公共产品生产效率与定价、协作生产理论；
	需求机制	偏好表达	免费搭车、偏好显示与公共选择
第三层次：公共产品的运行机制	效率机制	分权化；市场化；从单中心到多中心	公共产品层次理论、用足投票、地方政府治理理论；平民主义、市场准则与"企业化政府理论"；偏好异质、选择多样性、信息优势与竞争机制；
	公平机制	内部化；中央政府再分配；基准公共产品与机会均等	外部性；政府转移支付；社会保障、公共教育与医疗体系等
第四层次：公共产品的评价激励机制	公共产品评价机制		绩效评估与审核、成本效益分析、公共监督；
	公共产品激励机制		制度效率与激励机制、公共产品法制建设；
	公共产品的可持续性		可持续战略、财政风险控制

① 贾晓璇 . 2011. 简论公共产品理论的演变 . 山西师大学报（社会科学版），38（5）：31 ～ 33.
② 王爱学，赵定涛 . 2007. 西方公共产品理论回顾与前瞻 . 江淮论坛，（4）：38 ～ 43.

第三节　可持续发展理论

一、可持续发展的定义

什么是可持续发展？按照世界环境和发展委员会在《我们共同的未来》中的表述，即"既满足当代人的需要，又对后代人满足其需要的能力不构成危害的发展"。具体来说，就是谋求经济、社会与自然环境的协调发展，维持新的平衡，制衡出现的环境恶化和环境污染，控制重大自然灾害的发生。如何实现可持续发展？《中国21世纪议程》认为，主要是在保持经济快速增长的同时，依靠科技进步和提高劳动者素质，不断改善发展质量，提倡适度消费和清洁生产，控制环境污染，改善生态环境，保持可持续发展的资源基础，建立"低消耗、高收益、低污染、高效益"的良性循环发展模式。

二、可持续发展的内涵

从全球普遍认可的概念中，我们可以梳理出可持续发展有以下几个方面的丰富内涵。

1）共同发展。地球是一个复杂的巨系统，每个国家或地区都是这个巨系统不可分割的子系统。系统的最根本特征是其整体性，每个子系统都和其他子系统相互联系并发生作用，只要一个系统发生问题，都会直接或间接地影响到其他系统，甚至会诱发系统的整体突变，这在地球生态系统中表现得最为突出。因此，可持续发展追求的是整体发展和协调发展，即共同发展。

2）协调发展。协调发展包括经济、社会、环境三大系统的整体协调，也包括世界、国家和地区三个空间层面的协调，还包括一个国家或地区的经济与人口、资源、环境、社会，以及内部各个阶层的协调，持续发展源于协调发展。

3）公平发展。世界经济的发展呈现出因水平差异而表现出来的层次性，这是发展过程中始终存在的问题。但是这种发展水平的层次性若因不公平、不平等而引发或加剧，就会从局部而上升到整体，并最终影响到整个世界的可持续发展。可持续发展思想的公平发展包含两个维度：一是时间维度上的公平，即当代人的发展不能以损害后代人的发展能力为代价；二是空间维度上的公平，即一个国家或地区的发展不能以损害其他国家或地区的发展能力为代价。

4）高效发展。公平和效率是可持续发展的两个轮子，可持续发展的效率不同于经济学的效率，可持续发展的效率既包括经济意义上的效率，也包含着自然资源和环境损益的成分。因此，可持续发展思想的高效发展是指经济、社会、资源、环境、人口等协调下的高效率发展。

5）多维发展。人类社会的发展表现出全球化的趋势，但是不同国家与地区的发展水平是不同的，而且不同国家与地区又有着异质性的文化、体制、地理环境、国际环境等发展背景。此外，因为可持续发展又是一个综合性、全球性的概念，要考虑到不同地域实体的可接受性，所以，可持续发展本身包含了多样性、多模式的多维度选择的内涵。因此，在可持续发展这个全球性目标的约束和指导下，各国与各地区在实施可持续发展战略时，应该从国情或区情出发，走符合本国或本区实际的多样性、多模式的可持续发展道路。①

三、可持续发展理论的发展与内容

围绕城市可持续发展问题，各国专家和学者分别从不同的角度进行了深入的研究。

1）从资源和环境的角度研究城市可持续发展。从资源角度研究城市可持续发展问题，主要集中于城市的自然资源禀赋与城市经济发展之间的矛盾。城市作为消费者，它要利用其生产系统消耗非再生资源和可再生资源，为居民提供生产和生活服务。同时，城市也作为摧毁者（destroyer），由于不合理地利用资源，它要消耗甚至浪费资源。城市对资源的消耗，特别是对非再生资源的消耗，虽然满足了当代城市发展的需求，但其必然成为今后长期稳定和可持续发展的限定因素这一点越来越明显。Walter 等认为，城市要想可持续发展，必须合理地利用其本身的资源，寻求一个友好的使用过程，并注重其中的使用效率，不仅为当代人着想，同时也为后代人着想。②Toman 从经济学角度提出，保护资源要通过建立最低安全标准来要求当代人承担某种责任。③许多学者在研究城市可持续发展时，把保护非再生资源和最大限度地利用可再生资源，以及循环利用资源，作为城市可持续发展的基本原则。

从环境角度研究城市可持续发展问题，主要集中于城市经济活动中的污染排放与自然环境的自净能力之间的矛盾。这类研究着重于城市环境污染治理和减排的技术、经济和法律手段。不少学者在城市可持续发展研究中，对如何解

---

① 李龙熙 . 2005. 对可持续发展理论的诠释与解析 . 行政与发，（1）：3 ～ 7.

② Siembab W，Betal B. 1992. Sustainable Cities：Concepts and Strategies for Eco-city Development. Los Angeles：Eco-Home Media：221 ～ 223.

③ Toman M T. 1992. The difficulty in defining sustainability. In: Darmstadt J. Global Development and the Environment：Perspectives on Sustainability，Resources for the Future.

决城市环境问题进行了许多探索。例如，Tjallingii 在研究越来越严重的城市环境问题时，提出可持续城市为"责任城市"（responsible city），绝对不能随意地把当代的环境问题留给后代或更大范围，甚至全球。[①]

2）从城市生态的角度研究城市可持续发展。生态科学是从一个系统的角度去看待研究对象的。整个系统——生物圈，是由相互联系的子系统组成的，研究人员关注的是其组织特征和结构、其系统的动力学，以及演进和变化过程。从生态学的角度看，城市是一个独特的生态系统。

"生态城市"（eco-city）最早是在联合国教科文组织发起的"人与生物圈"计划中提出的。随后，生态城市的理念迅速发展，成为城市发展的一种新概念。生态城市是可持续的、符合生态规律和适合自身生态特色发展的城市。目前，生态城市的理论研究已经从最初在城市中应用生态学原理，发展到包括城市自然生态观、城市经济生态观、城市社会生态观和复合生态观等的综合城市生态理论。生态城市的发展原则包括修复退化的土地；城市开发与生物区域相协调、均衡开发；实现城市开发与土地承载力的平衡；终结城市的蔓延；优化能源结构；保护历史文化遗产；培育多姿多彩的文化景观；纠正对生物圈的破坏等。[②]

3）从经济发展的角度研究城市可持续发展。城市作为一个生产实体，其经济活动通过劳动力、原材料、资金等的输入，产出物质产品。一方面满足社会居民的生活需要，同时其副产品或废弃物也给人们带来了许多不便。另一方面，其生产、生活环节由于城市不断膨胀，规模越来越大，如果在这些环节上出现局部混乱和不协调，将对城市的发展，特别是城市的可持续发展产生越来越严重的影响。世界卫生组织（World Health Organization，WHO）提出，城市可持续发展应在资源最小利用的前提下，使城市经济朝着更富效率、稳定和创新的方向演进。Nijkamp 也认为，城市应充分发挥自己的潜力，不断地追求高数量和高质量的社会、经济、人口和技术产出，长久地维持自身的稳定，并巩固其在城市体系中的地位和作用。对大多数城市来讲，只有提高城市的生产效率及物质产品的产出，才能永葆其生命活力。[③]近年来，有学者认为避免无限制的消费是实现城市可持续发展的关键环节。日本环境科学家榧根勇认为，环境恶化的根本原因就是追求方便和利益性的人类欲望。[④]

学者们对于城市如何追求可持续的经济发展的研究，主要集中在以下几

---

① Tjallingii S P. 1995. Ecopolis：Strategies for Ecologically Sound Urban Development. London：Backhuys Publishers：156～158.

② 张坤民等. 2003. 生态城市评估与指标体系. 北京：化学工业出版社：58.

③ Petal N. 1994. Sustainable Cities in European. London：Earth Scan Publications Limited：123～125.

④ 榧根勇. 2005. 现代中国环境绪论. 名古屋：爱知大学：79.

个方面：第一，提高经济活动的环境效率，降低每个单位经济活动的环境成本；第二，在城市与区域范围内发展可持续的工业；第三，使用新型能源，提高能源效率；第四，开发绿色经济，发展环保产业；第五，开展经济空间规划，协调人口、资源、环境与经济之间的关系，做到整体最优；第六，发展高新技术产业和第三产业，调整城市经济结构；第七，实施交通规划和智能交通系统，大力提倡公共交通；第八，实施绿色（环境）标志产品工程，提倡绿色消费，转变传统的消费观念；第九，实施环境税收政策。

4）从城市空间结构的角度研究城市可持续发展。随着可持续发展思想的提出，许多学者认为，作为城市经济载体的城市空间结构及城市形态，对城市可持续发展起到了至关重要的作用。有学者认为应该采取紧凑形态，即紧凑城市（compact city），它是与分散化思想相对的一种集中化思想（centralization）。他们认为可持续城市应该是"适宜行走、有效的公共交通和鼓励人们相互交往的紧凑形态和规模"。其主要观点为：第一，通过社会可持续的混合土地利用，促使人口和经济的集中，减少人们对出行的需求，有效地减少交通污染物排放；第二，提倡使用公共交通，减少小汽车使用，鼓励步行和使用自行车，以解决城市交通问题；第三，通过有效的土地规划，统一集中供电和供热系统，充分节约能源；第四，高密度的簇团状社区，有助于生活设施系统充满活力，可以增强社会的可持续性。[①]

另外一些学者认为，紧凑城市也存在一些不足：第一，紧凑城市可能使人口过分拥挤，交通更加繁忙，同时缺少开阔的空间（绿地），从而降低了生活质量；第二，紧凑城市忽略了分散化是不可阻挡的时代潮流这一现象。他们认为，城市应该是采取通过公共交通系统把城市中心和分散在其周围的自给自足的紧凑社区聚落联系起来的形态。[②]

5）从社会学角度研究城市可持续发展。有许多学者从社会学角度研究城市可持续发展问题。随着全球经济的发展，进入20世纪中后叶，收入分配等社会问题和生态环境问题同样摆在了人们的面前，并且与贫困化共同作用，严重地影响着城市的进一步发展。可以说，城市的社会问题同样是城市可持续发展的制约因素。

Yiftachel提出，城市可持续发展在社会方面应追求一种人类相互交流、信息传播和文化得到极大的发展，以富有生机、稳定、公平为标志，而没有犯罪等的状态。恰林基也指出，可持续城市社会的特性包含两个方面：一是可持续城市是生活城（living city），应充分发挥生态潜力为健康的城市服务。不仅把城

---

① 张俊军，许学强，魏清泉 . 1999. 国外城市可持续发展研究 . 地理研究，18（2）：207～213.

② 顾朝林 . 1994. 论中国城市持续发展研究方向 . 城市规划汇刊，(6)：1～9.

市作为整体来考虑，而且也要使不同的环境适应城市中不同年龄、不同生活方式的需要。二是可持续城市是市民参与的城市（participating city），应使公众、社团、政府机构等所有的人积极参与城市问题的讨论及城市决策。①

学者们对城市社会可持续发展的研究，主要集中于以下几个方面：保证基本适宜的环境权利的获得；教育和培训权利；充分就业的获得；消除贫困与社会对抗；提高城市的空间质量，提倡公民义务植树，同时规划公园绿地；健康服务措施；鼓励公众特别是妇女积极参与社会活动，增强其公民意识；形成和谐的邻里关系，增强社会的整体凝聚力；养成良好健康的生活方式。在我国，党的十六届四中全会提出建设"和谐社会"的新理念，可以认为是从社会学角度实施我国可持续发展战略的伟大实践。②

第四节　外部性理论

一、外部性的概念

不同的经济学家对外部性给出了不同的定义。归结起来不外乎两类：一类是从外部性的产生主体来定义；另一类是从外部性的接受主体来定义。前者如萨缪尔森和诺德豪斯的定义："外部性是指那些生产或消费对其他团体强征了不可补偿的成本或给予了无需补偿的收益的情形。"后者如兰德尔的定义：外部性是用来表示"当一个行动的某些效益或成本不在决策者的考虑范围内的时候所产生的一些低效率现象；也就是某些效益被给予，或某些成本被强加给没有参加这一决策的人"。用数学语言来表述，所谓外部效应就是某经济主体的福利函数的自变量中包含了他人的行为，而该经济主体又没有向他人提供报酬或索取补偿。③

---

① Oren Y，Hedgcock D. 1993. Urban social sustainability：the planning of an Australian city. Cities，（5）：139～157.

② 许光清. 2006. 城市可持续发展理论研究综述. 教学与研究，（7）：87～92.

③ 甘肃省财政厅课题组. 2010. 我国区域生态建设的财政政策研究——基于甘肃区域生态建设的考察. 财会研究，（8）：21.

二、外部性的内涵

外部性（externality）是由英国福利经济学家庇古首先提出，并由美国新制度经济学家科斯加以丰富和完善的一个重要经济学概念。它是指经济主体之活动，对与该活动无直接关系的他人或社会所产生的影响。例如，经济主体为一企业，该企业为用户提供产品或服务，该用户即为与企业活动有直接关联者。但该企业的生产活动又会对该厂周围的居民产生影响，这些居民即为与该企业生产并无直接关系者。企业对居民的这一影响就被称为"外部性"或"外部经济"。

经济主体之活动对他人或社会的影响有好有坏、有利有弊，因而外部性又可分为正外部性和负外部性。"在很多时候，某个人（生产者或消费者）的一项经济活动会给社会上其他成员带来好处，但他自己却不能由此得到补偿。此时，这个人从其活动得到的利益就小于该活动带来的社会利益。""另一方面，在很多时候，某个人（生产者或消费者）的一项经济活动会对社会上其他成员带来危害，但他并不为此支付足够补偿这种危害的成本。"[1]前者就是正外部性，后者就是负外部性。也就是说，经济主体的本来目的是实现自身利润的最大化或效用的最大化，但他在实现这一目的的过程中，却有意或无意地对与该项活动无直接关系的人或组织造成了这样或那样、有利或有害的影响。对于这一影响，经济学就称为外部性。庇古和科斯通过私人收益（对国有企业或集体企业可称为企业收益，对成本也是如此）与社会收益、私人成本与社会成本这类经济学概念，对外部性及正、负外部性进行了进一步的说明。

企业在生产活动中所得的收益为私人收益，但其活动还可能对社会产生额外的利益，此时社会收益就会大于私人收益，如某林业企业从其林业活动中得到私人收益，但该企业的植树造林，优化了环境，保护了生态体系的平衡，为居民提供了良好的生活条件，社会就从该企业的活动中得到了额外的收益。此时，社会的收益就大于私人收益。这样该企业就产生了正外部性，即庇古所说的海上灯塔对过往航船的引航作用；在现实经济中，企业对当地通信、交通设施的建设，对该企业所在社区产生了积极作用，这都是正外部性的实例。

同理，企业为了进行生产，就必须支付一定的成本，或付出一定的代价，这就是私人成本。但企业在生产过程中还可能会对社会造成一定的有害影响，如环境污染，社会就必须要拿出一定的资金对污染进行治理。所以，对社会来说，其所支付的成本就不仅包括企业的私人成本，而且还包括社会治理环境污染的费用。显然，此时的私人成本是小于社会成本的，这时该企业的活动便产生了负外部性。

以上所说的是生产外部性，其实不仅生产有外部性，消费也有外部性。消

① 高鸿业.1999.西方经济学.北京：中国人民大学出版社：57.

费的私人收益若小于社会收益，这就是正的消费外部性；消费的私人成本若小于社会成本，这就是消费的负外部性。因消费外部性与生产外部性基本类同，在此不再赘述。在福利经济学和新制度经济学看来，无论是正外部性还是负外部性，都会导致资源配置不当。因为在正外部性的条件下，经济主体的私人收益小于社会收益，但社会从私人经济活动中所得到的额外利益，并未通过一定的手段或途径转移到该经济主体手中，这使该经济主体不会增加生产或消费。在此情况下，从社会福利的角度看，该经济主体对资源的使用不足。同样，在负外部性的条件下，经济主体的私人成本小于社会成本，该经济主体也并不承担超过私人成本的那部分成本，因而该经济主体的生产量或消费量就超过了社会所能接受的最佳数量。此时，从社会福利的角度看，该企业对该社会资源的使用就过量了。总之，外部性的存在，使得社会资源使用不当：当为正外部性时，资源使用不足；当为负外部性时，资源使用过量，这就使资源的配置达不到帕累托最优，影响了社会的福利水平。因此，以庇古为代表的新古典经济学和以科斯为代表的新制度经济学认为，应采取措施对经济主体进行调节，以便实现资源的最佳配置。

对于如何解决外部性问题，有两条思路：一条是以庇古为代表的新古典经济学思路；另一条是科斯提出的产权管理思路。新古典经济学认为，产生负外部性的经济主体并未承担社会用于治理负外部性的费用，因此，政府应通过征税的方式将污染成本加到企业的成本中去。这就是所谓的"外在成本内在化"、"庇古税"。鲍莫尔（W. J. Baumol）等经济学家继承了庇古的观点，并加以丰富和完善。例如，他认为污染税只能根据污染量征收，与企业的生产量没有直接关系。总之，这一思路的特点是，由政府对微观经济部门进行调控，以达到资源的最佳配置，从而实现帕累托最优。

产权管理思路则认为，外部性问题的解决无需政府干预，通过产权明晰化，并依靠有关部门方面的协商和谈判，足以使外部性问题得以合理解决。科斯认为政府的调节机制本身并非不要成本，实际上有时其成本大得惊人。直接的政府管制未必会带来比市场和企业更好地解决问题的结果。"在以税收和奖励的方法解决侵害问题的建议中，可能发现同样的缺陷。确实，以税收的手段解决烟尘污染的方法困难重重：计算的问题、平均和边际损害的差异，不同财产的损害之间的相互关系。"[①]因此，科斯主张通过经济主体间的谈判来解决外部性问题。庇古和科斯等提出的解决外部性问题的方法和措施虽有这样或那样的不足，但仍有一定的营养成分值得我们吸收。"政府也是一个企业，政府的交易费

---

① 科斯.1994.社会成本问题.见：科斯，阿尔钦，诺斯.财产权利与制度变迁——产权学派与新制度学派译文集.刘守英英译.上海：上海三联书店，上海人民出版社：88～95.

用有时高得惊人。"总之，科斯认为只要财产权明晰，且交易费用为零，就会使市场机制找到最合理的办法，并使资源达到帕累托最优状态。简言之，按产权管理的思路，不论污染者拥有产权，还是受害者拥有产权，通过当事人的协商，均可达到资源的有效配置。①

本章小结

本章是区域生态文明共建共享的理论基础，主要是梳理和分析了本书所需要的相关理论。第一节梳理了区域协调发展理论，国外的研究从产业区域配置基本条件与空间布局竞争、区域发展目标的内在冲突与竞争布局、支配区域分工的利益机制、组织与制度安排对区域利益格局影响的制度经济学框架及城市圈协调机制等方面进行梳理，国内的研究从对区际关系的理论思考与对策研究，对区域经济合作的基本问题的研究，一些协作区对各自工作的经验教习的总结与协作区发展的探讨，对区域经济差距的研究，行政区框架内各级政府功能及政府间关系的行政学相关研究，城市圈协调机制的研究等方面进行了梳理。第二节是公共产品理论，对公共产品理论进行了概述，并对公共产品理论的发展阶段及其研究的内容进行了分析，在研究内容方面主要分为4个层次：第一个层次是公共产品的内涵与范围；第二个层次是公共产品的供求机制；第三个层次是公共产品的运行机制；第四个层次是公共产品的评价激励机制。第三节是可持续发展理论。首先对可持续发展理论进行了定义，并指出可持续发展的内涵是"共同发展，协调发展，公平发展，高效发展和多维发展"，对可持续发展理论的发展与内容方面也进行了探讨。第四节是对外部性理论的介绍。首先是对外部性概念的介绍，有两大类：一类是从外部性的产生主体角度来定义；另一类是从外部性的接受主体来定义。其次是对外部性的内涵的介绍，本部分对外部性的分类，以及如何解决外部性的思路都有所涉及。

① 刘笑平，雷定安．2002．论外部性理论的内涵及意义．西北师范大学学报（社会科学版），39（3）：72～75．

第三章

武汉城市圈生态文明建设现状和问题

第一节　武汉城市群经济社会发展状况

城市圈是以大城市为核心，周边城市群共同参与分工、合作、一体化的圈域经济现象。由 9 个城市组成的武汉城市圈，土地面积 5.81 万平方公里，占湖北省土地面积的 31.25%，2011 年年底常住人口 3050.87 万人，占全省人口的 52.98%，2011 年 GDP 为 11 865.52 万元，占湖北省全省 GDP 的 60.44%[①]，是湖北经济实力最集中的核心区域。武汉作为省会城市不仅是全省政治、文化、金融等中心，也是大专院校和科研院所汇聚之地，亦是湖北人才实力最集中的核心区域。

生态文明水平是经济社会发展水平的综合反映。反过来说，经济社会的发展既提供了生态文明建设的硬件条件，也决定着生态文明建设的软件质量。武汉城市圈的生态状况可通过工业化水平、产业结构，以及工业结构 3 个方面的变化及走势予以综合反映。从工业化水平看，2011 年武汉城市圈人均 GDP 为 39 042 元，比全省人均 GDP 高出 4745 元。根据国际通行的标准，武汉城市圈尚处于 6000 多美元的工业化中级阶段，其中，核心城市武汉市的人均 GDP 为 68 286 元，处于工业化的相对高级阶段，圈域内的其他城市均属工业化中级阶段，更有仙桃、咸宁、天门、孝感和黄冈 5 个城市的人均 GDP 低于全省平均水平，足见圈域内经济发展的两极化和不均衡性现象。从产业结构看，根据表 3-1，2011 年武汉城市圈的生产总值中，第一、第二、第三产业的比例分别为 9.41%、49.21%、41.38%，而湖北省的生产总值中，第一、第二、第三产业的比例分别为 13.1%、50.0%、36.9%，与全省平均水平相比，第一产业低 3.69 个百分点，第三产业高 4.48 个百分点，第二产业相差无几，工业化中级阶段的第一、第二

[①] 根据《湖北省统计年鉴》（2012）计算而来。

产业的比例已经降低，第三产业的比例上升，已经初显态势。分城市看，除武汉和黄石两市第一产业的比例分别为 2.94% 和 7.43% 外，其余 7 个城市的第一产业的比例均在 10%～30%；在区域内，作为第二产业主体的工业，仍以传统制造业为主，工业对农业的反哺与带动作用有限；而第三产业中新兴行业所占的比例小，传统行业居主导地位，由此也形成了产业结构升级的瓶颈制约。根据武汉城市圈的工业结构来看，工业结构偏重也是其一大特点。偏重型的工业结构既导致了工业生产对资源和投资的较大依赖性，影响了产业链的形成和延伸；也加大了对圈域内原本就缺煤、少油、乏气的资源需求；还因重化工等产业自身存在的严重污染问题而加大了环境压力。[①]

表3-1 武汉城市圈产业结构情况表（2011）[②]

项目	地区生产总值（亿元）	第一产业（亿元）	第一产业占地区生产总值比例（%）	第二产业（亿元）	第二产业占地区生产总值比例（%）	第三产业（亿元）	第三产业占地区生产总值比例（%）
武汉市	6 762.20	198.70	2.94	3 254.02	48.12	3 303.48	48.85
黄石市	925.96	68.81	7.43	577.56	62.37	279.59	30.19
鄂州市	490.89	60.99	12.42	289.83	59.04	140.07	28.53
孝感市	958.16	195.11	20.36	453.69	47.35	309.36	32.29
黄冈市	1 045.11	290.00	27.75	406.86	38.93	348.25	33.32
咸宁市	652.01	118.80	18.22	309.25	47.43	223.96	34.35
仙桃市	378.46	65.05	17.19	193.61	51.16	119.80	31.65
潜江市	378.21	55.27	14.61	217.60	57.53	105.34	27.85
天门市	274.52	63.66	23.19	136.39	49.68	74.47	27.13
合计	11 865.52	1 116.39	9.41	5 838.81	49.21	4 910.32	41.38

第二节　武汉城市圈区域内协调发展现状

一、武汉城市圈区域协调发展体制机制现状概述

武汉城市圈从 2002 年正式提出，到现在全面推进历时十几年。十几年来，

① 梅珍生，李委莎.2009.武汉城市圈生态文明建设研究.长江论坛，(4)：19～23.
② 根据《湖北省统计年鉴》(2012)计算而来。

湖北省及圈内九市坚持以市场为导向,以利益为纽带,充分发挥政府和社会各方的作用,积极探索构建武汉城市圈建设协调推进的体制机制,取得了一定的成效。

(一)加强组织领导,工作体制初步建立

2008年以前,湖北省及圈内九市政府都成立了推进武汉城市圈建设领导小组及其办公室,省、市各有关部门也组成了相应的领导机构和工作专班,加强对武汉城市圈建设工作的组织和领导。例如,湖北省推进武汉城市圈建设领导小组由省政府主要领导任组长,湖北省直有关部门和圈内九市政府主要负责人为成员,每年召开一次领导小组(扩大)会议,总结交流情况,研究部署工作。领导小组办公室设在湖北省发展和改革委员会,负责领导小组的日常工作。

2008年以来,为了加强对武汉城市圈"两型社会"建设的组织和领导,湖北省委、省政府在推进武汉城市圈建设领导小组及其办公室的基础上,组建了湖北省推进武汉城市圈"两型社会"建设综合配套改革试验区领导小组及其办公室,进一步提高了规格,扩大了范围。例如,2008年10月成立的湖北省推进武汉城市圈"两型社会"建设领导小组办公室(以下简称"武汉城市圈综改办"),由湖北省委常委、常务副省长任办公室主任,常设正厅级单位,挂靠省发展和改革委员会,负责领导小组的日常工作。目前,湖北省直有关部门和圈内九市也都在积极筹备组建相应的领导机构和工作专班。

(二)开展互访考察,九市政府间的协商机制开始形成

近年来,武汉市组成党政代表团先后到鄂州、黄冈、孝感、咸宁和天门、潜江等市考察;鄂州、黄石、黄冈、咸宁、孝感等市党政代表团也先后到武汉市考察。圈内各城市通过高层领导互访考察、专家研讨会、情况通报会、项目协调会等多种形式,加强了城市间的交流与合作,推动了企业和项目合作。例如,武汉市与鄂州市通过党政代表团互访考察,就两市进一步实施交通对接、产业对接,以及葛店开发区与东湖开发区融合等问题,进行了深入协商,达成了广泛共识。黄冈市的各县市区通过与武汉市相关单位的互访,同武汉市所属11个区建立了对口合作关系,在旅游资源开发、农产品生产流通、劳动力转移和干部挂职培养等方面达成了合作意向。目前,武汉市的各区、开发区分别与孝感、咸宁、鄂州、黄冈等市的县(市、区、开发区)建立了30多对友好区县(市、区、开发区)关系。

（三）建立联席会议制度，部门对接机制不断完善

在湖北省直部门的倡导和协调下，武汉城市圈内九市政府部门之间加强了对口联系，通过建立联席会议等制度，开展专题合作。例如，武汉城市圈九市先后建立了发展和改革委员会主任联席会、经济贸易委员会主任联席会、建设委员会主任联席会、工商局局长联席会、交通局局长联席会、人事局局长联席会、教育局局长联席会等制度，采取轮流"坐庄"的形式，每半年或一年召开一次会议，交流合作情况，确定合作内容，协调合作难题，签署合作协议，为武汉城市圈各领域的交流与合作提供了良好的平台。

（四）发挥中介组织的作用，社会参与机制逐渐形成

积极引导和支持行业协会、商会等民间组织、中介机构参与武汉城市圈建设，发挥桥梁和纽带的作用。例如，武汉市召开了工业行业协会推进武汉城市圈建设工作会议，组织行业协会参与推进武汉城市圈建设。武汉市企业联合会组织轻纺、服装等行业的龙头企业到孝感等市进行考察调研，开展项目洽谈。武汉铝业行业协会组建联合采购小组，有效降低了会员之间的供需成本，推动武汉市铝业企业与圈内城市相关企业建立稳定的供应渠道。武汉市医药行业协会将部分圈内城市企业发展为协会会员，加强了武汉市行业协会与圈内城市企业的联系，延伸了武汉市行业协会的服务范围，组建了武汉城市圈名优农产品营销协会，促进了武汉城市圈农产品的产销对接。孝感、咸宁等市积极组织在武汉的企业成立商会，为加强武汉与两市的合作拓宽了渠道。①

（五）有关武汉城市圈的政策文件汇总

武汉城市圈在发展的过程中受到了从党中央、国务院到湖北省委、省政府再到城市圈内各市的党委政府的重视和积极参与，并出台了相应的文件和政策，具体如表 3-2 所示。通过表 3-2 可以看出，2002～2009 年，党中央、国务院、湖北省委和省政府，以及武汉城市圈各市的党委政府出台了一系列法律制度，规范武汉城市圈的运行。2010 年以后，武汉城市圈的相关事务协调制度的制定走向了常规，采取了每年度由湖北省办公厅发布"关于武汉城市圈'两型'社会建设综合配套改革试验××××年重点工作安排的通知"的形式来进行协调。这些法律制度涉及了武汉城市圈的方方面面，对于武汉城市圈的运行，尤其是

---

① 江国文，李永刚，汤纲 . 2009.武汉城市圈"两型社会"建设协调推进体制机制研究 . 学习与实践，（2）：164～168.

城市圈内各城市之间的协调起到了非常关键的作用。

表3-2　武汉城市圈相关文件

时间	主持单位	参与者	成果
2002 年 5 月	武汉市	武汉市和周边 8 个市	"武汉及周边城市经济协作、联合座谈会"，形成了"会议纪要"
2002 年 6 月	中国共产党湖北省第八次代表大会	共产党湖北省党员代表	全面贯彻"三个代表"重要思想，为加快湖北现代化建设而努力奋斗 —— 在中国共产党湖北省第八次代表大会上的报告，该报告是"武汉城市圈"的起点
2003 年	湖北省委、省政府	专家学者	《关于加快推进武汉城市圈建设的若干意见》
2004 年	湖北省政府		《关于武汉市经济圈建设的若干问题的意见》
2006 年 6 月	武汉城市圈联席会议	城市圈各市	《武汉城市圈建委主任联席会合作协定》
2007 年 7 月	湖北省政府		将《武汉城市圈综合配套改革试点框架方案》上报国家发展和改革委员会
2007 年 12 月	国家发展和改革委员会		《关于批准武汉城市圈和长株潭城市群为全国资源节约型和环境友好型社会建设综合改革配套实验区的通知》
2008 年 8 月	城市圈	各市环保局	《武汉城市圈环境保护合作框架协议》、《2008 年武汉城市圈环保联席会议工作重点》、《武汉城市圈环境保护合作宣言》
2008 年 9 月	国务院		《武汉城市圈资源节约型和环境友好型社会建设综合配套改革试验总体方案》获得批复
2008 年	湖北省政府		《武汉城市圈"两型社会"建设综合配套改革试验空间规划纲要》、《武汉城市圈"两型社会"建设综合配套改革试验产业发展规划纲要》、《武汉城市圈"两型社会"建设综合配套改革试验综合交通规划纲要》
2008 年 10 月	湖北省人民政府		《武汉城市圈综合配套改革试验三年行动计划（2008—2010 年）》
2009 年	湖北省政府		湖北省政府组织专家对武汉城市圈内的空间、交通、产业、社会事业、生态环境等 5 个方面编制了规划
2009 年 11 月	湖北省政府		《武汉城市圈绿色建筑试验示范区建设（2009—2011）实施方案》、《武汉城市圈绿色建筑试验示范区建设联席会议制度》
2010 ～ 2013 年	湖北省政府办公厅		湖北省人民政府办公厅关于武汉城市圈"两型社会"建设综合配套改革试验 ××××年重点工作安排的通知

二、武汉城市圈区域协调发展体制机制的现存问题

（一）缺乏宏观层面的总体指导

目前，我国的区域合作在新的市场经济体制环境和宏观区域发展战略调整的格局下，正处于急剧调整和变化的阶段，政府对区域合作的管理也由改革开放初期的直接管理、较多关注逐步放松。近年来，在各省（自治区、直辖市）间的区域合作中，都提出了加强国家层面的指导和协调的要求，以便更好地发挥国家在区域合作方面的宏观指导作用。同时，在促进区域合作的政策等方面，

也存在着许多需要国家统一协调的问题。[①]这些都需要国家从宏观层面上出台引导区域合作的相关指导意见和管理办法，消除现有体制对区域合作的制约。

（二）领导体制不完善

目前，湖北省推进武汉城市圈"两型社会"建设领导小组及其办公室虽已成立，并开展工作，但领导小组只是一个非常设机构，从严格的意义上讲，它既不是决策机构，也不是执行机构，并且与湖北省政府和省直有关部门，以及圈内九市政府的关系尚不明确。[②]领导小组办公室虽已挂牌，并明确为常设正厅级单位，但挂靠湖北省发展和改革委员会，只负责领导小组的日常工作，缺乏权威性、指导性和协调能力。

（三）缺少专门性的法律法规

长期以来，我国区域发展的相关法律法规建设一直滞后，一方面，区域政策的制定和实施有较大的随意性和非连续性；另一方面，对于我国目前急需开展的区域合作的支持和保护不够。目前，我国区域经济合作明显缺乏专门性法律的支撑，而能够为区域经济合作提供依据的通知、决定本身没有法律的强制力，使得我国区域经济合作中产生的许多问题解决起来无法可依。[③]对于如何处理政府间的关系，以及地方政府在府际合作中的权利、责任等方面的内容，宪法和地方组织法都没有涉及。

（四）制度化建设程度有待提高

目前，我国区域合作的组织模式以区域发展论坛、高层领导联席会议、城市联盟、城市联合会等形式为主，这些组织形式多是松散型的，其中一些组织机制多靠地方领导人来推动；同时，当前的合作组织主要停留在各种会议制度与单项合作机制和组织上，一般采取集体磋商的形式，缺乏一系列关系到利益冲突、激励和约束、财政分担和资金管理、监督检查等成熟的、制度化的机制与组织，出台的相关合作协议往往不具有约束力，对协调区域间的重大问题能够发挥实质性作用的并不多，特别是对关乎地方利益较大的产业分工、资源开发和生态环境保护等问题，难以发挥重要的协调作用，严重影响了区域合作的

① 汪阳红.2009.改革开放以来我国区域协调合作机制回顾与展望.宏观经济管理，（2）：38～40.
② 江国文，李永刚，汤纲.2009.武汉城市圈"两型社会"建设协调推进体制机制研究.学习与实践，（2）：164～168.
③ 汪阳红.2009.改革开放以来我国区域协调合作机制回顾与展望.宏观经济管理，（2）：38～40.

可持续发展。[①]

（五）协调机制不完善

区域协调机制主要表现为一定区域范围内两个或两个以上地方政府，为了追求共同利益相互协作与合作，对共同关注的事务进行综合治理的管理活动和制度安排。[②]武汉城市圈九市政府及部门之间的协商沟通机制尚未形成制度化，互相通气和协调不够。从政府间的协调来说，目前只是停留在武汉市与圈内其他城市之间的互访考察，圈内其他城市之间的相互往来不多。[③]从部门间的协调来说，虽然大部分都建立了联席会议制度，但多数停留在开会、座谈上，相互通报情况的多，协调解决问题的少。

（六）政府促进区域协调互动的手段尚待完善

湖北目前还没有设立专门的区域开发基金，区域金融政策在国有大银行（包括政策性银行）改制中，大多已经不复存在。中央政府和省政府的财政转移支付政策也还不够稳定、规范、透明。[④]基于主体功能区划分区域配套政策的建立尚待时日，且与现行按照行政区和战略区建立的区域政策框架如何协调，也还存在大量的问题需要研究。之所以出现这样的问题，与我国和湖北省在政府体制安排中缺少一个效能统一的区域政策协调机构不无关系。

（七）中介参与机制不完善

其主要表现在中介机构不多，自身的实力较弱，相互联系不够，跨地区组建行业协会较难。目前，各地行业协会和商会普遍存在资金和人才匮乏的问题，在自身生存、发展都很困难的情况下，难以满足会员企业所需的各项服务，服务城市圈内其他城市的企业更是心有余而力不足。跨地区组建武汉城市圈行业协会，需突破协会行政属地管理、行业综合分类、协会挂靠等政策性问题。存在上述问题的原因是多方面的，既有主观因素，也有客观因素；既有体制障碍，也有政策制约。一是思想观念的束缚。目前，武汉城市圈实行的是政府主导型的管理模式，偏重于发挥行政机制的指导和推动作用，而在当前的市场经济条

---

① 汪阳红 . 2009. 改革开放以来我国区域协调合作机制回顾与展望 . 宏观经济管理，（2）：38 ～ 40.

② 张庆杰，申兵，汪阳红等 . 2009. 推动区域协调发展的管理体制及机制研究 . 宏观经济研究，（7）：9 ～ 18.

③ 江国文，李永刚，汤纲 . 2009. 武汉城市圈"两型社会"建设协调推进体制机制研究 . 学习与实践，（2）：164 ～ 168.

④ 张庆杰，申兵，汪阳红等 . 2009. 推动区域协调发展的管理体制及机制研究 . 宏观经济研究，（7）：9 ～ 18.

件下，行政机制的作用有限。二是管理体制的制约。受行政区划的桎梏，武汉城市圈的行政管理活动主要在各市行政区划范围内进行，各市的行政活动无法突破行政区划的法定边界。现有的行政区划和管理体制，难以与区划经济一体化的要求相适应。三是经济利益的困扰。在"以 GDP 为中心"的施政理念的指导下，各市对本地区利益（尤其是经济利益）的过分强调和注意，产生了建立在行政单元高度分割基础上的"行政区经济"，导致了诸如地方保护、市场分割、产业雷同、恶性竞争等现象。①

（八）区域合作的公共服务体系有待完善

在发达的市场经济国家，各种非政府组织在区域合作中发挥着十分重要的作用，已经形成了相对完善的制度和机制，而我国在这些方面的发展还很滞后。目前，我国已登记注册的民间组织有 30 多万个。与国外相比，我国非政府组织的总量、质量和作用等方面还有很大的差距，且发展不平衡，速度较慢，国际化程度不高。许多行业协会仍带有强烈的政府色彩，在推进区域间行业发展、企业合作等方面的作用有限。区域合作中信息系统建设受多头投资、多方管理的限制，难以形成统一的信息网络平台，不能为区域开展各类合作提供支持。②武汉城市圈的建设也需要大量的民间组织支撑，推进区域合作的公共服务体系。

（九）产业重构，资源浪费

分析城市圈内各区域的产业结构冲突，应该从每个地方政府确定的优先发展的主导产业着手进行。通过对表 3-3 各区域产业发展导向进行分析，我们能够发现很多不利于城市圈一体化发展的现象。第一，各区域制定的产业政策体现的只是当地政府的意志，几乎没有从城市圈层面上进行产业统一部署的影子，这说明城市圈层面上的产业战略尚没有发挥应有的作用；第二，各地的优先发展的产业相互重复度很高，容易形成不良竞争，比如，纺织服装、装备制造、电子信息等行业有 6 个城市要优先发展，医药行业有 5 个城市要优先发展，机电行业有 4 个城市要优先发展等；第三，各地产业之间的相互服务、相互配套较少，竞争较多。通过分析，我们能够发现在"武汉城市圈"经济发展中，区域内产业结构趋同，缺乏分工，导致城市功能不明的现象严重。

①江国文，李永刚，汤纲 . 2009.武汉城市圈"两型社会"建设协调推进体制机制研究 . 学习与实践，（2）：164 ～ 168.

②汪阳红 . 2009.改革开放以来我国区域协调合作机制回顾与展望 . 宏观经济管理，（2）：38 ～ 40.

表3-3　"十一五"、"十二五"期间武汉城市圈各区域重点发展产业一览表

城市	产业发展导向
武汉	集约发展钢铁、汽车及机械装备制造、电子信息、石油化工四大支柱产业，培育壮大环保、烟草及食品、家电、纺织服装、医药、造纸及包装印刷六大优势产业，构建钢铁化工及环保产业带、汽车及机电产业带、光电子及生物医药产业带、食品工业产业带及都市工业园产业带； 巩固发展商贸会展、金融和房地产三大主导产业，突出发展现代物流、信息传输和计算机服务及软件、旅游、文化、社会服务5个新兴产业
黄石	重点发展十大产业链（特钢、优钢产业链；铜产业链；铝产业链；薄板产业链；水泥产业链；信息类产业链；农副产品深加工产业链；装备制造产业链；纺织服装产业链；激素原料产业链）
鄂州	鼓励发展产业化农业、现代制造业、旅游休闲业、金融服务业、节能环保业、基础设施业、公共服务业、商贸流通业、科学技术业
孝感	着重发展汽车机电、盐磷化工、轻工纺织、食品医药、金属制品等行业，扶持发展建材业
黄冈	大力发展农产品深加工业，巩固提高纺织服装产业，壮大食品饮料、医药化工产业，改造提升机械电子、建材产业，大力培育发展能源产业和新医药、新材料工业
咸宁	做大做强电力能源、苎麻纺织、森工造纸、冶金建材、机电制造五大支柱产业，大力发展物流业和旅游业
仙桃	大力发展以休闲产业为主的现代服务业，重点发展旅游业、现代物流、房地产业、会展业、信息业、社区、中介服务业
潜江	建设"七大"工业生产基地：盐化工生产基地、医药医材生产出口基地、纺织服装生产及出口基地、农副产品深加工基地及全省最大的水产品出口生产基地、汽车零部件生产基地、铝及铝制品生产基地、大型环保设备制造基地
天门	发展壮大纺织服装、汽车零部件、水泵阀门、精细化工、纺机及配件等特色产业集群；大力培育电子通信、木制品、塑料制品、食品加工等产业集群

资料来源：根据武汉城市圈内九市的"第十一个五年规划"和"第十二个五年规划"整理而来

（十）区域合作精神缺乏

目前，武汉城市圈地区的一些行政区域的企业仍然受到诸如行政收费等方面的制约，位于区域交易地区的水、电、路等基础设施仍处在相互分割的状态。例如，武汉作为这个都市圈的核心城市，在打造自身城市的建设目标和功能的同时，应该加强与周围城市的分工合作，把一般的加工业和制造业转移出去，向周边地区辐射，也就是主动地放弃，以求更快的发展，实现最优的市场配置，然而武汉却迟迟不愿下放，有这样或那样的担忧，其区域内经济发展的割据态势，分工合作精神的缺乏由此可见一斑。

第三节　武汉城市圈生态文明共建共享机制构建中存在的问题

湖北省为了发展生态经济，提出了具体的目标。到2015年，进一步转变

经济发展方式，生态经济形成较大规模，产业结构更趋合理；主要污染物排放得到有效控制，清洁能源比例逐步提高；生态建设和环境保护全面推进，生态环境质量稳步提升，生态安全得到有效保障。城市污水集中处理率不低于85％，生活垃圾无害化处理率不低于75％；城市空气质量良好以上的天数达到310天以上，主要河流和湖泊、水库水质达到水环境功能区划的要求，城乡集中式饮用水源地水质达标率达到100％；全省森林覆盖率提高到37％以上，城市人均公共绿地不低于10平方米。初步建立有利于生态文明建设的体制机制，全社会生态文明意识显著提高，绿色消费模式初步建立，可持续发展能力显著增强。

到2020年，建立起比较完备的生态保护机制，基本形成节约能源资源和保护生态环境的产业结构、发展方式和消费模式。可再生能源比例显著上升，自然生态系统及重要物种得到有效保护，森林覆盖率显著提高，生态环境质量居全国前列，生态文明观念在全社会牢固树立。武汉城市圈"两型社会"和鄂西生态文化旅游圈建设取得显著成效，湖北长江经济带建设成为生态文明示范带，走出一条生产发展、生活富裕、生态良好的文明发展道路。[①]

目标虽然明确，但环境保护、生态经济、生态文明建设的现状却堪忧，存在着很多问题。

一、武汉城市圈生态环境存在的主要问题

目前，武汉城市圈正处于工业化初级进入到中级前期阶段，其生态环境的突出问题表现在以下4个方面。

（一）工业生产方式粗放

武汉城市圈工业化初期的经济发展模式基本上是以资源型、高物耗、高能耗、重污染的重化工产业为主，其特征就是资源耗费高、环境污染严重。例如，1985～2006年，湖北工业废气排放总量逐年增加，21年里已增长了3.5倍；2006年城市圈内的废气排放量占到全省的61.3%。又如，工业固体废物的产生量，全省21年增加了63.4倍；2006年城市圈内工业固体废物的产生量占到全省的70.4%。尽管加强了废物利用和倡导循环经济，其排放量逐年在递减，但与国内先进省份及国际水平相比依然有着很大的差距。从污染治理投资完成情况看，全省治污投资逐年增长，仅2006年就比2000年增加了6.36亿元，这既说明社

---

①湖北省发展和改革委员会.湖北省委省政府关于大力加强生态文明建设的意见.鄂发[2009]25号.

会与政府已意识到粗放式工业生产的后果严重，不得不花费大量人力、物力来弥补既往的失误；也反映出工业化初级和中级前期的城市圈乃至湖北省，仍然未能避免走"先污染，后治理"的弯路。工业生产方式的粗放还表现为对自然资源的开发、利用不合理。在传统的经济增长方式的指导下，只以市场需求为导向，以利益最大化为驱动力，不考虑外部经济性，忽略了资源代价和环境成本，因而造成了对现有资源的利用不充分、浪费极大且污染严重的后果。最能综合反映资源利用效率的指标是"能源利用率"，1990～2006 年，湖北能源消费量增加了 1.45 倍，单位 GDP 的能耗虽经努力有所下降，但 21 世纪后下降幅度却停滞不前。2006 年，城市圈内仅武汉（1.33）、仙桃（0.99）、天门（1.09）和咸宁（1.47）单位 GDP 能耗略优于或等于全省平均水平，其他 5 个城市都高于全省平均水平。以节能减排的要求看，湖北能源利用率始终维持在全国平均水平，这与城市圈及湖北的科技力量在全国排位居前不相称，也是城市圈试行"两型社会"面临的严峻挑战。

（二）水资源污染严重

武汉城市圈得"千湖之省"之利，有长江和汉江贯穿境内，湖泊遍布，降水充沛，水资源丰富。但是自 20 世纪 50 年代至 80 年代末，填湖造地已使湖北的湖泊面积缩小了 4 成多，加上工农业生产方式粗放，灌溉设施不齐全，管理不当，水资源的浪费现象严重。近几十年来，随着湖北人口的增长和生产生活方式的改变，淡水资源的需求量急剧增长，人均拥有的水资源储量持续递减，加上地区之间、年际之间的水资源的分布不均，导致了水资源供需不平衡，用水安全受到了严重的威胁。尤其是工业化过程中的环境污染，使水资源的紧缺雪上加霜。1985～2006 年的 21 年里，湖北废水排放总量增加了 27.525 万吨，年均增加 1.312 万吨。经各级政府加大对工业废水的利用和排放的治理，1990 年后工业废水排放总量逐年下降，排放达标率逐年上升，2006 年已达到 91%。2006 年城市圈占全省工业废水排放量的 56.7%，排放达标率优于全省平均水平 3.7 个百分点，水污染的点源治理初见成效。然而，生活污水排放又成新的难点：一方面，生活污水占废水排放量的比例逐年加大，由 1985 年的 24.18% 上升至 2006 年的 61.97%，增加了 1.6 倍，成为主要的污水污染源；另一方面，全省城市生活污水处理率仅 23.49%，低于全国平均水平（45.67%）约 22 个百分点，每年尚有 11 亿多吨生活污水未经处理直接排放，尽管一些城市相继建起了污水处理设施，却因为污水处理收费过低等种种原因，难以正常运转。目前，湖北的大江大河水质相对稳定，如长江干流 11 个监测断面的水质全部符合水环境功能区的要求，为 Ⅱ 类。但其他多数支流的污染物排放已超过环境容量，水质型

缺水现象突出，主要水库、湖泊的水质大部分已不能满足功能区划的要求，城市内湖和纳污河渠几乎全部受到严重污染。预计未来 10 年湖北生活污水排放量还将增加 36%，其中污水中的 COD 排放量将增加 17.5%。得益于水资源丰富的武汉城市圈，也因水资源污染而负荷甚重。

（三）城市病加剧

与工业化相伴而生的城市化，是人口向城市集中，城市数量增加、规模扩大的过程。由于人口快速且高度向城市聚集，不少城市如摊煎饼般急速扩张，由此引发了一系列与生态失衡相关的城市病，首当其冲的是耕地锐减。在城市扩张和农村乡镇企业的兴起中，各类基础设施、重点项目、新建企业，以及民用住房等建设用地需求膨胀，而这些用地往往是在城市周边或交通便捷之处，也正是大量优质耕地的所在之处；被占用的土地也存在利用结构不合理的问题，如工业用地比例过大，道路及绿化用地面积偏小，城乡居民点用地外延扩展过快，内涵挖潜不足等。尽管近年来湖北努力将人均耕地面积维持在 0.8 亩[①]左右，但仍低于全国平均水平，直逼联合国粮农组织确定人均耕地面积 0.8 亩的警戒线，这意味着人口与土地数量的不相匹配，将直接影响到粮食安全。由于未来的 20 年中，湖北人口依然会维持缓慢增长的势头，冲破该警戒线并继续下滑似乎也是可以预见的结果。武汉城市圈 2007 年的耕地面积为 1319.3 千公顷，占全省的比例为 40.9%，以常住人口计算，人均耕地面积仅 0.66 亩，如何节约耕地已成为城市圈未来发展中亟待解决的战略性问题。城市病还广泛表现于环境质量问题。例如，湖北城市空气污染较严重，2006 年在 17 个重点城市中，以二氧化硫、二氧化氮、总悬浮颗粒物或可吸入颗粒物年均浓度综合评价，仅 10 个城市符合国家二级标准，占重点城市的 58.8%；7 个城市符合国家三级标准。又如，湖北 1/3 的城市为轻度至中度声环境污染。城市环境保护中布局性、结构性污染问题日趋突出，治理难度加大。另外，城市生活垃圾的产生量以年均 8.1% 的速度增长，而湖北垃圾处理率仍低于全国平均水平。

（四）农村生态形势严峻

从化肥和农药的使用情况来看，自 1985 ～ 2006 年，湖北化肥的施用量年年攀升，21 年里增加了 2.4 倍，农药施用量增加了近 7 倍，更何况如此高的化肥和农药施用量与耕地面积锐减保持着同步，这就意味着单位耕地面积的农药和化肥施用量在迅猛增加。20 世纪 90 年代至 21 世纪，湖北单位耕地面积化肥

---

① 1 亩≈ 666.7 平方米。

施用量都在 300 公斤[①]/ 公顷以上，大大超过了发达国家为防止化肥对土壤和水体造成污染而设置的 225 公斤 / 公顷的安全上限，也高于全国平均水平。一方面，化肥替代厩肥且超量使用，使大批的优质耕地向劣质地蜕变，使本来存量就递减的耕地成为更加稀缺的资源；另一方面，化肥和农药的超量使用，直接导致了土壤及水体的污染，严重污染了农村的生态环境，使农村居民的生产和生活受到严重危害。武汉城市圈因其经济较发达、交通便捷等因素，农村化肥和农药施用量高于全省平均水平，其面源污染情况也会随之加剧。在农业生产和生活中，还因农用塑料薄膜的成倍使用，使其残留在土壤中难以降解，既影响了农作物的生长发育，也造成了更深重的生态危机；畜禽养殖产生的污水随养殖业的扩大而增加，20 世纪 90 年代至今湖北增长了 50% 以上，且未经任何处理直接排放，加剧了农村的面源污染。农村的面源污染不仅破坏性极大，且治理难度大，这也是武汉城市圈在建设"两型社会"中不得不关注的重点内容。除了上述 4 个方面的突出问题外，工业化以来所培养的社会成员以消费主义为特征的生活方式，也是造成生态危机不可忽视的重要原因之一。另有生物多样性锐减、湿地的萎缩等，都是不可轻视的生态失衡问题。[②]

二、武汉城市圈生态文明共建共享建设存在的问题

生态文明建设共建共享过程中，在国家层面上就有很多矛盾，主要有区域经济无序竞争与生态环境保护的矛盾，区域利益共享与损失补偿的矛盾，跨界区生态环境建设问题突出，欠发达地区生态文明建设面临着更大的挑战，地方政府与中央政府的博弈，以及制度化供给同质化模式化与区域生态文明建设差异化创新化的矛盾等。[③]

具体到武汉城市圈的区域生态文明共建共享方面，主要的问题有如下几个方面。

（一）政府官员、民众的生态意识淡薄

生态意识就是人们对生存环境的观点和看法，是人类在处理自身活动与周围自然环境间的相互关系，以及协调人类内部有关环境权益时的基本立场、观点和方法。具体来说，就是处理眼前利益和长远利益、经济效益和环境效益、

---

① 1 公斤 =1 千克。

② 梅珍生，李委莎 . 2009. 武汉城市圈生态文明建设研究 . 长江论坛，（4）：19 ~ 23.

③ 黄勤 . 2013. 我国生态文明建设的区域实现及运行机制 . 国家行政学院学报，（2）：108 ~ 112.

局部利益和整体利益、开发与保护、资源与环境等关系时应具备的生态学观念和知识。公民的素质在很大程度上决定了公民生态文明的意识程度，生态文明建设尚处于初级阶段，传统发展观和粗放式经济增长方式造成我国公民整体生态意识淡薄。[①]

政府官员具有正确的生态意识比一般的民众更加重要，因为政府官员在地区的发展模式和生态建设、环境保护和治理方面都拥有一定的决策权力。政府官员对生态、环境的观念和态度，将会在很大程度上影响生态文明建设和环境保护、治理的效果。

在生态文明建设过程中，如果缺乏生态意识的支撑，人们的生态文明观念淡薄，生态环境恶化的趋势就不能从根本上得到遏止，建设生态文明也就成了空中楼阁。可以说，公民生态意识的缺乏是现代生态悲剧产生的一个深层次的根源。因此，生态文明建设要求我们必须大力培育公民的生态意识，使人们对生态环境的保护转化为自觉的行动，为生态文明建设奠定坚实的基础。

（二）经济发展方式粗放

目前，武汉城市圈经济正处于从传统的计划经济向市场经济转轨的时期，也是武汉城市圈经济高速增长的时期。从发达国家以往经济发展的历史来看，这个阶段正是生态环境问题最严重的时期，而我国在这一时期承受的生态环境压力会更为沉重。实践证明，由工业文明向生态文明转型，关键在于转变经济发展方式。从武汉城市圈的实际情况来看，当前最紧要的是调整、优化产业结构，做到强化第一产业，加快发展第三产业，适当调控第二产业，改变"二产比重高、三产比重低、一产发展滞后"的不协调现状；实现由主要靠物质投入向主要靠知识、智力开发和技术进步加快发展转变；调整优化经济区域布局，按照不同生态功能区确定发展的方向和重点；坚持经济、社会、环境、资源、民生统筹兼顾，全面协调可持续发展。转变经济发展方式与建设生态文明，两者互为因果、相辅相成，都应当作为重中之重，下大力气抓好。

（三）生态赤字严重

由于武汉城市圈刚刚建立不久，环境保护投入不足，但环境的破坏却比较严重，欠账过多，留下了巨额生态赤字。生态赤字带来的后果，就是环境恶化、灾害加重、发展不可持续。要从根本上扭转环境恶化的趋势，实现人与自然和谐，建设生态文明，就必须偿还生态欠账，要做到"多还旧账，不欠新账"。

---

① 刘静 . 2008. 中国特色社会主义生态文明建设研究 . 中共中央党校博士学位论文：121.

严峻的环境形势、巨额的生态赤字，对国人而言既是严肃的警示、强烈的震撼，又是巨大的挑战。偿还生态欠账是武汉城市圈上下、社会各界和全体公民共同的责任。

（四）政绩考评标准不合理

以 GDP 为经济社会发展的主要考核标准和办法，曾经对促进经济快速发展起到了重要作用。但这种不顾及资源、环境成本的政绩考评标准和制度，也助长了种种非理性的发展理念和行为，如 "以 GDP 论英雄"，盲目追求、互相攀比经济增长速度，"拼资源、拼环境，追求高速增长" 等。这与科学发展观和生态文明的要求是相悖的。解决发展理念和指导思想问题，关键在于改革、完善经济核算和政绩评价制度体系。追求 GDP 本身并没有错，但不能对地方政府的政绩考核唯 GDP 论英雄。"唯 GDP 论" 使经济发展产生了四大扭曲：第一，地方保护主义盛行，抑制了市场资源配置功能的有效发挥；第二，盲目上项目，导致了大量低效的 GDP；第三，保护资本利益，而不顾社会和环境所付出的高昂代价；第四，"官出数字，数字出官"[①]。

（五）环境立法体系不完善

所谓环境立法，是指有关国家机关依照法定程序，制定、认可、修改、补充或废止各种有关保护和改善环境，合理开发利用资源，防治环境污染和其他公害规范性的法律文件活动的总称。改革开放后，党中央和国务院就非常重视环境立法工作，成立了《环境保护法（试行）》起草领导小组和工作小组。1979年 9 月 13 日，《中华人民共和国环境保护法（试行）》正式实施，标志着我国环境立法体系的开始。在此后的 30 多年里，《中华人民共和国海洋环境保护法》、《中华人民共和国水污染防治法》、《中华人民共和国大气污染防治法》、《中华人民共和国固体废物污染环境防治法》及《中华人民共和国噪声污染防治法》等单项环境污染防治法律先后通过，并历经几次修改逐步完善。此外，国务院还制定或修订了《建设项目环境保护管理条例》、《水污染防治法实施细则》、《危险化学品安全管理条例》、《排污费征收使用管理条例》、《危险废物经营许可证管理办法》、《野生植物保护条例》、《农业转基因生物安全管理条例》等 50 余项行政法规；发布了《关于落实科学发展观加强环境保护的决定》、《关于加快发展循环经济的若干意见》、《关于做好建设资源节约型社会近期工作的通知》等法规性文件。国务院有关部门、地方人民代表大会和地方人民政府依照职权，为实施国家环境保护法律和行政法规，制定和颁布了规章和地方法规 660 余件。

---

① 吕富彪 . 2010-11-19. 区域生态文明建设包括哪些内涵？中国环境报，第 002 版 .

除法律、法规外，中国已建立起国家和地方环境保护标准体系。国家环境保护标准包括国家环境质量标准、国家污染物排放（控制）标准、国家环境标准样品标准及其他国家环境保护标准；地方环境保护标准包括地方环境质量标准和地方污染物排放标准。截至 2005 年年底，国家颁布了 800 余项国家环境保护标准。总体来说，中国已经建立起了一套较为完备的环境管理体系，形成了宪法、法律、法规、规章，以及标准 5 个层面的环保法律、法规与制度体系。但纵观我国所有的环境保护法律法规不难发现，部分环境保护立法仍存在缺陷，与我国目前生态保护和经济发展的要求不相适应。[①]而对武汉城市圈来说，由于成立不久，并且还不是一个实际的、具有各项行政权力的政府，不具有立法权，涉及环境和生态方面的法律制度都非常少，急需加强环境和生态的立法工作。

（六）环境保护和治理的权、责、利划分矛盾

环境保护和治理具有外部经济性的特性，使得权、责、利的主体不完全统一，也就是投入了成本进行保护和治理的主体往往不能收到与其投资相对应的收益，而不投资进行环境保护和治理，甚至污染、破坏环境者也能够从别人投资进行环境保护与治理的活动中得到一定的收益。[②]这种环境保护和治理的外部经济性特性，以及每个行政区域的利益最大化的思想，必然会导致"公地灾难"，大家都不去主动进行环境保护和治理。

表 3-4 中列了工业废水排放量、工业二氧化硫排放量、城市环境设施建设本年投资额、三废综合利用产品产值 4 个指标，把这 4 个指标分别与相对应城市 2008 年的 GDP 进行比较，可以间接了解 2008 年武汉城市圈内主要城市的环境污染情况，以及其对环境的治理投入及效果。

表3-4 2008年武汉城市圈主要城市环境污染与治理情况与GDP比较[③]

地区	GDP 总量（亿元）	工业废水排放量（亿吨）	与 GDP 比值（%）	工业二氧化硫排放量（万吨）	与 GDP 比值（%）	城市环境设施建设本年投资额（亿元）	与 GDP 比值（%）	"三废"综合利用产品产值（亿元）	与 GDP 比值（%）
武汉	3960.08	2.23	0.06	12.37	0.31	245.9	6.21	18.17	0.46
黄石	556.57	0.71	0.13	9.06	1.63	7.58	1.36	12.41	2.23
鄂州	269.79	0.3	0.11	3.49	1.29	5.7	2.11	5.81	2.15
孝感	593.06	0.69	0.12	4.4	0.74	2.14	0.36	1.08	0.18

---

① 刘静 . 2008. 中国特色社会主义生态文明建设研究 . 中共中央党校博士学位论文：121.

② 蒋悟真 . 2005. 转型期中国区域经济发展的协调机制研究 . 湖南大学博士学位论文 .

③ 说明：第一，由于 2010 年、2011 年、2012 年统计年鉴项目进行了调整，已经没有相应的数据，只能选取 2008 年的数据进行分析，但这并不影响分析的效果；第二，由于《湖北统计年鉴》（2009）中"主要城市环境保护"栏目中没有仙桃、潜江、天门的数据，因此，本表中无法对这 3 个城市的环境保护情况进行分析。

续表

地区	GDP 总量（亿元）	工业废水排放量（亿吨）	与GDP比值（%）	工业二氧化硫排放量（万吨）	与GDP比值（%）	城市环境设施建设本年投资额（亿元）	与GDP比值（%）	"三废"综合利用产品产值（亿元）	与GDP比值（%）
黄冈	600.75	0.44	0.07	1.11	0.18	0.9	0.15	2.31	0.38
咸宁	359.19	0.28	0.08	2.41	0.67	11.03	3.07	2.31	0.64

资料来源：《湖北统计年鉴》（2009）

通过工业废水排放量与 GDP 的比值可以看出，武汉、黄冈、咸宁三市对工业废水的处理效果很好，而黄石、鄂州、孝感三市对工业废水的处理效果一般，需要加强投入；通过工业二氧化硫排放量与 GDP 的比值可以看出，黄冈、鄂州、孝感、咸宁四市的工业二氧化硫排放量相对较少，而黄石、武汉则较多，对空气污染严重，需采取措施减少排放，并加大投入进行治理；通过城市环境设施建设本年投资额与 GDP 的比值可以看出，武汉竟然投入了 GDP 的 6% 以上用于城市环境设施建设，投入力度相当大，所以在空气污染治理、废水处理方面也取得了较好的效果，而黄冈、孝感两市在这方面的投入则非常少；通过"三废"综合利用产品产值与 GDP 的比值可以看出，黄石、鄂州在利用"三废"方面效果不错，而其他城市则效果一般。

通过对表中 4 个指标的分析，我们能够得出一个结论，即各地在环境污染、环境治理，以及环境治理效果方面的投入有很大差距，效果也有一定的差距，而武汉城市圈在地域上都是彼此相邻的，空气、水等环境资源是共用的，各地在环境投入与治理效果上的差距，必然造成城市圈内各区域之间的利益冲突，必须在城市圈层面上进行协调，使各区域在环境污染控制与投入方面能够和谐。

每个行政区域对环境保护和生态治理的"不作为"，从短期内看节约了本区域的财力、物力，但所带来的环境污染和生态破坏会影响城市圈，甚至更广区域的长期利益，如果该问题得不到正确解决，一定会使城市圈长期增长乏力，甚至最后必须花费很大的代价治理环境、保护生态，从而会带来更大的损失。

（七）在经济增长的同时，"三废"的治理还有努力的余地

经济的增长和环境的污染是一对矛盾体，很多地方经济的增长都是建立在环境的污染基础上的，由于武汉城市圈这两组数据尚未可得，我们借用湖北省近 4 年的数据进行比较分析。这里用"三废"指标来进行分析，具体的数据如表 3-5 所示。

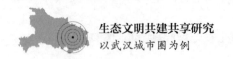

表3-5 2008~2011年湖北省"三废"排放指数计算表[①②]

年份	地区生产总值（亿元）	废水排放量（万吨）	废水排放指数*	废气排放量（亿标立方米）	废气排放指数**	工业固体废物产生量（万吨）	工业固体废物产生量指数***
2008	11 328.92	258 873	228.51%	11 558	102.03%	5 014.17	44.26%
2009	12 961.10	265 757	205.04%	11 253	86.82%	5 561.45	41.37%
2010	15 967.61	270 755	169.57%	13 865	86.83%	6 812.99	42.67%
2011	19 632.26	293 064	149.28%	22 840	116.34%	7 595.79	38.69%

注：*该指标的计算方法为"废水排放量（万吨）/10×地区生产总值（亿元）"，为了便于直观地比较数据关系，公式中分母加了一个调整系数10；**该指标的计算方法为"废气排放量（亿标立方米）/地区生产总值（亿元）"；***该指标的计算方法为"工业固体废物产生量（万吨）/地区生产总值（亿元）"

　　2011年与2008年相比，湖北省的地区生产总值年均增长24.43%，2011年与2008年相比，废水排放量年均增长4.4%，废水排放量得到了有效的控制；废气排放量增长32.53%，废气排放量不降反增，说明在治理废气方面，湖北省还有很大的上升空间；在工业固定废物产生量方面，2008~2011年，年均增长17.16%，虽说比起地区生产总值的增幅略有降低，但也是有比较大的增幅，还有继续降低的空间。

　　生态文明建设、环境保护和治理的关键是控制污染物的排放和丢弃，从指标上看，污染物的排放和废物的丢弃都得到了一定的控制，但是与发达国家相比，实际上的差距还很大。在经济快速发展、工业规模逐渐增大的情况下，污染物的排放和废物的丢弃在现实中是很难减少和控制的，一方面有排放污染的主体增加的原因，另一方面更重要的原因是污染和废弃物的处理成本过于高昂，企业或者社会公众如果自己处理污染物和废弃物，投入的资金将会比较多，虽说社会因此受益了，但对于投入资金进行污染治理的企业来说，成本上升了，自身的经济利益受损了，是不经济的行为，企业一般会选择不去治理。但污染和废弃物的治理非常重要，政府必须建立一系列的制度和机制，去鼓励企业治理污染和废弃物，另外，还应该对排放污染和废弃物的企业重罚，以规制企业的行为。

---

① 根据《湖北省统计年鉴》（2012）计算而来。
② 由于《湖北省统计年鉴》（2012）缺乏武汉城市圈有关"三废"的数据，这里以湖北省的数据为依据进行分析，类似地推断武汉城市圈的情况。

本 章 小 结

　　本章是对武汉城市圈生态文明建设现状和问题的梳理。第一节是对武汉城市圈经济社会发展状况的研究，结合武汉城市圈产业结构的情况分析，总结了武汉城市圈的经济社会发展现状。第二节是对武汉城市圈区域内部协调发展现状的总结。首先对武汉城市圈区域协调发展体制机制的概况进行了梳理，认为武汉城市圈的协调发展工作体制初步建立，协商机制开始形成，部门对接机制不断完善，社会参与机制逐渐成熟，并对武汉城市圈的政策文件进行了汇总和总结。然后开始梳理武汉城市圈区域协调发展体制机制中现存的问题，认为武汉城市圈的区域协调缺乏宏观层面的总体指导，领导体制不完善，缺少专门的法律法规，制度化建设程度有待提高，协调机制不完善；政府促进协调互动的手段尚待完善，中介参与机制不完善，区域合作的公共服务体系有待完善，产业重构资源浪费，缺乏区域合作精神。第三节分析了武汉城市圈生态文明共建共享机制构建中存在的问题。首先，在环境方面，主要有工业生产方式粗放、水源污染严重、城市病加剧、农村生态形势严峻等几个方面。而在生态文明共建共享方面，比较突出的问题主要有政府官员和民众的生态意识淡薄，经济发展方式粗放，生态赤字严重，政绩考评标准不合理，环境立法体系不完善，环境保护和治理的权、责、利划分矛盾，"三废"的治理还有努力的余地等几个方面。

　　通过本章的分析，厘清了武汉城市圈生态文明共建共享的现状和主要问题，为解决这些问题找到了着力点和指明了方向。

第四章

城市圈生态文明共建共享的必要性分析

对于一个城市圈来说，很多公共事务向来都有两种相反的处理模式：一种是城市圈内每个地方政府各自处理，另一种是由城市圈层面统一处理，这两种模式各有利弊。那么就城市圈的生态文明建设来说，是选择每个地方政府单独处理，还是选择由城市圈层面统一处理呢？本章将对此进行详细的分析。

第一节　城市圈地方政府各自建设生态文明的弊端

生态文明建设具有外部经济性和外部不经济性的特点，另外，生态文明建设是一项浩大的系统性工程。这些特点决定了生态文明建设需要大区域协作起来，共同建设，才能收到很好的效果。

武汉城市圈内各行政区如果不通过共建共享的方式来建设生态文明，而是各自为政，必然收不到很好的效果。各地方政府追求辖区内经济利益最大化的动机，导致了经济区内部缺乏整体战略，各行政区之间严重的地方保护主义阻碍了武汉城市圈统一大市场的形成，由地方保护主义而带来的地区之间的利益冲突日益增多，且程度日趋加剧，跨区域的大型公共工程由于缺乏各地区的合作，难以开展对环境污染的整治工作，无法密切配合。这种区域经济分割在市场经济发展的背景下，进一步加剧了武汉城市圈地区之间产业结构的不合理趋同，直接导致了地区经济发展的严重内耗。区域间的利益冲突已经严重阻碍了武汉城市圈区域经济一体化发展的要求。

具体来说，城市圈内的各行政单位各自为政建设生态文明，其负面影响主要有如下几条。

一、造成"公地悲剧"

美国生物学教授哈丁于 1968 年在《科学》杂志上发表了一篇著名文章《公地的悲剧》，其中引用了这样一个例子：有一片公共牧场，无偿地向所有牧羊人开放。每个牧羊人从追求自己最大利益的角度出发，在这片牧场上牧养尽可能多的羊。最终有一天，牧场的容量达到了极限，"公地悲剧"发生了：牧场被过多的羊群摧毁了。在这个"悲剧"产生的过程中，每个牧羊人都作为一个理性人，追求自己的最大利益。每个人都打着个人的小算盘：增加一头羊的收入完全归自己所有，而过度放牧对公地造成的损失则在所有牧羊人中分摊，因此，增加一头羊给个人带来的收益，要大于给个人带来的损失。正因为公地的损失大家分摊，从而不受约束的自由放牧最终带来了公地毁灭。[①]

"公地悲剧"产生的最根本原因就是对于公共财产运用的成本和收益的不对称性，利用公共财产的成本和收益对比，收益大于成本，就促使公共财产的拥有个体无节制地运用公共财产，导致了公共财产受到毁坏。

对于生态文明建设来说，最关键是要协调好各地方对于环境的污染治理和保护，没有一个完整的机制来平衡环境的共同拥有者共同去治理和保护环境必然会造成"公地悲剧"。

二、造成资源的巨大浪费

在经济建设方面，拿各地建设开发区来举例，城市圈内各地区出于自身利益的考虑大搞重复建设，使得城市圈内各区域政府不会站在城市圈整体发展的角度考虑开发区的战略规划与布局，也不会集中优势资源着力建设好功能明确的开发区，造成了开发区基础设施差、规模小、利用外资少、产业化程度低、土地和其他物质资源的严重浪费等后果，对城市圈的整体发展极其不利。[②]

还有其他方面，比如，原材料的配置，人力资源的配置，资金、技术等生产要素的配置，各区域地方政府为了获得更大的利益，都采取一定的行政手段加以干涉，不按照市场经济规律配置资源，必然造成资源配置效率的低下，进

---

① Hardin G. 1968. The tragedy of the commons. Science，（162）：1243 ～ 1248.

② 陈树荣，王爱民 . 2009. 隐性跨界冲突及其协调机制研究 —— 以珠江三角洲地区为例 . 现代城市研究，（4）：26 ～ 31.

而造成资源的重大浪费。

对于环境的保护和生态的建设，由于带有很强的外部经济性，通常会"一方建设，多方受益"。这样建设一方的投入收益就不对等，所以各行政区对于环境和生态的投入就不够积极，环境和生态的破坏就比较严重。最后，反而所有的行政区都不得不付出更大的代价去治理环境和修复生态，造成了资源的重大浪费。

三、阻碍了产业集中度的提高和整体联动效应的发挥

城市圈各地区之间产业结构雷同的直接结果是，相互之间的竞争激烈和对各类资源的明争暗夺。这不仅极大地浪费了财力、物力和人力，使地区内有限的资源不能得到有机融合以实现必要的产业集中，导致产业链的分工协作出现断裂，并不经济地扩大了空间距离，更谈不上实现优势互补和资源共享，从而严重抑制了武汉城市圈整体联动效应的发挥。目前，城市圈内各城市产业结构调整的路径依然极为相似，预示着产业趋同现象在可预见的时间内仍将继续，甚至更加严重，这必然会阻碍产业集中度的提高和整体联动效应的发挥。[①]

四、阻碍区域一体化冲动，严重削弱了区域在国内和国际的竞争力

诱发区域一体化的最基本动力是区域市场的财富流动、积聚和重新分配，从而达到优化配置、提高效率的目的。一方面，生产要素的自由流动必然会促进生产跨区域分工的加强，使区域之间的经济联系更加密切，相互依存更加深化；另一方面，各种形式的联合、联盟必然会保护、巩固和增强区域的竞争能力。但目前城市之间的恶性竞争，作为阻碍要素自由流动的主要障碍和壁垒，极大地压制了区域一体化的冲动，有可能导致武汉城市圈在新一轮的国内及国际产业分工和合作、产业梯度转移中失去机会，从而削弱了"武汉城市圈"的整体竞争力。

五、造成区域生态资源的闲置

赫勒证明了"反公共地"的产生会造成资源闲置，并进一步指出"反公共"

---

① 张彩娟. 2004. "长三角"内部恶性竞争的问题及对策. 南通航运职业技术学院学报，3（2）：4～7.

资源的产权特征：多个所有者拥有对稀缺资源的部分所有权；每个产权拥有者都有权利拒绝或组织其他产权所有者拥有完整的产权；产权的"反公共性"意味着稀缺资源对每个所有者而言都是有价值的，但这种产权体制并不会有助于生产效率的提高；非私人产权既可以被看作具有排他性的"反公共性"，也可以被看作具有非排他性的"公共性"[①]。他用"闲置的莫斯科商店"案例来说明反"公共地悲剧"带来的资源闲置。而在区域生态资源的开发和利用过程中，确实常常会出现这样的情况：有几个部门同时拥有正式或非正式的排他权，并利用排他权阻止其他部门对资源的使用，最后造成生态资源的闲置，地方森林、矿产、河流、土地、物种、旅游等资源的开发利用难很多都是这个原因。[②]

六、造成区域生态资源利用不足

在区域生态文明建设过程中，由于管辖权限不明或相互冲突，某些资源的开发和使用受多个部门管辖，需要多个部门审批，而且每一个部门都有权获得利益提成。如此就造成了两种现象：一是职责推诿；二是出于利益抽成的目的，生态资源的各个权利拥有者都存有"搭便车"的心理，都希望不劳而获，从而使协调和沟通的难度增大，增加了管理成本。以上两个原因必然造成生态资源的利用不足。

七、容易造成区域生态资源的浪费

一方面，闲置生态资源的管理需要付出一定的成本，这必然会造成资源的浪费。我们经常可以看到土地闲置、荒弃的现象，或地区生态旅游资源开发被搁置、废弃的现象，就像莫斯科空置的商店，不仅没有被租赁使用，还需支付商店基本设施维护和资本折旧费。另一方面，一些生态资源即使得到了部分开发和利用，但是由于众多权利所用者处于信息不对称的情况下，信息的不对称造成资源使用必须付出巨大的信息成本。与此同时，信息成本和交易成本的权衡还有可能滋长官商勾结、权力寻租等丑恶现象。

---

① Heller M A. 1998. The tragedy of the anticommons：property in the transition from Marx to markets. Harvard Law Review，351 ~ 360.

② 肖祥. 2012. "反公共地悲剧"与区域生态文明共享. 人民论坛，(371)（中）：58 ~ 59.

八、造成区域生态资源潜在收益的损失

"由互补性要素构成的资源被非常多的成员所拥有，只有在所有权利人一致同意的情形下资源才能充分使用，当某一个权利人行使排他权时，会导致其他权利人的经济产出下降。行使排他权的权利人越多，反公共地的价值越低"[①]，简而言之，由于权利主体的"离心离德"，区域生态效益的系统性和整体性被人为地分割从而降低了。

第二节　生态文明建设区域共建共享的必要性

2011 年世界环境日中国提出的主题是"共建生态文明，共享绿色未来"，生态文明共建共享受到了前所未有的重视。所谓区域生态文明共建共享，就是区域发展过程中以合理、公平、持续、和谐为基本价值理念，以资源共用、责任共担、收益共享、发展共赢为基本方式的生态文明建设模式。发展伦理以人类的可持续生存和发展为根本价值和原则，它是区域性生态文明共建共享与实现的价值。

区域生态文明共享是一个权利与义务、责任与利益统合的综合体系。区域经济增长的过程是自然物质向社会物质不断交流变换的过程，不可能囿于小地方的封闭环境中。假定某个地方的经济局限于一个封闭的系统，缺乏地区间的交流，其经济增长的同时必然会导致自然资本的减少，最后造成自然生态系统空间和功能的衰退，如资源枯竭、环境恶化等。因此，区域生态文明共建共享就是强调地区之间共建、共生、共享、共赢，形成良性、合理的物质变换循环系统。区域生态文明共享的目的是控制区域社会经济扩张趋向于合理化，其实质是对区域内部外部伦理关系的调节。[②]

实现区域生态文明共建共享，是推进区域协调发展的重要理路。区域生态文明共建共享是一个统合权利与义务、责任与利益的综合体系，必须充分关注

　　① 周清杰 . 2011-02-11. "反公共地悲剧" 与创新型国家建设 —— 谈如何进一步完善我国的专利制度 . 光明日报，第 011 版 .

　　② 肖祥 . 2012. 区域生态文明共享的伦理原则 . 桂海论丛，（4）：65 ～ 68.

和避免"反公共地悲剧",强调资源拥有、使用等权利主体之间的共建、共生、共享、共赢,形成价值观相互协同和实践相互合作,促使合理良性的自然物质向社会物质转换。[①]

一、区域生态文明建设矛盾的自我化解的不可行性

既然政府竞争的负面效应是典型的囚徒困境逻辑,那么在消除政府竞争造成的负面效应上就有两种可选方案:第一种途径是自我化解,即通过政府长期的协调博弈,建立共识达成合作;第二种途径是外部化解,即通过某一个权威机构在事前给定一个协调博弈规则,以形成有利合作的结构框架,使博弈者必须按照合作博弈的方式来建立相互之间的行为关系。自我化解途径的前提是重复无限的博弈和形成互惠互利的机制。这在地方政府竞争过程中很难得到满足,或者满足的代价太大,原因在于以下几个方面。

1)政府决策者所感受到的政府之间的竞争往往不是无限次数的持续博弈,而是有限次数的博弈。因为决策者的政治任期是有限的,任何一个决策者都更多地考虑自己任期内的收益和损失,并且有更多的将损失转嫁于下任政府的动机而无需自己承担。而在有限次数的博弈中,合作的出现是非常困难的。现实中的决策者将按照自己任期长短来确定博弈次数,并在自己的决策周期接近尾声时加大不合作行为。

2)用自我化解消除政府之间竞争的负面效应所花费的成本太高。负面效应产生的很多领域都涉及对社会不可再生资源的破坏,比如,社会秩序会因公共物品供给能力降低而恶化,社会伦理和自然环境会因恶性规制竞争而受到破坏。这种破坏一旦形成,在短期内就难以补救和挽回。换言之,资源的有限性经受不起重复博弈的消耗。

3)在二人博弈中,背叛行为所损害的对象和程度是明确的,回报策略会具有明确的针对性,而在多人博弈中,个体的背叛行为对群体造成的损害可能是边缘性的,效果并不显著。而地方政府的竞争是典型的多人博弈,个体背叛的积极性更强,这更极大地助长了竞争政府的背叛动机。总之,采取这种办法化解政府竞争的负面效应,或者成本过高使得社会无法承受,或者不具备足够的自我实施性使违约行为经常出现,因而虽然重复博弈为化解囚徒困境的合作带来了机会,但并不能有效、彻底地解决政府之间因竞争产生的负面效应。

---

① 肖祥. 2012."反公共地悲剧"与区域生态文明共享. 人民论坛,(371)(中):58~59.

二、区域生态文明建设共建共享的理论性与实践性分析

（一）区域生态文明共建共享必要性的理论分析

外部机构的强制实施，即外部化解，是不可或缺的。实现这一功能的外部机构主要是上级政府与跨区域发展协调组织，从普通的意义来看，它们的存在改变了作为竞争政府所处的制度环境，从两个方面对博弈结构和均衡产生影响，并最终引导着合作的形成。第一，通过设定新的明确规则改变各个参与博弈政府的支付结构，进而改变它们的战略选择，使其由非合作的博弈均衡趋向于合作的博弈均衡。第二，通过强制实施的可信承诺，直接限制博弈参与人的行为空间，将违约的发现机会提高到足以影响违约者背离动机的地步，并以切实的可执行惩罚措施作为合作稳定的保证。与自我化解途径相比，外部化解途径的优点在于：一是可以在更大的范围内促使合作形成。在政府之间的竞争过程中，博弈是在多个博弈者之间展开的，是多方博弈，这种博弈往往是关联性的，多个参与博弈者之间的利益冲突和利益协调往往使重复博弈难以形成有效的合作结果。二是可以保证合作的稳定性。外部化解对应着强制执行，通过将约束政府可以选择的合作协议变换为不由它们自主决定的强制规则，外部机构及其提供的强制性规则能够起到促进合作、实现集体理性的效果。三是外部化解的效率更高、成本更低。通过外部机构的事前规定和事后惩罚，竞争政府之间的合作形成不需要经过那种浪费大量资源、产生极高的机会成本的重复过程，这类似于法经济学中的霍布斯定理所蕴涵的意义：建立法律以使私人协议失败造成的损害达到最小。[①]

（二）区域生态文明共建共享的实践性呼唤

1. 完善的区域生态文明共建共享的体制机制尚未建立

武汉城市圈各城市还未能按照科学发展观的要求，更新观念和创新体制、机制，未能统筹协调，建立多元合作的跨区域生态文明共建共享机制。武汉城市圈的生态文明建设虽然取得了一定的成效，但是全国乃至全球生态环境呈现出的总体恶化状况并未从根本上得到遏制。各地区、各城市的生态文明建设，长期以来忽视生态环境所具有的系统性、整体性和公共性的特点，地方政府官员固守着传统的"为官一任，造福一方"和"守土有责"的狭隘视界，采取各自为政的做法。一些地方政府官员受经济利益的驱使，而对生态建设、环境保

---

① 杨虎涛 . 2008. 论政府竞争的负面效应及协调机制的必要性 . 长春市委党校学报，（2）：24～27.

护和治理持消极态度，因而在以治理环境污染和进行生态环境保护和治理、修复等为内容的生态文明建设方面难以取得实际成效。生态文明建设迫切呼唤跨区域、跨地方的生态合作治理。生态环境作为跨区域而存在着的由多个组成部分和要素以特定方式联系在一起的整体系统。系统性、整体性是人类与生态环境、自然资源之间的最基本关系。特别是空气和河流无处不在地进行跨国界和跨区域流动，其生态状况直接或间接地影响着全球的生态状况和各区域的生态状况。生态环境是一个由多个组成部分所构成的有机系统，各个地区的局部性的生态环境都与作为整体而存在着的生态系统有着紧密的联系，处于牵一发而动全身的相互影响和相互制约之中，因而只有确立生态区域共同体意识，将各个区域的生态环境状况放在作为整体性的生态环境系统中加以认识和治理实践，才能达到促进整体生态环境系统优化的目的。在生态文明建设上采取跨区域的生态合作治理，是由生态环境所具有的系统性、整体性和公共性的特点决定的。生态环境是一种公共物品和公共资源，由于生态环境具有不可分割、整体性的特点，对于生态环境的产权特别是跨区域生态环境的产权更加难以界定，即使科学地界定也要付出极其高昂的成本。①

2. 有关区域生态文明建设的传统管理方式必须改变

在生态文明建设中强调跨区域共建共享，是由地方政府公共行政管理创新的任务决定的。地方政府在传统的管理模式中存在许多不利于生态文明建设的缺陷，长期以来，对于生态文明建设，各级地方政府往往注重和强调"守土有责"，采取的生态治理模式基本上都是"条块分割、各自为政"。地方政府在地方利益的驱使下，往往政出多门、各自为政，不能形成统筹协调的生态治理系统。不同的生态环境要素被分开管理，甚至同一生态环境要素被人为地分割成多个部分来管理，使生态环境系统之间的相互联系性和有机整体性被割裂，因此，难以达到生态治理上的高效率和生态环境系统的最优化。

3. 传统的政策必须改变

在现有行政区划和行政管理体制下，考核体系比较关注官员对本地经济发展的贡献，一些地方政府领导人更注重本地区任内的政绩，特别是经济增长的政绩，搞所谓的"造福一方"，而在跨区域生态环境资源利用上甚至达到了竭泽而渔的地步，在生态环境污染上则不惜以邻为壑，甚至以影响和牺牲周边地区的生态环境为代价，获得本地区经济的高速增长。在一些跨区域的生态环境中，

---

① 方世南. 2009. 区域生态合作治理是生态文明建设的重要途径. 学习论坛，25（4）：40～43.

由于生态环境资源的所有权、使用权、管理权、收益权不明晰，生态受益者和污染受损者权责不分，对于生态环境这一公共资源的集体消费，存在严重的无序消费和过度消费现象，最终导致"公地悲剧"。对于这些不利于生态文明建设的现象，只有强化区域生态合作治理观念，按照科学发展观的统筹协调要求，共建共享生态文明，创新区域生态合作治理模式，才能最终得到有效的解决。

4. 区域共建共享生态文明是科学发展的要求

强调生态文明共建共享的整体性，突出区域生态合作治理，是由现阶段我国贯彻落实科学发展观、实施区域经济协调发展的宏观战略决定的。武汉城市圈的区域经济协调宏观发展战略是包含区域生态合作治理与协调发展内容的发展战略，这种发展是作为体现科学发展观统筹协调发展要求，突出人与自然和谐发展内容的发展；是在资源环境承载力范围内的发展；是在人口与生态环境资源相协调的基础上达到社会经济发展最优化的发展；是在依据社会经济发展的程度、速度和规模，不断提高资源环境承受能力的发展；是在政府、社会、企业和公民的生态意识不断强化，生态道德水平不断提高，生态理性不断增强基础上的人与自然协调和谐的发展；也是在借鉴发达国家区域生态合作治理与区域经济协调发展中的成功经验和教训的基础上，有助于生态文明共建共享与区域经济协调发展的当代中国新的经济、社会和生态的发展。[①]将区域生态合作治理协调发展与区域经济协调发展结合起来，对于构建和谐社会与全面建设小康社会，都具有十分重要的意义。

本章小结

本章对武汉城市圈生态文明共建共享的必要性进行了分析。第一节分析了城市圈各地方政府各自建设生态文明的弊端，主要包括造成了"公地悲剧"，造成了资源的巨大浪费，阻碍了产业集中度的提高和整合联动效应的发挥，阻碍了区域一体化的冲动，削弱了区域在国内和国际的竞争力，容易造成区域生态

---

① 方世南. 2009. 区域生态合作治理是生态文明建设的重要途径. 学习论坛, 25（4）: 40～43.

资源的闲置，区域生态资源利用不足，生态资源的浪费，以及区域生态资源潜在收益的损失。第二节从区域生态文明建设矛盾的自我化解的不可行性，对区域生态文明共建共享的必要性进行了反证，并对区域生态文明共建共享的理论性和实践性分别进行了分析。

通过本章的研究，我们能更加清晰地认识区域共建共享生态文明的必要性，并且为本书的拓展奠定了比较坚实的基础。

第五章

城市圈生态文明共建共享的障碍及其形成机理

对于一个城市圈的生态文明建设来说，各地方政府共同参与、共同建设、共同投入、共同享受建设成果是比较经济和方便的途径。但是在实践中，城市圈层面共建共享生态文明却又遇到了层层阻力、种种障碍，那么到底有哪些障碍？这些障碍又是如何形成的呢？

第一节　城市圈生态文明共建共享的障碍

一、区域之间在生态文明建设中投入与收益不协调的矛盾

在生态文明建设过程中，区域或城市之间因利益共享与损失补偿不对等而造成的矛盾有多种表现，就武汉城市圈而言，主要表现为资源输出城市与资源受益城市之间的矛盾，以及流域上游地区与中游、下游地区之间的矛盾。在武汉城市圈传统城市之间分工格局和资源价格体系下，武汉周边城市输出原材料到武汉市，又以高价从武汉市购买加工产品，造成了"双重利润流失"，这不仅导致武汉城市圈内武汉周边城市资源以初级资源产品的形式大量流失，并且粗放式资源的开发给当地带来了生态环境的破坏，又因为没有能力投入必要的资金和人力进行治理，致使生态环境日益恶化，因此引发资源输出区与资源受益区之间的贫富差距越拉越大，物质与精神生活水平等的矛盾越来越突出。河流流域的上游地区肩负着维护全流域生态安全的重任，由于河流流域生态系统

的整体性，河流上游地区生态环境保护和治理的"区域正外部性"往往更为显著[①]，河流上游地区因为生态建设或环境保护而带来的经济损失理应得到河流下游地区的相应补偿，但由于种种原因，在现实中河流上游地区与中游、下游地区由于利益共享与损失补偿的不对等而产生的矛盾普遍存在。[②]

生态环境保护和治理是生态文明建设的物质载体。近年来，从中央到地方都将生态环境保护和治理作为生态文明建设的核心任务和重要内容。应该说每个省区对加强其辖区内生态环境保护和治理都表现出高度的一致性。但是，生态环境不仅具有很强的外部性，而且在空间上大大超出了经济活动和行政管辖的范围，从而使行政区划，以及行政管理体制在解决跨区域生态文明建设中面临着尴尬。一是跨区域资源、环境的无序消费和过度消费。由于生态环境的产权不够明晰，跨区域生态环境的产权更加难以界定，生态受益者和污染受损者的权、责、利难以确定，加之行政区划和行政管理体制的条块分割，对于跨区域资源环境的集体消费存在非常严重的无序消费和过度消费现象。在"造福一方"的执政理念和区域竞争的内外压力下，一些地方政府在跨区域资源环境利用和开发上甚至达到了竭泽而渔的地步，在生态环境污染上则不惜损害周边地区的利益，以影响和牺牲周边的生态环境为代价，获得本地区经济的快速增长。[③]二是每个行政区在共同建设跨区域生态文明过程中的博弈问题。跨区域的生态环境处于互相关联的整体关系之中，其生态文明建设需要相关区域的共同参与、统筹协调，但是各行政区从自己的利益出发，都有可能逃避环境保护和治理的责任，但又可能都等待其他地区投入更多，以便自己能够"搭便车"，这种博弈现象在河流流域治理、重要生态功能区建设中表现得非常突出。近十几年来，长江、淮河、黄河的水质不断下降，滇池、太湖、巢湖等相继发生蓝藻现象，一方面是行政区内经济快速增长与生态环境保护矛盾加剧的结果，另一方面也与流域治理范围内各行政区之间各自为政、相互推诿有关。这些问题的解决，迫切需要改革现行的政府官员绩效考核机制，建立多元联动的区域生态合作治理机制，创新区际协调机制，使得各行政区能够共建共享生态文明。

二、大区域视角下生态文明共建共享的长远意识难以形成

政府官员的任期制和企业经理人员的年度考核制，使得政府官员和企业经

---

① 周婷.2008.长江上游经济带与生态屏障共建研究.北京：经济科学出版社：156.
② 黄勤，王林海.2011.省区生态文明建设的空间性.社会科学研究，（6）：17～20.
③ 方世南.2009.区域生态合作治理是生态文明建设的重要途径.学习论坛，25（4）：40～43.

理人员注重对短期利润的追求，这必然导致了政府和企业的短期行为盛行，强化了资本拥有者对"当下意识"和"现在感"的看重，导致了对"长远意识"和"远期利益"的漠视。齐美尔认为，出现"现在感"的原因之一是："重要的、永恒的、公认的信念日渐失去力量。这样，生活中短暂和变化的因素获得了更多的自由空间。与过去的断裂……逐渐使得意识集中到现在。"但"资本的拥有者在评估投资前景时，总是计算在预期的时间内（一般来说，都是在很短时期内）得以回收投资以及今后长久的利润回报"，"至于那些对人类社会具有最直接影响的环境状况和因素，在发展经济过程中则需要更长远的总体规划，诸如水资源及其分配、清洁水源、不可再生资源的分配与保护、人口影响、废物处理以及与工业项目选址相关的特殊环境要求等。所有这些都提出了可持续性的问题，也就是代际生存环境的均衡问题，这与冷酷的资本需要得到短期回报的本质是格格不入的"。张首先认为资本主义生产方式内部的生产体系和消费体系的"对抗性"矛盾放大了其自身具有的"弱视"、"短视"的致命缺陷。

三、环境产权制度不明晰，环境经济政策不完善

1）排污权、碳排放权交易制度刚刚起步。武汉城市圈甚至国家层面，还没有真正建立起完善的排污权交易市场制度和机制，碳排放权交易也刚开始起步，在实践中存在不少问题：一是与排污权、碳排放相关的法律制度尚未确立，使得排污交易的合法性成为问题。另外，交易的计量也是障碍，即交易后合法的排污量难以界定。二是总量控制指标难以确定，并且即使是设定了总量控制指标，具体指标的确定也非常困难。三是指标的原始分配标准很难确定，这样就难以做到公平。四是排污权交易的信息平台和交易市场不够完善，排污权交易市场需要有成熟的买卖双方和中介机构，但这些都还不成熟。

2）尚未开征专门的环境税。尽管我国税收中已经包含了不少与环境资源相关的税种，如自然资源、机动车辆，涉及交通燃油、供暖及加工燃料、废弃物管理和污染排放等多个领域，但由于这些税种在制定的时候并不是以环境保护和治理为目的，各种税收之间缺乏彼此的协调性，因而不能充分发挥促进污染减排和环境的保护与治理的作用。

3）生态补偿机制不够完善。由于环境产权界定不够清楚，利益主体不够明确，再加上建设、支持资金严重不足，补偿标准很低，并且缺乏可持续性，我国生态补偿机制还不完善。主要表现如下：一是生态补偿融资渠道和主体过于单一，主要依靠政府转移支付和专项基金支持两种方式。政府转移支付中以

纵向为主，即中央对地方的转移支付、上级政府对下级政府的转移支付为主，而跨行政区域的横向转移支付尚未建立起来。二是以部门为主导的生态补偿机制还不完善，责任主体不够明确，缺乏明确的专业分工，部门之间管理职责交叉，在环境治理方面与资金投入上难以形成合力。三是生态补偿领域过窄、标准偏低。领域窄的弊端是不能对环境形成有效的影响，标准低的弊端是环境的受损失方得不到应有的补偿，积极性不高。四是以"项目工程"为主的补偿方式缺乏稳定性，尚未形成常规性。

4）有利于资源节约、环境保护和生态治理的价格体系尚未形成。首先是资源性的产品价格形成机制不健全，主要包括从资源无偿划拨到有偿使用的改革不到位、不深入，资源产权的市场化程度低，运营不够规范；资源行业的行政性垄断与自然性垄断并存，政府对垄断行业的成本监管缺乏科学的手段和制度性的规定；资源税费和环保税费占企业利润或者营业收入的比例整体偏低，资源性产品价格没有体现出资源的全部价值。其次，从价格体系看，我国的再生资源价格远远高于初始资源价格，导致企业缺乏进行资源再生、循环利用的内在动力，而是选择利用比较廉价的初始资源；废弃物的处理成本高于排放和丢弃的成本，使许多企业宁愿缴纳排污费也不愿意处理和治理污染物。①

四、环境与经济发展综合决策机制和全社会参与机制尚未建立

1）环境与发展综合决策机制不够完善。在实践中"重经济增长、轻环境保护"的现象一直存在，许多地方以浪费资源和污染环境为代价来发展经济，经济发展方式过于粗放，资源、环境与增长、发展一直都是"两张皮"，环保部门与经济部门相互合作、相互制约的机制还没有建立起来，并且经济部门的影响力远远超出了环保部门的影响力，一旦两个部门发生冲突，让步的往往是环保部门。在社会发展和资源利用与环境保护的矛盾日益突出的今天，把环境政策的设计、执行和实施有效纳入到社会经济发展的决策过程中，力争从根源上解决环境与发展的矛盾，显得非常必要。

2）公众参与生态文明建设的机制尚未建立。我国对于生态文明建设一直是从政府和企业下手解决，而对于最广泛的公众长期忽视。这使得公众参与生态文明建设还相当滞后，公众的参与程度不高，参与领域狭窄，对政府环境决

---

① 谢海燕 . 2012. 生态文明建设体制机制问题分析及对策建议 . http：//www. china-reform. org/?content_360. html[2012-10-25]．

策的参与很少。究其原因,主要是公众参与生态文明建设缺乏相应的制度保障,参与程序、途径、参与方式都不明确。此外,由于环境保护制度设计上存在缺陷,有关环保的非政府组织不能有效地发挥其应有的作用。大部分环保组织并不能完全独立,资金来源对政府有相当的依赖性,因而在表达意见的时候,没有完全独立的话语权,其对政府权力的影响和制约作用大打折扣。[①]

五、环境执法成本高、违法成本低,监管监督机制不完善

1)排污收费的标准偏低,对超标排污行为的惩罚力度过小。我国的排污收费标准大大低于治理成本,违反了"排污费的标准应当高于治理成本"的"环境经济学"原理。对于超标排污企业的违法行为,按规定应加收一倍以上的排污费。由于企业缴纳排污费比投资建设排污处理设施更加经济、低廉,许多企业宁愿缴纳排污费,取得合法的排污权,也不愿意投资建处理设施,甚至有的企业建了处理设施也不运行。

2)环境法规规定的行政处罚方式主要以罚款为主,而且数额很低。我国《中华人民共和国大气污染防治法》对超标排污行为规定罚款最高限额只有10万元;《中华人民共和国环境影响评价法》对违反环境评价擅自开工建设的行为,规定罚款最高限额只有20万元。而对造成严重后果的违法行为,《中华人民共和国水污染防治法》和《中华人民共和国固体污染防治法》规定的罚款最高限额都只有100万元;《中华人民共和国大气污染防治法》规定罚款的最高限额只有50万元。这样的处罚数额显然太低,既不能与违法行为给社会带来的危害性相适应,也远远低于行为主体从其违法行为中所获得的收益,如果用这些对违法行为对环境的破坏进行修复,罚款金额肯定远远不够,长此以往国家、社会对于环境的投入必然逐渐加大,而企业由于违法成本和违法收入的不对等,环境违法的行为也必然受到鼓励,因而更加猖獗。

3)环境执法不够严格、监管力度不够。有法不依、执法不严、违法不究,即使追究,力度也不够,是环境突发事件频频发生、环境污染日益严重的主要原因。有些环境监管人员在执法时流于形式,执法行为不够规范。有些地方保护主义严重,政府甚至成为污染企业环境违法行为的保护伞。

4)生态文明建设的监督管理机制不完善。我国的环境立法不够完善,使环境行政执法难以准确执行,对环境执法的监督和检查也缺乏必要的司法手段。

---

① 谢海燕.2012.生态文明建设体制机制问题分析及对策建议. http://www.china-reform.org/?content_360.html[2012-10-25].

此外，由于公众的环境维权意识比较薄弱，对环境污染的危害缺乏深刻的认识。在面对环境问题时过分依赖政府，并且一般情况下如果自己的环境利益没有受到实质侵害时，公众大都不会有太多的积极性，也很少会"多管闲事"，往往能忍则忍；而在自身权益受到侵害时，由于各种原因而导致维权艰难，这同时暴露出生态文明建设的救助机制也不完善。

六、政府的绩效评价方式和方法单一

长期以来，在工业文明价值观的主导下，上级政府对下级政府绩效的评价和考核主要集中于经济增长，这是各地方政府无视资源环境承载力竞相追求经济快速增长的一个重要根源。目前，中央政府虽然弱化了对经济增长的考核，加强了对生态环境保护、资源使用效率，以及"节能减排"等方面的考核，并实施了环保问责制和"节能减排"问责制，"十二五"期间国家提出的16个约束性指标，其中11个是资源使用和环境保护类指标，用以引导中央生态文明建设的执政方略，但是现有政府绩效评价考核体系只增加了生态环境建设和"节能减排"的目标，尚没有纳入生态文明建设目标，尤其是缺乏生态伦理、生态理念、生态道德、生态文化、生态制度建设等方面的目标。推进生态文明建设是一项涉及价值体系、制度安排，以及企业生产方式、人民群众生活方式根本性变革的战略性任务，是经济社会系统和自然生态系统的全方位升级演进，这样一个深刻变革的庞大体系，仅仅通过生态环境治理和保护、"节能减排"的指标及其问责制度来传递，是远远不够的。另外，一些地方政府虽然出台了生态文明建设评价体系，但大多数的评价体系只强调了生态文明建设的实现程度，而对建设生态文明的努力程度和进度过程缺乏考虑，不利于指导生态文明建设的实践，生态文明建设既是目标又是过程，大力推进生态文明建设，一方面要追求生态环境质量的改善、经济发展，以及社会进步、人民生活水平提高等一系列实际成效，同时也不能忽略生态文明的改善程度，甚至应该有过程管理指标，即建设生态文明的努力程度。对于经济欠发达地区而言，生态文明建设更应该主要看其生态文明进步过程。[①]

现行领导干部政绩考核体系中有关生态建设和环境保护的指标权重过低。在当前的政绩考核指标体系中，经济发展指标所占比例非常大，许多部门和地方政府仍然以GDP为主导，这样的发展观仍然没有从根本上改变。很多地方政府为抓"政绩"，片面追求GDP增长率，从而导致经济发展方式粗放，资源消耗大、利用率小，造成严重的环境污染和生态破坏问题。这种重经济发展轻

① 黄勤. 2013. 我国生态文明建设的区域实现及运行机制. 国家行政学院学报，（2）：108～112.

环境保护和生态建设的发展观，已经严重阻碍了资源节约、环境友好和生态建设工作的开展。有的地方政府甚至出台有悖于环境保护法律法规的"土政策"、"土规定"，干扰和限制环境执法。有的地方政府领导为了追求短期的经济增长，要求环保部门对严重污染河流、空气、土壤的违法项目开绿灯，等等。①

七、地区之间协调与合作的机制薄弱

一是地区之间的生态补偿机制不完善。相对于完善的环境法规和环境经济政策，武汉城市圈乃至全国的生态补偿机制都还十分滞后。生态补偿包括流域补偿、重要生态功能区补偿、生态系统服务补偿、矿产资源开发补偿等，除森林生态补偿起步较早外，我国其他几个方面的生态补偿尚处于初步探索之中，现有的补偿方式比较单一，主要是通过政府行为，尤其是财政支付进行，市场手段较少。二是缺乏权威的地区间的协调机构。跨地区的生态环境建设处于真空地带，一个重要影响因素是我国"分地区、分部门"的条条块块管理体制和"政府负责、环保行政主管部门统一管理、各部门监管"的环境管理协调模式。国际经验表明，处理跨地区经济发展与生态环境建设的问题，需要成立跨地区的权威组织机构，实施由上级政府和下级地方政府双重负责的管理制度。我国虽然有一些区域性、流域性的管理机构，但是这些机构要么职能职权有限，难以协调区域内的各种关系，要么带着明显的部门利益和局部利益，难以从全局上统筹考虑。三是公众参与环境保护和管理的程度低。在我国，公众参与环境保护和管理属于政府倡导下的配合型参与，缺乏应该有的独立性、主见性和持续性，导致环境保护和管理中社会公众参与流于形式，甚至受到各方力量的掣肘，社会公众的社会监督作用很难真正发挥，特别是当面对重大环境事件时，社会公众甚至更应有话语权的社会舆论很容易受到地方政府和当事企业的干扰、干预，从而失去了影响环境保护和生态文明建设的能力。②

① 谢海燕 . 2012. 生态文明建设体制机制问题分析及对策建议 . http://www. china-reform. org/?content_360. html[2012-10-25].

② 黄勤 . 2013. 我国生态文明建设的区域实现及运行机制 . 国家行政学院学报，（2）：108 ~ 112.

第二节　城市圈生态文明共建共享障碍的形成机理分析

一、地方政府"以我为主"的运行模式导致了政府生态责任的缺失

（一）官员权力本位较强，生态理念比较淡薄

新中国成立初期到 1978 年改革开放以前，强力政治和权力本位渗透到社会生活的各个方面，政府官员的权力意识弱化，消解了其本应具有的服务意识、生态意识等，改革开放后，对于官员权力的控制和制约，随着经济体制改革的不断深入开始逐渐展开，"权力、责任、利益"关系不断调整，但是由于长期以来"官本位"、"权本位"的影响，政府官员的角色转型效果不明显，尽管我国学者与政府高层决策者有比较强烈的生态理念，但是许多政府部门，尤其是地方政府的生态意识和生态理念还比较淡薄，在对 GDP 的疯狂追求下，节约意识、环保意识、廉价行政意识非常薄弱，铺张浪费的现象非常严重，环境污染形势严峻，生态建设举步维艰，这些确实令人担忧。

（二）政府部门条块分割，环保措施难以协调

我国的环保行政管理问题相当突出，"公地悲剧"现象十分普遍，环保部门的"婆婆"多而复杂，环保单位各自为政，导致政府在生态管理方面难以作为，生态管理能力十分低下，生态理念难以形成并落实。以我国的水资源管理为例，水利部门管地表水的开发和利用，环保部门管水污染防控与治理，农业部门和林业部门管农林牧渔业的供水，等等，这种"人人都管，人人不管"的局面反映出了我国环保行政的力量分散、政出多门、难以整合，力量之间相互抵消、效率低下、效果很差。

（三）社会有效监督不到位，环保政务过于模糊

社会公众对政府、企业、公众本身的有效监督不到位，致使生态责任难以落实。这是生态建设、环境保护不力的重要原因。第一，监督主体和客体的不明确，导致监督效果不好。拿对政府的监督不到位来说，政府滥用、乱用各种环保资金，得不到监督。地方政府为了地方财政收入，对于有些污染企业，因

为其对财政税收的贡献，成为地方政府的"财神爷"，因而地方政府便理所当然地充当这些污染企业的"保护神"。第二，环保信息不对称，官方部分统计数字"注水"现象严重。第三，民意表达不畅通，不同程度的官僚主义、形式主义猖獗，民众意见无从表达，或者即使表达，也无人理会，致使环境保护、生态文明的监督机制执行不了，效果很差。第四，政府治污措施不得力，生态管理难以在阳光下运行。由于环境保护和生态治理牵涉到企业的利益和民众的利益，企业的利益主体非常明确，而民众的利益主体相对模糊，企业更加有机会能明确地表达利益诉求，而民众只是一个泛化的群体，没有明确的群体负责表达利益诉求。当政府面对这种局面的时候，权衡的天平往往更加容易倾向于企业，因此政府在治污和进行环保执法时，往往决心不够坚决，措施不够得力。第五，环保政务模糊化，难以适应信息化时代对民主政治的要求。政府与民众在生态环境问题上的矛盾比较突出，一方面是人民群众不断吞食环境污染的苦果，另一方面是当地政府环保措施不得力，甚至出现了严重的环保腐败、生态建设腐败，两者之间的张力难以消除。①

二、政府之间竞争制度负效应的形成机理

无论是政府的地方保护、恶性税收竞争还是恶性的规制竞争，都具有一个共同的特点，那就是地方政府在进行这类活动时的主观目的是达到自身利益的最大化，客观上却造成了对其他地方政府和经济主体的福利损害，并且最终导致了对自身利益的损害，是典型的囚徒困境。本书以吸引外资而展开的恶性税收竞争为例进行解释。

在博弈过程中，各地方政府为了引进外部资金都有两种选择策略：减免所得税和不减免所得税。如果某一产业外部资金的拟投资总额为 I，同时有甲、乙两个地方政府在投资环境方面形成寡头垄断的市场结构，并且具有同质性，即投资环境及其他各项因素都是相同的，唯一的差别是税赋的种类和比率的差别。两个地方政府共同分享投资额 I，在某一政府减免税前各自获得的投资额相等，均为 $I/2$。当采取减免税战时，一地方政府认为先通过减免所得税可以获得比较多的投资，并且由此获得更多的收益，即所带来的投资额产生的收益远远大于因减免税所带来的损失。在此情况下，先减免的地方政府将得到投资 $I-R$，相对应的另一个地方政府不减免所得税（也无其他策略），因此将无法得到任何投资。其中，R 为投资商因减免税所得到的实际收益，可理解为减免所得税后投资商达到同一生产规模仅需付出小于 I 的投资。如果另一个地方政府也同样采

---

① 张首先 . 2007. 生态文明研究 . 西南交通大学博士学位论文 : 69.

取减免所得税的措施和策略，那么面对既定的投资商，两个地方政府都会因减免而带来投资额损失，损失额为 $R/2$。博弈矩阵如下：恶性所得税税收竞争的博弈矩阵图显示，在给定 A 地方政府的策略时，B 地方政府选择减免策略就能带来更多的投资；反之亦然，A 地方政府的最优策略也是减免所得税。于是（减免、减免）构成了此博弈矩阵的纳什均衡（$I–R/2$，$I–R/2$），也就是对应的均衡所得。这表明如果某地方政府率先采取减免所得税措施时，其他地方政府面对减免或不减免的选择时，必然会选择减免。因此，首先采取减免所得税策略的地方政府企图凭借它来获得独占性的优势，不可避免地是随着其他地方政府的普遍减免策略而丧失殆尽。同时，可以推论出减免前各政府所得为 $I/2$，减免后则变为 $I–R/2$，减少了 $R/2$。所以恶性减免所得税既不利己也不利人，只能会产生帕累托无效的结果。

同样的分析也适用于恶性规制竞争和地方保护主义，本书不再赘述。简而言之，地方政府之间竞争负效应的形成，是政府在囚徒逻辑中的自利行为所导致的。化解这种囚徒困境的逻辑结构，从而使竞争中的地方政府在竞争中达成一定的、相对稳定长期的合作关系，是消除竞争负效应的治本之道。从囚徒困境的逻辑结构上看，参与博弈者之所以选择不合作，有 3 个原因：一是博弈的效用结构决定了最终的纳什均衡不是能够带来帕累托最优结果的均衡。在囚徒困境博弈的效用结构中，博弈者最希望出现的结果是自己不合作，而对方合作，自己获益最大，而对方获益最小，这种效用结构使其容易采取欺骗行为，从而达到获益最大的目的。二是未来影响的威胁不够。对博弈者而言，对未来的考虑必然会影响到决定目前采取什么类型的行动，如果采取不合作造成的未来可能的损失大于现期可能的收入，参与博弈者就会放弃背离行为而采取合作。三是可能的无互惠。根据博弈推理，博弈一方合作行为很可能成为没有回报的行为，因而成为单方合作的受害者，进而促成逆向"互惠"，即双方都采取不合作行为，因而形成恶性循环。

因此，要走出囚徒困境，就需要改变参加博弈者的效用结构，加大未来对博弈者的"威胁"与"利诱"的力度，并使参加博弈者之间形成互惠互利机制。其途径有二：第一，重复囚徒困境博弈，使参与博弈者从长远利益来考虑当前的抉择，避免因其只追求短期利益而造成对参与博弈双方的伤害，最终形成具有约束力的合作均衡。第二，在博弈开始之初，通过外部强制性机构建立外在的强约束，使意图采取不合作的博弈一方无法获得立即可见的明显利益，迫使其采取合作态度。在第一种途径中，无需外在的势力干预，通过参与博弈双方的多次交互活动就可以带来合作结果，即自我化解；而在第二种途径中，需要外在力量的介入，形成可置信的承诺为参与博弈的双方造成合作压力，我们称之为外部化解。

对于自我化解解决博弈利益问题的途径，有两个条件是必需的：第一，参与博弈双方都不可以知道博弈的次数，即重复无限博弈。因为只要参与博弈者知道博弈次数，他们在最后一次必然采取互相背叛的策略。既然如此，前面的每一次也就没有合作的必要。因而在次数已知的多次博弈中，参与博弈者没有一次会合作。第二，参与博弈的双方必须形成互惠机制。假如某人的策略是第一次合作，以后只要对方不合作一次，他就永远不会合作。对于这种参与博弈者，继续合作下去才是上策。假如有的博弈者不管对方采取什么策略，他总是合作，那么总是对其采取不合作策略的博弈者的得分最高。对于总不合作的博弈者，也只能采取不合作的博弈策略。对于外部化解途径，需要满足的条件是：外在机构必须具有强制性的、可以约束博弈各方的力量，可以将集体理性的社会收益内化到单个个体理性中去，用外力克服单个个体理性与集体利益之间的冲突。假如外在机构不具备实施能力，其给出的博弈规则就不能形成有效的可置信承诺，而当参与博弈者发现该规则不具备威胁性之后，现有的短时的合作就会迅速化解为不合作策略和行为。无论是自我化解还是外部化解，只要因徒困境转变为合作佳境，对参与博弈者而言就出现了一个有约束力的规则，能使其遵从该规则。只不过在自我化解中，这种规则是通过自我来实施的，效果则依赖于共同利益的显性化程度和博弈者高度的自律性；在外部化解中，这种规则是通过外部机构强制实施的，对参与博弈者是一种外部实施的规则，规则的有效性取决于外部机构发现违约的概率和惩罚违约的程度。[①]

三、对于生态文明等公共事务责任的界定，中央政府和地方政府之间存有分歧

生态建设和环境保护的创新需要不同政府间更多的合作。就目前来看，大多数创新性的法律制度和具体做法都是由中央政府作出的，由于中央政府管辖的范围更加广泛，地方政府管辖的范围相对狭窄，而生态建设和环境保护问题是比较广泛的范围内的事情。因此，中央政府与地方政府在生态建设与环境保护创新问题上的态度和利益就有所差别。中央政府在生态建设和环境保护问题上的态度更为积极，承担的责任更大。而地方政府的角色则更为消极和被动，甚至从自己的立场出发，对生态建设和环境保护起的是阻碍性作用。造成这种差别的主要原因有以下 5 个方面。[②]

① 杨虎涛 . 2008. 论政府竞争的负面效应及协调机制的必要性 . 长春市委党校学报，（2）：24 ～ 27.

② 俞可平 . 2008. 政府创新与生态文明建设三生态文明建设与政府创新的方向 . 北京：社会科学文献出版社：99.

1）这是生态、环境问题的特性造成的。一般而言，生态建设和环境保护都是中央政府应该承担的主要职能。因为生态问题和环境问题是没有边界的，跨地区、跨流域的生态、环境问题必须由中央政府统一协调、解决，才能够收到应有的效果。

2）中央政府的执政合法性不仅体现在以经济增长为代表的绩效的合法性上，更应体现在其提供良好、健康的生存环境等道德的合法性上。因此，中央政府必须应对生态问题、环境问题，以获得国内公民和国际社会其他国家和地区的足够的合法性支持和认同。但是地方政府官员的升迁主要取决于上级政府的评价和任命，因此他们更加看重那些能够获得上级认可的政绩。在现阶段的干部指标考核体系中，起决定作用的硬性指标仍然是经济发展（甚至被简化为经济增长）和社会稳定。

3）我国现在所处的发展阶段，对于一些欠发达地区而言，生态建设和环境保护被认为与经济增长和社会稳定相矛盾。污染设施的使用将提高企业运营的成本，从而降低政府的税收；而污染企业的关闭，则意味着工人的失业和下岗，会影响企业的获利能力，并进而影响政府的税收，并且还有可能影响社会的稳定。政府在生态建设、环境保护和经济增长之间抉择的话，就会选择牺牲生态建设、环境保护而去追求经济增长。

4）地方政府间的恶性竞争，导致各地方政府竞相降低环保门槛。资本的自由流动性和利益最大化的特性决定它们是用脚在不同城市之间进行投票，作出选择。环保标准是地方政府与企业进行讨价还价的重要砝码，执行比较严格的环保政策，会给地方政府的招商引资带来重大挑战，会令有意于投资的投资者望而生畏、裹足不前。目前，大部分地方政府还没能发展到"招商选资"的阶段。对外来投资还大都采取"来者不拒"的态度，地方政府官员，尤其是领导，以各种手段让地方环保部门不得不"以支持地方经济建设的大局为重"，不能也不敢严格执行既有的环保制度，使得环保制度的执行大打折扣。

5）地方领导人的任期制和轮换制度，使得他们难以将工作重心放在生态建设和环境保护这样的长期工作上。生态建设和环境保护是一项"前人栽树，后人乘凉"的事业，需要长远的视野和战略。而且由于生态建设和环境保护具有外部经济性和跨区域性的特点，可能出现"自己栽树，别人乘凉"的经济效应，使得自己的劳动果实被别人不劳而获。如果地方政府对具有投资收益周期较长的生态和环境问题投入比较大的话，还有可能荒废了官员的主要考核指标——经济发展（经常被地方政府误读为经济增长），这就会造成"得了芝麻，丢了西瓜"的效果，对于官员来说，得不偿失、因小失大。并且由于生态建设和环境保护具有跨区域性的特点，投资和收益的主体不是完全重合的，这就有可能出

现"种了别人的田，荒了自己的地"的后果。比如，河流的上游城市政府开展的河流整治最终有可能成为下游城市政府官员的政治业绩。因此，大多数地方政府官员在短短的任期内，通常会把有限的资源放到那些"短平快"的项目上，难以顾及生态建设及环境的保护、治理与改善。

四、政府功能缺陷

资源的配置和使用往往受两种制度的约束：一种是市场制度；另一种是政府制度。市场制度是以市场为中心的制度安排，在这种制度的约束下，价格信号引导、左右资源的配置和利用。政府制度是以政府各级组织的管理为中心的制度安排，在这种制度的安排下，政府各级组织主要依靠非价格手段，如政府的行政权力，实现资源的配置和利用。我国正处于建立市场经济体系的过程中，区域发展，尤其是城市群发展面临着政府和市场两个缺陷，即市场经济体制改革本身不到位而引起的市场制度缺陷与政府制度缺陷，正是这一对主要的制度性缺陷，才造成了我国区域和城市群发展中的诸多不协调现象。具体来说，所谓政府制度缺陷，主要是指政府的越位和缺位。政府越位是指在从计划经济向市场经济转型的过程中，政府应该从对资源配置的领域退出而没有退出，反而政府替代了市场机制来配置资源，致使效率低下；而政府的缺位是指本来应该由政府承担的义务，政府并没有或没有很好地完成其任务和使命，政府对应该管理好的领域没有进行有效的管理，影响了政府的功能体现和社会运行效率。政府缺陷的形成最根本的原因是市场化的改革使得地方政府，甚至政府官员成为新的利益主体，参与市场利益的分配，政府在市场竞争中，不但充当了"运动会组织方"的角色，还充当着"裁判员"的角色，更为夸张的是，很多场合政府直接参与了市场竞争，充当了"运动员"的角色，另外，由于政府具有对竞争主体加以指导的功能和权力，某些时候，还会充当别的"运动员"的"教练员"角色，这种多重身份，使得政府的定位极其混乱。由于政府参与了市场竞争，更加多元化的利益格局开始形成，利益主体的复杂性比以往任何时候都更加复杂，更需要政府的严格管治和协调。但由于相应的激励与约束机制不够健全，地方政府追求自身利益的最大化，从而忽略了自己的责任，无法真正起到监督管理的作用。例如，各地方政府出于自身利益的需要，制定各种措施阻碍跨区域、跨城市的统一市场的形成，限制本地的企业，尤其是国有企业跨区发展，使经济要素资源高度集中在某些城市，导致经济空间布局和产业布局失衡。而且，在现行体制下，对地方政府实行地方保护、人为分割市场、基础设施的重复建设、环境污染治理的推诿扯皮、生态建设的责任不明等行为的约束机制不健全，必然导致区域经济发展中种种不协调现象的大量发生，从而出现各地争相上马各种项目，却不对项目的实施效果负责的现象频频发生。[①]

由于市场存在"市场失灵"这一天生的、内在的缺陷，为了达到资源的优化配置和社会利益的最大化，就需要政府机制的辅助，通过发挥政府的宏观调控作用来弥补市场在资源调控和利益分配方面的缺陷。但政府也不是万能的，在弥补市场失灵的过程中，由于政府行为方式的局限和政府干预行为本身的缺陷性，就必然导致"政府失灵"现象的出现。市场已经关注于利用微观的价格因素来调控资源的流动和配置，那么政府调控侧重的主要领域应该在区域生态环境和区域性的公共基础服务设施方面，这两方面都存在着外部经济性和公共物品性，所以市场在配置这两方面资源的时候，就显得力量相当薄弱。[②]在现行的行政区单位的经济格局下，地方政府作为利益协调的主体，很难达到高度协调。同时，由于上级次政府在这些领域的调控，一旦影响到下级政府的利益，其调控能力必然会受到限制，上级政府的宏观调控在下级政府的消极抵制下，效果缺失，从而使各区域、各城市在经济竞争中缺乏约束机制和沟通渠道，形成"诸侯经济"的现象。然而，在现实中，政府作为一个"经济人"，不是通过"调控之手"，而是通过"掠夺之手"来实施宏观调控，以达到自身利益最大化的目的。[③]每个地区都在追求地区经济利益的最大化，就必然会陷入低效率的经济政策和经济问题政治化等方面的困境。

五、市场制度缺陷

所谓市场制度缺陷，是指市场化改革不充分而导致的市场机制在资源配置的某些领域运作不灵，达不到资源的最优配置，从而使市场机制在资源配置中不能充分发挥其应有的作用。柳新元认为由市场机制不够完善引导的市场制度缺陷主要表现为统一的市场体系仍然没有建立起来，比如，在城市群区域内部存在着较为严重的经济性垄断和行政性垄断、市场被人为分割与人为封锁的现象，这都阻碍了区域统一、开放、竞争和有序的高效市场格局的形成，也因此加剧了地方之间、部门之间的利益冲突，并会干扰中央统一制定的法律和政策的贯彻执行；另一个重要表现是市场经济主体的地位仍然不对等，如从区域经济一体化的视角来看，企业的跨区域经营是推进区域经济一体化的重要条件。但是有一个现象值得关注，即大型的国际跨国公司在中国的投资都是以跨区经

① 陈群元．2009．城市群协调发展研究——以泛长株潭城市群为例．东北师范大学博士学位论文：80．
② 郭向宇．2011．长株潭城市群区域冲突的形成机理及调控模式研究．湖南师范大学硕士学位论文：50．
③ 谢里夫．2004．掠夺之手——政府病及其治疗．赵红军译．北京：中信出版社：121．

营为其基本特点，而中国的国有企业、集体企业甚至民营企业，在其现代企业制度没有建立起来之前，它们的空间扩张决策总是会受到地方政府直接或间接的干预，从而影响到企业的空间扩张①，这就是政府行为干扰市场机制的最直观表现。

近代以来的经济发展，主要是以市场制度为依托的发展。但市场并不是万能的，市场存在本身的缺陷即存在市场失灵问题。市场本身具有外部性、公共物品性及信息的非对称性，所以就导致了市场失灵的产生。下面对市场的几个特性进行分析。

（一）外部性

所谓外部性，是指社会成员（包括组织和个人）从事经济活动时，其成本与后果不完全由该行为人承担，也即行为举动与行为后果的不一致性。外部性可以分为两种：一种是正外部性，即某种经济行为给外部造成积极影响，使他人减少成本，增加收益，这就是通常所说的外部经济性；另一种是负外部性，即某种经济行为给所有者以外的其他人带来了损害，但受损者没有得到应有的损失补偿，也就是常说的外部不经济性。外部性是导致区域生态建设和环境保护等方面利益冲突产生的主要原因之一，如河流的上游城市对河流的污染给下游城市带来了较大的危害，但上游城市并没有对下游城市进行应有的赔偿；一些地方政府大力发展污染型产业，不但给自身带来了严重的大气污染，同时也影响了整个区域的空气质量，但该地方政府并没有对区域内其他地方进行赔偿，这些都是外部不经济性问题的表现。武汉城市圈作为一个特殊的地域单元，也是一个完整的生态系统，同时更是一个比较脆弱的生态系统，如果各地都无视这种外部不经济性的存在，必将导致整个城市圈生态环境的恶化。

（二）公共物品性

公共物品同时具有非竞争性和非排他性，这就促使"搭便车"的现象经常出现。"搭便车"是由于参与者不需要支付任何成本就可以享受到与支付者完全相同的物品效用。由于一部分公共物品被"搭便车"的人占有，个体投资于公共物品的经济行为的经济收益必然低于社会收益，从而影响个体经济投资公共物品的消极性。生态和环境其实是一种特殊的"公共产品"，各地区作为理性的"经济人"，必然会在区域性的生态建设和环境保护问题上出现"搭便车"的行为。这样就造成了生态和环境成本的补偿不足和生态与环境成本负担没有在

---

① 陈群元.2009.城市群协调发展研究——以泛长株潭城市群为例.东北师范大学博士学位论文：80.

各地区之间进行合理分配。

（三）信息的非对称性

在获取信息的过程中，每个地区获取信息所支付的成本都是不同的，从而导致了区域之间拥有信息的不均衡性，一些个体或地区掌握了其他个体或区域所没有掌握到的信息，这就产生了信息的非对称性问题。在当前的"行政区经济"模式下，面对发展信息等方面的沟通与交流，各地方政府更多的是出于对自身利益的考虑，因而人为地设置信息交流的障碍，形成了彼此之间信息沟通不畅，即信息非对称问题。这样由于地方政府不了解其他地区的发展现状和战略构想，地方政府在进行重大决策时容易产生宏观"盲视"的决策错误，从而引起了资源的浪费，造成了低效率的资源配置。例如，武汉城市圈在基础设施布局和开发区产业上的重复化与不均衡性等问题都是信息的非对称性造成的。[①]

六、区域地方政府传统观念的制约

随着改革开放的逐渐深入，政府的行政性分权也在逐渐推进，区域地方政府已逐渐成为相对独立的地方经济利益的代表。同时，地方政府作为其所管辖地区的直接管理者，对本区域的实际条件和发展需要最为清楚，这是其他组织所无法相比的。因此，可以说地方政府是区域政策协调过程中的主要推动力量。地方政府的观念、行为的任何变化，都直接影响着区域政策协调的顺利进行。

（一）地方政府之间缺乏互信

目前，我国地方政府的区域间政策协调，主要是通过上级政府召集区域协调会议，在会议上各地方政府官员作出相应的承诺，而这些承诺是需要以各地方政府之间的相互信任作为基础和保证的。因此，地方政府之间的相互信赖是相互之间政策协调能否成功的重要影响因素。在缺乏相互信任的基础上，单单只靠地方政府官员作出的承诺，而没有相应的实施措施，是不能保证区域政策协调顺利开展的，因为"合作以及合作秩序主要是建立在信任基础上的"[②]，当利益诱惑发生时，只靠简单的承诺并不能阻止地方政府追求本身利益最大化的倾向，因而政策协调就会受到很大影响，甚至是中断执行。在区域政策协调的过程中，技术上、利益上的原因会导致区域政策协调的相关信息不能够及时、有效、

---

① 郭向宇．2011.长株潭城市群区域冲突的形成机理及调控模式研究．湖南师范大学硕士学位论文：50.
② 崔功豪等．1999.区域分析与规划．北京：高等教育出版社：123.

合理地在地方政府之间流通，这就导致了地方政府在区域政策协调中都有所保留，相互之间很难产生信任。他们可能会抱有这样的疑问，即其他地方政府能否和自己一样遵守那些约定的规则吗？其他地方政府有没有自己在私下做一些对本地政府不利的事情？等等。此外，区域政策协调中的各方在出于对自身利益的考虑下，都会或多或少地隐藏一些对本地不利的信息，这样做的结果必然会导致政策协调的不通畅。区域内地方政府之间的政策协调实际上应该建立在相互信任的基础之上。而区域内地方政府之间缺乏相互信赖，必然会导致区域政策协调的运行成本提高，区域的协调合作预期不够明确，增加了区域政策协调的难度。

（二）地方政府的区域政策协调意识淡薄

导致地方政府的区域政策协调意识淡薄的原因主要有以下几个方面：第一，长期受传统的计划经济体制的影响，使得一些区域地方政府形成了被动接受的依赖思想，地方政府自主决策的主动性严重不足，只习惯接受上级政府下达的政策计划。第二，区域地方保护主义观念依然存在，很多地方政府只关注自身利益、眼前利益，缺乏政策协调的合作意识，地方政府只习惯采取单打独斗的方式开展工作，而缺乏与其他地方政府的必要合作。第三，区域地方政府的竞争意识强过区域合作意识。不可否认，区域地方政府间的竞争在一定程度上能够激发区域的经济发展活力，会给区域的发展带来竞争的动力，但是过强的竞争观念极易导致本地区孤立发展，使其缺乏与其他地区的协调联系，这从长远来看也不利于该地方政府的发展。第四，地方政府的局部利益观念优先于区域全局利益观念。区域地方政府只注重自身利益的得失，而忽视了更大区域的整体利益的存在，更不用说要通过政策协调来促进区域整体的发展了，区域地方政府只顾局部利益而忽视整体利益的做法也必然不能长久，会给本区域发展带来非常负面的影响。

在实践中，不少地方政府只顾得埋头发展本地区的经济、管理本地区的公共事务，其区域政策也多是基于区域自身的利益出发而制定的。此外，在各地方政府合作来解决区域性的公共事务问题时，有些地方政府采取消极应对的措施，存在着"搭便车"的机会主义的心态，将实现较大区域的整体利益的希望，寄托于区域内的其他地方政府采取相应的管理措施，期望其他的地方政府承担更多的治理费用和成本。地方政府的这种寄希望于别的政府的执政思维，只能使相互之间政策协调失效甚至失败，并使区域内地方政府之间进行合作解决区域公共问题成为空谈。

（三）地方政府传统"政治业绩"思维的束缚

地方政府政治业绩的考核，是对地方政府官员的政府管理活动所取得的工作成就、工作效果和工作效率进行的一种评价。政治业绩考核评价体系直接引导着地方政府，尤其是地方政府官员的工作方向。从某种程度上说，地方政府，尤其是政府官员的政绩考核指标直接决定着其遵照什么样的执政理念，采取什么样的政府管理行为。我国目前的地方政府官员政治业绩考核主要是以地区GDP作为考核的首要指标，这样就很容易导致地方政府官员为了发展本地区经济，不惜与区域内的其他地区政府进行非理性的竞争，争夺区域资源和发展机会。如果每个地方政府都采取相应的管理措施，这种为了追求自身利益的最大化而不管不顾区域整体利益的做法，一定会严重制约相互之间政策协调的达成。显然，在一个较大的区域范围内，地方政府在各方面都是相互依存、相互依赖、相互联系、相互信任的。也只有通过区域内各地方政府之间的合作，充分优化配置区域内的相关资源，才能更好地促进本地区经济的发展，提高本地区的经济社会效益。但是，地方政府受"政治业绩"思维惯性的影响，依然把追求本地区GDP的增长作为本地政府工作的首要任务，而忽视通过政策协调的方式来合作解决日益凸显的跨区域公共治理问题的重要性。因此，传统"政治业绩"思维的束缚是阻碍地方政府区域政策协调的重要因素之一，也必须加以重视。[1]

七、生态意识欠缺

随着工业经济的发展，仅仅20世纪全球就出现了多起生态危机，有些危机影响巨大，给当地甚至更广区域的人们的生产生活带来了灾难。那么生态危机由何而来呢？生态危机源自于工业化实践中人们对人与自然之间关系的本质的忽视，最突出的表现是对地方政府对单一经济指标GDP的持续增长的执著追求。在经济的快速增长和迅速扩张过程中，不计成本地片面追求产值和速度，加之经济体制、政治体制等各方面的原因，各级政府一直都在围绕着GDP大做文章。于是，在GDP一路攀升的工业化初级阶段，没有人去关心、关注为此而付出的生态环境代价有多大，外部不经济性几乎被整个社会（包括政府、企业甚至普通民众）所熟视无睹。片面地追求单一目标的经济增长方式产生了一系列的短期行为，给区域经济社会发展造成了非常大的负面效应，这些负面效应随着时间的推移日益显现，它不仅会影响到当代人生活品质的全面提升，还会直接威胁和侵占后代子孙的生存权利。伴随着生态失衡、生态危机等问题的

---

① 王鹏远 . 2012. 区域地方政府政策协调完善路径探究 . 广州大学硕士学位论文：31.

显现，如何将单纯依靠有形的要素投入，转到更加依靠科技进步、体制优化、结构优化和提高效益的轨道上来，在实现增长方式的变革中实现可持续发展，已经成为武汉城市圈"两型社会"试点工作的历史使命。[①]

八、生态制度缺失

生态制度是与社会经济、政治、文化等各方面发展相关联、相适应的维护一个地区的生态平衡的规范体系。生态制度既包括社会生活中人们的言行规范，也包括因生态制度建立而形成的各种维护生态平衡和环境友好的机制。建立健全生态建设的法规制度，运用法治、行政、经济、科技、文化、教育、管理等多种手段，调动社会各种力量参与生态建设和维护，是以法治为基本特征的市场经济健康、良性运行的内在要求，这也是一个国家工业化初级阶段引发生态危机中暴露出的最常见的和最薄弱的环节。

1）生态制度、生态体系的缺失。在一个国家或者地区的工业化进程中，如何认识经济发展，如何引导经济发展，这是需要行政公共管理部门不断由实践上升到理论、由发展观念上升到发展原则、由意识上升到落实、由现实社会问题上升到政策和制度导向所需要探讨的内容。各级政府应该通过制度创新不断完善其管理和服务，应该全面加强人口、资源、环境、经济、科学和社会总体协调发展战略的制定和实施，尤其是要处理好经济发展和资源环境代价的关系问题；寻求自然资源有序开发、自然环境受到保护的情况下的发展，争取自然资源和自然环境不断增值和永续利用，做好资源和环境的综合开发规划，探寻社会经济可持续发展的有效机制和途径，为可持续发展模式奠定有利的资源、环境基础条件；通过政治制度、经济制度、管理制度尤其是资源、环境规划管理制度创新，有效地保护好自然资源和生态环境，将其纳入政府管理的职责之中等。但是，由于生态意识欠缺，以及政治、经济、管理、文化等方面体制的原因，这些工作不但没能有效地与工业发展同步，甚至还远远地滞后了。

2）资源、环境市场机制的缺失。如何充分利用市场经济机制配置自然资源、保护自然环境，促使自然资源的开发、利用和生态环境的保护、治理更趋合理，这是市场经济条件下必须遵循的经济规律。但是由于体制变革的复杂性，涉及社会、经济、管理等很多方面，建立资源市场的工作举步维艰。实行自然资源有偿使用，对环境的影响和破坏也要付出一定的代价，就需要建立生态补偿机制。建立生态补偿机制，不仅可以通过市场调节调控资源的优化开发和配置，有利于环境的保护和治理，还有助于政府利用资源市场、环境市场进行宏观调控，强

[①] 梅珍生、李委莎.2009.武汉城市圈生态文明建设研究.长江论坛，(4)：19～23.

化资源系统管理和环境保护治理，进而建立一整套充分利用市场机制的资源开发和环境保护的规划、法规、程序、技术经济政策等，但因为历史的原因和体制的障碍，使此类工作至今为止难有突破，实现市场机制在资源开发、利用和环境保护、治理中充分发挥其特有的作用仍然任重而道远。

3）资源开发利用和环境保护治理的监督、管理机制的缺失。目前，虽然环境保护部门肩负着政府对生态环境的主要监管职能，但在实际工作中会受到许多部门的掣肘甚至制约和限制，存在着很多问题。分析如下：首先是体制障碍。横向来看，环境保护部门与其他部门，诸如水利、电力、农业、林业、建筑等多个部门由于权力、职责、利益边界界定不清或划分不合理，形成了相互掣肘，生态建设和环境保护的监管难以全面统筹，本区域内相关事务的协调都相当困难，如果跨区域则相关问题要涉及不同地区的环保、经济、社会管理、资源使用等相关部门，彼此之间错综复杂，就更加难以协调；纵向来看，环保部门属于地方政府下辖的工作部门，地方政府出台地方的经济发展政策，通常是以发展（实际是增长）为首要目标，不会太多考虑资源规划和环境保护。比如，地方政府在招商引资的过程中，经常降低环保门槛，从而达到更好地招商引资的目的，环保部门虽明知不利于环境保护和生态建设，但由于权力层级隶属于地方政府，所以没有能力与地方政府抗衡，因而无法履行监管职能。其次是工作障碍。从软件看，虽然资源、生态、环境的问题日益凸显，但环保队伍从素质和数量上却都没能跟上步伐，使得各地环保部门对庞杂的环保工作难以应付，大部分地方的环保部门实际上采取的是被动执法的工作方式，没有人举报，基本上就不会主动去查，这些都直接影响着环保部门的行政执法效力；从硬件看，政府财政对环保工作投入不足、欠账过多，无论是监测、检测设备和预警、突发事件应急装备，还是重点污染源在线监测技术装备及自动化水平等都明显不足。有些地方政府认为这些投入不会带来立竿见影的经济效益，甚至认为环保部门的设备精良，就会为其开展检查工作提供诸多方便，环保部门加大工作力度，又会影响到企业的生产经营，这些都会为地方经济的发展带来负面影响，这些观念和做法必然会影响和制约其环保监管能力。最后是手段障碍。长期以来，环保部门主要运用行政手段实施监管职能，随着经济市场化、法治化的转型，企业、民众都有了比较强的市场经济意识和法制意识，环保部门的工作方式也应该改变。其应该遵循经济和自然规律，综合运用法律、经济、技术和行政手段，并使其相结合来开展工作，才能够有效地对资源进行规划和对环境进行保护。

4）激励机制的缺失。在市场经济中，企业为追逐经营过程的利益最大化，往往只重视内部成本核算，不会重视外部的不经济性，甚至要故意借用外部的资源和破坏外部的环境的方式提高自己的经济效益，比如，企业对资源的掠夺

性开采，资源利用率低下，以及粗放开采造成对周边环境的污染和破坏等现象就经常发生，当浪费资源、破坏生态、污染环境的做法没能被严惩，爱惜资源、维护生态和保护环境的做法得不到保障时，必然会导致社会经济生活中只顾个人利益和本企业利益的放任自流，更有甚者，不少地方出现了"老板赚钱，政府埋单"的怪事。如何建立资源开发和利用、生态建设和维护、环境保护和治理的制度和奖惩制度，引导社会成员和企业生产者参与到爱惜资源、建设生态和保护环境的工作中来，是政府环保部门的重要职责和内容。政府通过建立各类激励机制和资源补偿机制，有效敦促和积极引导企业既重视内部成本核算，也要关注外部资源、生态和环境成本，争取将外部不经济性向企业内部成本转化，这正是政府在环保问题上交纳巨额"学费"后，必须不断总结经验和教训，逐步完善的任务。①

本章小结

　　本章是城市圈生态文明共建共享障碍及其形成机理的分析。第一节分析了城市圈生态文明共建共享的障碍，主要包括区域之间在生态文明建设中投入与收益不协调的矛盾，大区域视域下生态文明共建共享的长远意识难以形成，环境产权制度不明晰、环境经济政策体系不完善，环境与经济发展综合决策体制和全社会参与机制尚未建立，环境执法成本高、违法成本低，监管监督机制不完善，政府的绩效评价方式方法单一，地区之间协调与合作的机制薄弱等。第二节分析了城市圈生态文明共建共享障碍的形成机理，主要包括地方政府"以我为主"的运行模式导致了政府生态责任的缺失，政府之间竞争制度负效应的形成，对于生态文明等公共事务责任的界定，中央政府和地方政府之间有分歧，政府功能缺陷，市场制度缺陷，区域地方政府传统观念的制约，生态意识欠缺，生态制度缺失等。

　　本章对城市圈生态文明共建共享的障碍进行了全面的分析，并对其产生的机理进行了深入的研究，为进一步研究城市圈的生态文明建设共建共享模式、机制和路径奠定了扎实的前期基础，并指明了明确的方向。

---

① 梅珍生，李委莎 . 2009. 武汉城市圈生态文明建设研究 . 长江论坛，（4）：19 ～ 23.

第六章

城市圈生态文明共建共享协调框架的构建

对于一个城市圈的生态文明建设来说，由于其牵涉面很广，一定是一项系统工程。要解决该问题，光靠枝枝叶叶、零零散散的对策、方针和措施肯定是不行的，必须有系统和整体的思维，设计整体框架上一揽子、一系列的解决方案，才能解决城市圈生态文明共建共享这样的复杂性问题。

城市圈生态文明共建共享的协调框架将从如下几个方面进行搭建：理念、指导思想、指导原则、建设目标、评价、关键点和着力点。

第一节　城市圈生态文明共建共享的理念

一、系统性、整体性理念

生态文明建设，不是只靠某一个地方政府的单打独斗就可以独立完成的事情，需要在较大范围内相互协作才会有效。各地方政府必须站在更广泛的区域合作层面，确立更大区域共同发展的新思维，树立和加强全局观念和整体意识，客观上认识和承认地区之间的利益差异，而不是简单地把地区之间的合作与整合看作是新一轮的圈地运动。博弈均衡理论已经揭示合作是最好的选择，"木桶"理论也告诉我们，木桶能装多少水，一方面取决于所有木板中的最短的那块木板的长度，另一方面还取决于所有木板之间的紧密度，否则，再多的水也要漏出来，甚至木板之间的紧密程度更是影响木桶容水量的最重要因素。[①]

---

① 刘德平 . 2006. 大珠江三角洲城市群协调发展研究 . 华中农业大学博士学位论文：105.

二、"双赢"、"多赢"和"共赢"理念

在地方政府的执政理念中，有一个隐形的假设，那就是资源的总量是一定的，地方政府之间为了获得更好的发展，"赢"得更多的利益，必须比其他地方政府更加有效地争夺和利用有限的资源。但是，现实中却有两种情况却被大大忽视了：第一种是地方政府合作可以创造新的资源，比如，科技资源，这是依靠更大范围内的合作才会越加凸显作用的资源，合作的范围越广，科技的创造力就会越强；第二种是很多公共事务必须依靠不同地方政府之间的合作才能完成，比如，对生态的建设和环境的保护治理，只有所有的地方政府一起合作，才会有成效。地方政府必须转变思想观念，破除"独赢"的狭隘观念，确立"双赢"和"多赢"的新理念，努力营造"共赢"的新局面。社会主义的本质特征之一是共同富裕，共赢是实现共同富裕的一种最经济有效的致富方式。在社会主义市场经济体制下，为了实现共同富裕的目标，在经济建设中，针对合作与竞争，确立共赢的新理念显得非常重要。因此，武汉城市圈各地方政府应真正本着"互惠互利、优势互补、良性竞争、共同发展"的共赢原则，从武汉城市圈乃至长江流域或更大范围的整体出发，构筑共同发展、共同进步的广阔平台和营造共赢的新格局。如果说在把地方政府、企业和社会公众都假定为"经济人"的阶段，行政区域之间、企业之间，乃至个人之间的竞争都把"你死我活"、"有我没你"（独赢的最残酷的表现）当作天经地义、理所当然的信条，那么在人类社会进入"社会人"阶段后，地方政府、企业和个人在决策中已经超越了只考虑自身利益的竞争阶段，竞争的最高境界则是"共赢"和"多赢"，甚至"都赢"。因为人们在生存和发展中"悟"到了一个"真谛"：个人之间、企业之间、地方政府之间，乃至人类与其他生物，人类与大自然之间，其实都是以互为生存与发展作为条件的，只有"你"生存与发展得好，"我"才能生存与发展得更好。所以为了推进武汉城市圈区域经济的协调发展，必须提倡和追求共赢、多赢。

三、生态文明理念

所谓生态文明理念，是指人们在实践活动中如何实现与自然和谐相处、共存共荣的总的看法和意识。生态文明理念是基于对人类生态文明历史和现实实践的经验总结和理论概括。生态文明理念不能简单地归结为物质文明理念或精神文明理念，以及两者的机械糅合；生态文明理念有独特的内容指向，它反映出当代社会的现实与文明价值取向的最本质诉求。生态文明理念的核心价值已经从过去的单纯以人为中心的价值取向，转到"人与自然"和谐共存的整体价值取向上来。换句话说，自然的价值本身正是包括人类在内的生态整体价值的一部分，而这部分价值又并非从人类自身价值上派生出来的。正如美国生态学家霍尔姆斯·罗尔斯顿在其《哲学走向荒野》一书中所说："生态伦理的前沿是超越了派生意义上的生态伦理的，是一种根本意义上的再评价。"[①]历史上城市化的过程给予了生态文明观的形成以正反两个方面的经验。开始于 18～19 世纪的城市化运动，被称为工业文明的象征，也是世界市场的产物。20 世纪城市的迅猛发展，给人类带来了巨大的物质文明和精神文明。但是由于城市化的过度发展，特别是一些超级大都市的出现，一些生态环境问题也不断产生，出现了所谓的"城市荒漠化"，即城市由于人口增加、经济规模庞大和地表性质等的改变而出现的类似于荒漠化环境效应的环境有害化过程。对此，一些国家采取了"先污染后治理"的方法。例如，伦敦、东京、洛杉矶等较早发展起来的大都市，分别在 20 世纪 50 年代前后出现过世界级的城市公害。其根本原因是工业、商业及人口过去集中于市区。后来经过多年的改造，以巨大的经济投入才避免了这些污染事故的重演。实践证明，这种城市发展模式是不可取的，代价是巨大的。不仅在城市化中已经到手的物质文明成果被生态环境问题一点点吞噬，而且精神文明的成果也逐步枯萎。对于这一点，《只有一个地球》一书的作者芭芭拉·沃德和勒内·杜博斯于 20 世纪 70 年代对后一种状况的描述给人留下了深刻的印象："我们不可思议，把人的生存连续几个世纪置于高层建筑、水泥墙壁、人与人相互隔绝、天空黑暗、交通喧嚣、噪声刺耳、污浊的水和肮脏街道等环境之下，将会产生怎样的结果呢？在这种城市环境下，虽然显示了人类有很强的适应能力，但却标志着人类开始不承认自己改造环境的潜力。"

我国的城市化起步较晚，但发展速度较快，而且西方工业文明和城市文明中出现的问题在我们这里开始被重现。例如，大城市人口过度密集，环境承载能力的底线不断被突破，能源消耗过大，环境污染事件频发。更为重要的是，人们尚未充分意识到这种盲目地进行城市扩张所带来的危害。而土地是生态环境的一个基本因素。应当说武汉城市圈"两型社会"综合配套改革试验区的批复，给武汉市及周边城市的进一步发展带来了良好的机遇。但这很容易使人们陷入一种量的扩张陷阱之中，而重走传统发展模式的老路。实际上，有关资料显示，武汉城市圈的环境承载能力已十分有限和脆弱了。城市圈的环境质量总体水平并不高，环境基础设施也比较薄弱，再加上产业结构不尽合理，经济增长所需要的污染物排放空间十分有限，污染减排压力很大。以武汉市为例，由于偏"重"（即重化工业比重过大）的产业结构，武汉市万元生产总值能耗比全国平均水平高 10.8%，高耗能行业和重点企业的能耗占比大。同时，减排任务由于

---

① 霍尔姆斯·罗尔斯顿.2000.哲学走向荒野.刘耳，叶平译.长春：吉林人民出版社：101～105.

历史所欠旧账较多，压力依然很大。这种情况同全省面临的艰巨减排任务是同步的。鉴于此，武汉城市圈建设不可能再走传统城市扩张的老路，也不能在原有的模式基础上做些修修补补的工作，而必经以科学发展观为指导，确立城市发展的生态文明观，从根本上解决传统模式下可能产生的各种问题。[①]

四、城市圈内各地方政府政策协同理念

1）树立城市圈区域公共管理理念。所谓城市圈区域公共管理，就是"城市圈区域内包括政府、企业、公众在内的多元主体为了解决在政治、经济或社会其他领域的一面或多面的公共问题，实现共同利益最大化，运用协商和调解的手段和方式对城市圈区域以及城市圈区域内横向部分和纵向层级之间交叉重叠关系进行的管理"[②]。地区本位主义思想导致的城市圈区域地方政府间的政策壁垒、政策冲突，已严重制约了城市圈区域经济一体化的发展，因此，城市圈区域地方政府要想通过政策协调更好地解决城市圈区域公共事务，必须摒弃传统的行政区划发展思想，转变行政区的传统旧观念，树立城市圈区域经济一体化形势下的城市圈区域公共管理的新理念，逐步培养其形成协同共赢的合作意识，共同促进城市圈区域经济的整体发展。

2）树立相互信任的理念。城市圈区域地方政府间的"合作以及合作秩序主要是建立在信任基础上的"[③]。如果城市圈区域地方政府之间能够相互信任，他们在通过政策协调合作处理城市圈区域公共问题时，能够相互理解并且会站在对方的立场上考虑问题，如此就会很好地解决问题并达到共赢。同时，城市圈区域地方政府间的相互信任还有利于消除合作双方政策协调过程中可能的投机行为，即只想获取利益而不愿付出相应成本的政策协调"搭便车"行为，最终促进相互间的政策协调与合作。因此，当前城市圈区域地方政府要以城市圈区域公共管理理念为指导，互利合作、协同共赢，加强彼此间的信任与信赖，充分认识到城市圈区域地方政府间相互信任的重要性，重新塑造相互信任的心理认知，为城市圈区域地方政府通过政策协调合作治理城市圈区域公共事务奠定良好的心理基础。[④]

---

① 蒋谦.2008.武汉城市圈生态文明建设的理论思考.学习月刊，（10）（下半月）：52～53.
② 崔功豪等.1999.区域分析与规划.北京：高等教育出版社：156.
③ 董幼鸿.2008.地方公共管理：理论与实践.上海：上海人民出版社：79.
④ 王鹏远.2012.区域地方政府政策协调完善路径探究.广州大学硕士学位论文：38.

五、城市圈可持续发展的科学政绩观

管理始终与效率联系起来，绩效管理强化了效率的内涵，或者说政府绩效管理的重要窗口，从某种程度上说是为了提升行政效率。学术界一般认为，绩效是一个与效率有联系又有区别的概念，相对而言，绩效包含了效率，但比效率的内涵更丰富，外延更为广泛：尼古拉斯·亨利指出："效率指以最少的可得资源来完成一项工作任务，追求投入与产出之比的最大化。然而有效性则是指注重所预想的结果。"①

置于管理的平台上，将政府绩效与行政效率进行比较，首先，行政效率是传统行政管理的中心命题，但它指向政府内部，主要通过组织、领导、人事、体制等内部机制因素得以体现。政府绩效在看重公共管理内部机制的同时，更加关注政府与社会、公民的关系，并以此作为评价的最终标准。其次，效率源自经济学范畴，本义是投入与产出的比率关系。经济学意义上的效率注重节约成本，追求低投入、高产出，具有明显的数量特征。绩效不局限于此，既要求数量指标，又重视质量品位，政府绩效要求政府提升服务水平，保证服务质量。显然，在这里，绩效不单是经济学概念，还具有伦理性、政治性等含义。最后，效率提高主要依靠制度等刚性规范，而绩效提升更涉及管理作风、态度等柔性机制。"大多数人在同政府打交道的经验中，最大的刺激是官僚政治的傲慢。"②简单来说，效率是单向度概念，而绩效却是综合性范畴。

可持续发展的指标体系应建立在科学的基础之上，指标的概念要正确，含义要清晰，指标体系内部各指标之间应协调统一，指标体系的层次和结构应合理。指标体系应充分反映可持续发展思想的主要内涵。可持续发展思想的主要内涵包括发展的可持续性、资源与生态环境的限制性、社会的公平性，以及发展的协调性等。在这里应特别强调正确理解可持续发展思想的内涵，不能仅仅在原有国民经济核算体系中简单地加入一些环境指标来反映可持续发展的思想，而是既要选取资源、环境、社会、经济各子系统的指标，特别是一些具有决定性作用的单项指标，如生物多样性、水体的污染物浓度、资源的保有量、贫困人口数量、人均维持基本生活的收入水平等，又要选取反映子系统之间相互作用和相互联系的综合指标，而且每个指标都应包含有明确的可持续发展思想内涵或可持续发展的信息。只有这样，才能客观和真实地反映整个系统的科学内涵。③

---

① 尼古拉·亨利.2002.公共行政与公共事务.张昕译.北京：中国人民大学出版社：284.
② 戴维·奥斯本，特德·盖布勒.1996.改革政府.周敦仁译.上海：上海译文出版社：340.
③ 张治忠.2011.生态文明视野下的行政价值观研究.湖南师范大学博士学位论文：138.

第二节　城市圈区域生态文明共建共享的指导思想

　　加强武汉城市圈生态文明建设，尤其是城市圈内各城市共建共享生态文明，实现资源节约和环境友好，是"两型社会"建设的基本要求，也是推动城市圈经济社会发展的必由之路。建设武汉生态城市圈，是贯彻和落实党中央提出的科学发展观的新任务，是推进生态建设和环境保护一体化的新要求。武汉城市圈要善于抓住党中央、国务院和湖北省规划的武汉城市圈"两型社会"综合配套改革试验区的有利条件，解放思想，与时俱进，大胆试验，敢于创新，积极探索有利于武汉城市圈生态文明建设的新方法、新途径、新经验，着力打造武汉城市圈生态品牌，推动城市圈建设迈上新台阶。

　　武汉城市圈生态文明共建共享的总的指导思想，以邓小平理论和"三个代表"重要思想为指导，深入贯彻落实科学发展观，以资源环境承载力为基础，以构建"生态湖北"为目标，坚持环境保护优化经济发展，切实转变发展方式，大力发展生态经济，推进产业发展生态化；坚持以人为本，不断提升生态环境质量，实行最严格的环境保护措施，切实解决关系民生的环境问题；坚持尊重规律、善待自然，加强生态环境建设，维护生态平衡，保障生态安全；坚持实践创新，注重制度建设，建立有利于生态文明建设的长效机制；坚持宣传引导，鼓励全民参与，切实提高全社会的生态文明意识，让"千湖之省"蓝天常驻、青山常在、碧水常流，全社会共享生态文明建设成果。[①]具体到武汉城市圈，城市圈内各城市应该精诚合作，共谋发展，在生态文明建设的问题上有全局观念、长远意识、合作心态，才能够使得武汉城市圈的生态文明建设迈上新台阶。具体来说，主要有如下几个指导思想。

　　1）必须以发展为第一要务。生态修复与补偿过程中的发展至少包含3层内容：一是发展是一种着眼于长远的发展，是一种着眼于全局的发展，是一种着眼于可持续性的发展。因此，不能由于对当前的发展有负面影响而放弃，不能由于对局部利益的负面影响而放弃。而是要咬定全局、长远发展不放松，以可持续的发展为目标，根据区域功能、国土承载能力等充分发挥各区域的比较优势。二是发展的途径变宽了，生态资源和产品逐渐资本化，一些主要的生态区域可以依靠生态资源或生态产品的生产和供给实现发展。三是 GDP 的增长贡献更多地来源于管理理念、手段的创新和技术的创新。这样的发展要求我们的财政政策必须更多地向欠发达区域、生态产品和技术创新倾斜，因为欠发达

---

① 湖北省发展和改革委员会 . 湖北省委省政府关于大力加强生态文明建设的意见 . 鄂发 [2009]25 号 .

地区在发展中处于劣势，生态产品市场尚未完全形成且在产品竞争中处于劣势，技术创新的风险很大。

2）必须建立正确的生态发展观。建设武汉生态城市圈，最基本的前提条件就是要确立既体现时代性特征又符合生态文明建设要求的新的发展观念，要彻底摒弃与科学发展观不相适应、与人与自然和谐相处相矛盾的思想观念，就必须从根本上摆脱旧的思想羁绊，推动思想解放和实现观念转变与更新。具体如下：一是要从重经济增长轻环境保护，转变为保护环境与经济增长并重，树立"生态发展观"；二是要从只注重数量增长、只顾眼前利益和个人利益，转变为质量和数量并重，既立足于当前又顾及长远，坚持把生态环境建设作为衡量发展成效和政绩大小的一把标尺，推动绿色行政，牢固树立"生态政绩观"；三是要从忽视生态效益转变为重视生态效益，把建设生态文明作为实现经济社会效益的重大举措，坚持保护生态资源与环境就是保护生产力、提高竞争力，是现实经济利益和社会长远利益的综合体现的理念。[①]

3）必须以人为本。生态修复与补偿视野下的以人为本，要求财政的阳光更多地向生态区居民倾斜，要求财政资金在倾斜的过程中，更加追求对生态区居民的可持续生计能力的培养，以对生态区居民的生计能力伤害最小和生计能力培育最大化为原则。这需要财政资金扶持向3个方面倾斜：一是向生态区居民所提供的生态产品倾斜，给生态产品予以补贴和支持；二是大力扶持生态区生态产业发展，为生态区居民造饭碗，改变其破坏生态的生计方式和生活方式；三是向生态区居民的生计能力培育倾斜，以增加其生计资本，增强其生计能力，拓宽其生计手段，最终达到提升其可持续生计能力的目的。

4）必须坚持统筹兼顾、全面协调可持续性。统筹兼顾、全面协调可持续的发展，要求财政在扶持生态修复与补偿的过程中，更好地在以下两个方面发挥作用：一是对生态区所在地的地方政府因发展生态而减少的收入要予以补偿，而且补偿要长期化，以促进区域协调发展；二是要通过促进可再生能源的发展，限制资源的粗放耗竭式利用，减少碳化物排放，鼓励生态资源和产品保护等，促进人与自然的和谐。[②]

---

① 梅珍生，李委莎. 2009. 武汉城市圈生态文明建设研究. 长江论坛，（4）：19～23.

② 甘肃省财政厅课题组. 2010. 我国区域生态建设的财政政策研究——基于甘肃区域生态建设的考察. 财会研究，（8）：6～15.

第三节　城市圈生态文明共建共享的指导原则

为了在一个高起点、高层次、多方位、新模式的框架内展开都市圈经济合作与发展，顺利完成各项任务，实现其总体目标，除了要采取相应的政策措施外，更需要建立起稳定、有效的协调机制。都市圈协调机制的建立，首先要确立若干基本原则。

一、城市圈生态文明共建共享的伦理原则

发展伦理以实现人类整体利益为最高价值目标，发展伦理视域下的区域生态文明共享是一个责任共担、风险共存、成果共享的过程，也是伦理价值追求与利益博弈的过程，必须遵循一定的伦理原则。

1）人本原则。人本原则就是要以人为中心，以增进人之幸福、满足人之需要为"本"。人本原则强调要以人的发展统领区域经济和社会发展，将人的发展置于价值的优先性地位 —— 那种只顾整体经济效益而忽略人的生存和发展权利的经济政策注定没有前途；人本原则要求区域经济社会的发展必须与人的生存环境联系起来，优化区域经济与生态环境；人本原则要求生态文明建设成果为所有人共享，促进经济社会全面进步和人的全面发展。

2）包容性原则。区域生态文明共享的包容性原则强调发展的目的不是单纯地追求 GDP 增长，而是使经济增长和社会进步，以及人民生活的改善协调同步，并且使经济增长与资源环境协调发展。2010 年胡锦涛在第五届 APEC 人力资源开发部长级会议开幕式致辞中提出了"包容性增长"，并认为其"根本目的是让经济全球化和经济发展成果惠及所有国家和地区、惠及所有人群，在可持续发展中实现经济社会协调发展"，这为区域生态文明共享指出了发展方向。包容性增长即为倡导机会平等的增长，其最基本的含义是公平合理地分享经济增长。新时期，注重提高区域经济发展的包容性，是坚持以人为本，全面、协调、可持续的科学发展观的内在要求。倡导区域经济包容性增长，最重要的是发挥区域优势，实现区域经济整合，即"在政府调控和市场机制的作用下，将原本相对零散的区域经济系统，根据各自特点和优势，相互配合协调，有机耦合成系统整体"，协调区域经济全面发展。

3）公平合理原则。区域生态环境问题最根本的还是利益问题。因此，协调局部与全局，实现公平正义与合理有度，是区域生态文明共享的重要发展伦理要求。所谓公平正义，一方面要关注代内平等，共享资源节约型、环境友好型、

生态优化的"共时性"发展及其成果；另一方面，要关注代际公平，共享生态文明发展机会，在"历时性"发展中实现生态文明的承上启下。所谓合理之"理"，即是遵循经济社会发展的客观规律和可持续发展规律，使生态资源使用和开发合理有度。2007 年党的十七大报告指出："建设生态文明，基本形成节约能源资源和保护生态环境的产业结构、增长方式、消费模式。"要实现区域生态文明共享的公平合理，必须放弃传统的 GDP 情结，实现科学发展；政府应该利用经济杠杆的作用，反对消费主义，保护不可再生资源不被过度使用和浪费；要倡导资源节约，推动区域经济产业结构调整；要建立有限资源在不同代际的合理分配与补偿机制。

4）适度原则。适度是指事物保持其质和量的限度，在生态文明共享实践中坚持使事物的变化保持在适当的量范围内，既要防止"过"，又要防止"不及"。一方面，在"共享"之下，要防止因为个人利益最大化追求而对区域生态资源大肆使用、过度开发，酿成"公共地悲剧"；另一方面，又要防止多个权利主体的存在，使得生态资源开发和保护得不到充分实现，造成生态资源的使用不足、开发效率低下和资源浪费，酿成"反公共地悲剧"。

5）互利共生原则。互利共生就是要确保区域生态文明共享中的利益相关者，包括地方政府、相关组织机构、社区、居民、企业等获得相关利益。区域作为一个空间系统，其经济、社会、资源、生态、环境等要素是实现区域内自然物质向社会物质变换的共生变量。显然，任何一个区域都不是一个封闭的系统，区域之间的要素不断实现流动，某一区域经济社会的发展对于自然生态系统的影响范围常常扩大到别的区域，因此不同区域系统的合理性构建了全局大系统的有机和谐。在不合理的增长模式下，某一区域经济增长的成本就会转嫁到其他区域，造成区域之间的利益冲突。一般而言，区域经济成本大于收益（典型的就是以牺牲生态效益换取经济增长）的风险总是经常出现，这需要政府、企业和民众共同承担、化解风险，控制区域经济处于适度的规模之内，使区域经济成本与区域生态效益在最佳点上实现结合。当前，缩小域际差距，构建连续、和谐、可持续发展的经济轴带，促进区域互联、合作、共赢，发挥资源禀赋优势，克服地区产业结构雷同、协调域际分工效益，是区域生态文明共享的重要内容。概而言之，区域生态文明共享中局部和全局、发达和后发，以及区域和区域之间应该实现资源互补、利益共享，并确保核心利益层相关者、紧密层利益相关者、松散层利益相关者的差距缩小，才能真正做到共建、共用、共赢。[①]

6）可持续发展原则。区域生态文明共享必须以实现可持续发展为旨归。Brundtland 关于可持续发展的经典定义认为："可持续发展是既满足当代人的需

---

① 郑国琴，王朝良 . 2011. 试论区域生态文明建设 . 农业科学研究，32（4）：76 ～ 79.

要，又不对后代满足其需要的能力构成危害的发展。"当前，区域经济发展中"竭泽而渔"、"杀鸡取卵"、"经济效益的暂时性带来污染治理的长期性"的现象并不少见。历史和现实已经证明，掠夺自然、透支生态就必然会带来恶果。恩格斯曾警告我们："不要过分陶醉于我们人类对自然界的胜利。对于每一次这样的胜利，自然界都对我们进行报复。"马克思也曾说过："不以伟大的自然规律为依据的人类计划，只会带来灾难。"

二、城市圈生态文明共建共享系统构建的一般原则

1）平等、协调原则。合作机制内各成员地位平等，不仅是区域合作存在的必要条件，也是区域协调发展的内在要求。在区域合作过程中，矛盾和冲突在所难免，解决的基本思路在于各成员增强了解，以平等为基础进行多层次、宽领域的协商。武汉城市圈由武汉市和其他8个地级市或者省政府计划单列的市组成，武汉市虽说是副省级城市，但对其他8市并没有领导地位，其在城市圈内部的地位应该是平等的，也必然使各成员间更注重合作机制内部的平等性。与此同时，各成员在制度体系、经济实力、文化观念等方面的差异，对武汉城市圈区域合作机制的协调作用提出了更高的要求。

2）互信、互利原则。合作机制中各成员凝聚力的提高离不开互信和互利。互信是合作的基础，互利是合作的目的。各成员在武汉城市圈区域合作机制内应本着互信的精神，增进往来，加强交流，在交流与合作中实现互信。同时，武汉城市圈区域合作应努力探求各方的共同利益，寻找利益交汇点。坚持互信是合作的基点，也是实现互利的根本出路。

3）市场主导、政府引导原则。武汉城市圈区域合作是在市场经济初步建立并已基本完善的背景下提出和逐步实施的。现代市场经济要求发挥市场和政府的双重作用，市场是资源配置的基础，政府起着宏观调控的作用。武汉城市圈区域合作必须遵循市场经济的基本原则，防止不必要的行政干预，提高市场发挥作用的程度。在合作机制的构建及运作中，尤其要重视非官方合作组织和机构的作用。

4）优势互补原则。城市圈经济合作的目的在于获取分工协作的好处，使总体利益最大化，因此各地区的经济发展都应通过市场选择，扬其所长，避其所短，按比较利益原则进行合作。通过区域内的要素流动实行互补，充分利用各地有利的自然资源、经济条件和社会条件，消除不必要的重复建设，尽可能节约人、财、物的消耗，使不具有产业绝对优势或者绝对优势很少的地区也能获得充分的发展机会，使具有许多产业绝对优势的地区能够集中配置于一个或

少数几个具有更高绝对利益的产业，最大限度地促进城市圈的经济发展。

5）多方联动原则。城市圈经济合作是城市圈内部的整体性合作，要从城市圈经济合作的角度形成多边协调关系，形成整体性行动，实现各地区相互之间的联动效应。城市圈协调是组成城市圈的所有城市的整体性协调，不仅仅是两个城市双边关系的协调，而且是所有多边关系、多层次的协调：首先是城市圈整体与上级政府的协调；其次是组成城市圈的所有城市之间的协调；最后是两个城市的政府之间的协调。

6）开放性原则。城市圈的开放性体现在两个方面：一是城市圈系统作为整体对区域外其他城市或地区给予贸易和投资自由，尽最大可能吸引外部生产要素和资源进入城市圈内部，弥补城市圈供给的不足。同时，城市圈内部各个城市之间保持开放，对圈内其他城市市场主体给予同等待遇，允许进行跨区投资、兼并、重组和融资等活动，使各种资源发挥最大效益。①

第四节　城市圈区域生态文明的建设目标

作为党的十七大之后国家确立的首个试验区，武汉城市圈肩负着打造中部地区崛起的战略支点的历史重任，也扮演着探索中国可持续发展新模式的改革者角色。武汉城市圈建设不能简单地照搬深圳特区、浦东新区等示范区的模式，必须以改革的精神探索新的发展模式；必须牢牢把握科学发展观的精神实质，正确处理改革与发展、整体利益与局部利益的关系，始终明确"两型社会"的发展目标。

有一种较为普遍的观点认为，包括武汉城市圈在内的整个湖北省的突出问题是发展不够的问题，在体制转型的过程中曾错过了一些良好机遇，现在又面临着中部诸省的强势竞争。时值中央给了试验区新政策，武汉城市圈应放开手脚，用足用活政策，加大投资力度，做大做强经济规模，真正成为名副其实的"大武汉"。应当说这种愿望是良好的，但是做大做强武汉城市圈如果仍然沿用老的模式和老的方法，或者是为了与其他城市攀比，那么这种做大做强是值得考虑的。

首先，城市圈的生态环境容量是有限制的。城市圈内的经济规模和人口增

---

① 刘加顺 . 2005. 都市圈的形式机理及协调发展研究 . 武汉理工大学博士学位论文：112～125.

长如果超过了城市圈环境容量的承载限度，就会造成城市圈经济、社会与自然的不和谐，就会产生环境和资源方面的问题。例如，武汉城市圈的水资源相对较为丰富，但是一旦造成污染，其危害也是非常严重的。因此，城市圈并不是越大越强就越好，必须从城市圈的生态禀赋和城市圈的性质与功能出发来进行建设。

其次，我们现有的一些发展，不是够不够的问题，而是当不当的问题。这集中表现在经济增长的粗放型方面，这种粗放性本身已经给资源和环境带来了严重问题，因此必须彻底改变。在这种情况下，"两型社会"的一系列刚性指标确实会严格限制一些能耗大、排污严重的产业和企业，使这些产业和企业或改弦更张，或对之设立更高的准入门槛。这样短期内产业的规模和经济的增长是会受到某些影响的，但是从长远看，限制和淘汰高能耗、高污染的产业和企业，转变粗放型的经济增长方式，可以"逼"着企业和政府另寻他路，通过调整产业结构，优化经济布局，充分发挥新技术、新产业在节能降耗、减排污染方面的优势，大力发展循环经济等措施，走上一条可持续的经济发展之路，因而是非常明智之举。国外的经验也表明，加强环境保护是优化经济结构、转变经济增长方式的重要手段。例如，日本从20世纪70年代开始通过执行严格的环境政策，促进了经济结构的调整，仅用了十几年时间就基本上解决了产业污染问题，经济质量也迅速提高。以武汉自身来说，武汉市大力发展环保产业，目前已经拥有了一批领先于全国同类水平的先进技术和优势项目，重点从事环保产业的企事业单位有144家，其中年产值超过5000万元的有15家，过亿元的有10余家。2007年，武汉环保产业科工贸总值达到200亿元，青山环保产业园还被批准为国家环保科技产业基地。这些例子都说明，"两型社会"建设不仅不会阻碍经济的发展，反而会极大地促进经济的发展，使经济结构和增长方式实现由"量"到"质"、由"粗"到"精"的转变，使武汉城市圈真正成为一个生态城市圈。在这个城市圈中，不仅有"产业优势"、"区位优势"，更有"生态优势"①。

第五节　城市圈生态文明共建共享程度的评价

通过梳理区域协同可持续发展体系测度与评价的研究文献可知，世界上的

---

① 蒋谦.2008.武汉城市圈生态文明建设的理论思考.学习月刊，（10）（下半月）：52～53.

许多国家和组织也致力于综合指数和评价指标体系的研究，并获得了很大发展。比如，英国政府以"压力-状态-反应"思路设计的可持续发展指标体系；荷兰政府在国民经济核算、环境资源核算和社会核算的基础上，建立国家宏观核算体系（National Accounting Matrix including Environmental Accounts, NAMEA）；联合国可持续发展委员会以"驱动力指标-状态指标-反应指标"为框架建立的可持续发展评价系统。我国政府中的几个部门也建立了类似的评价方法和系统，获得了经验。借鉴钱争鸣[①]在专著《国民大核算及其功能系统的研究》中的有益探索和设计实践的经验，结合武汉城市圈的具体情况，本书将从经济、社会、人口、资源、环境5个子系统的4个方面——存量、质量、结构和变动度出发，根据指标选取的原则和目的，采用理论与应用分析相结合、专家咨询和经验选取相互补充的方法，挑选和建立指标体系，而后根据其各自在生态文明建设系统中所占的地位和发挥的作用的不同赋予不同的权数，应用综合指数法对其进行综合，计算可持续发展综合指数。本书选取和建立生态文明建设系统的评价指标体系如下。

一、人口子系统

1）存量指标3个：总人口数、人均受教育年限、平均预期寿命。

2）质量指标5个：人口密度、男女人口比例、在校生占总人口比例、学龄儿童入学率、人口文化素质。

3）结构指标5个：非农业人口占总人口比例、高低收入人口比例、文盲率、城市人口占总人口比例、老龄人口占总人口比例。

4）变动度指标3个：人口自然增长率、受高等教育人口比例增长率、人均教育经费增长率。

二、资源子系统

1）存量指标8个：人均耕地面积、人均水资源拥有量、人均石油保有储量、人均草地面积、人均煤保有储量、人均天然气保有储量、人均森林面积、人均矿产保有储量。

2）质量指标6个：森林采伐量占蓄积量比例、矿产开采量占保有储量平均比例、能源开采量占保有储量平均比例、资源利用效率、自然资源对工业贡

---

① 钱争鸣 . 2002. 国民大核算及其功能系统的研究 . 北京：中国统计出版社：135.

献度、劳动力资源禀赋系数。

3）结构指标 2 个：森林覆盖率、清洁能源占总能源比例。

4）变动度指标 3 个：耕地减少率、森林覆盖率环比增加率、资源保有储量平均变动率。

三、环境子系统

1）存量指标 4 个：人均废水排放量、区域环境噪声平均值、人均环保投资额、城市生活垃圾排放量。

2）质量指标 4 个：环保投资占 GDP 比例、亿元工业净产值固体废物排放量、亿元工业净产值废气排放量、亿元产值废水排放系数。

3）结构指标 6 个：荒漠化土地占国土比例、水土流失面积占国土比例、城市生活垃圾无害处理率、工业"三废"处理率、污水回用率、荒漠化治理率。

4）变动度指标 5 个：废水排放量降低率、亿元工业净产值固体废物排放量降低率、亿元产值废水排放系数降低率、工业"三废"处理率提高率、城市生活垃圾无害处理率提高率。

四、经济子系统

1）存量指标 7 个：人均国民生产总值、广义科技进步水平、人均社会商品零售总额、人均固定资产投资、人均财政收入、人均消费支出、人均外汇储备额。

2）质量指标 4 个：全社会劳动生产率、GDP 的能源消耗量、社会资金利税率、科技进步贡献率。

3）结构指标 3 个：第三产业净产值占 GDP 比例、产业结构变化指数、经济发展均衡度。

4）变动度指标 7 个：GDP 增长率、社会商品零售总额增长率、财政收入增长率、社会劳动生产率增长率、社会资金利税率增长率、高新技术产品进出口额占贸易总额比例、高新技术市场成交额增长率。

五、社会子系统

1）存量指标 5 个：人均可支配收入（纯收入）、人均居住面积、人均职工社会保障支出、人均卫生保健支出、人均文体事业支出。

2）质量指标 5 个：每万人医生数、平均寿命、每万人刑事案件发案率、基尼系数、城乡收入比例。

3）结构指标 5 个：全社会恩格尔系数、失业率、社会保障覆盖率、婴儿死亡率、刑事案件破案率。

4）变动度指标 3 个：人均收入增长率、人均生活支出增长率、公共投资占总投资比例。

对生态文明建设系统进行管理，要求的信息量很大，而且计量单位各不相同，又随时处在变动之中。如何对各方信息加以综合分析、正确评价，以进行社会经济发展状况的综合研究，进行各种对比，包括国际对比、地区对比，以及本国本地区的历史对比，在实际计算指标时就需要做好指标无量纲处理，指标权重确立，以及选择合适的方法和模型进行评价。[①]

区域生态文明共建共享程度评价指标体系的构建是一项非常复杂的工作，运用数据对其进行评价更是非常复杂，本书只对指标体系进行构建，没有用现实数据进行验证，将会在本书的后续研究中另文进行深入研究。

第六节　城市圈生态文明共建共享的关键点和着力点

一、城市圈生态文明共建共享的关键点

城市圈生态文明共建共享的关键点是地方政府行为矫正。进入 20 世纪 90 年代，伴随着长江三角洲区域生态环境持续恶化和人民物质生活的不断提高，环境保护和可持续发展思想也逐渐深入民心。"既要金山银山，又要碧水蓝天"，至 20 世纪 90 年代中后期，环境污染治理已成为该区公众一致的呼声。但在环境污染治理的行动上，地方政府选择了集体沉默。实施"零点行动"后，太湖水污染曾得到初步遏止，但自 2002 年后太湖及其流域水质再度恶化，已成为长

---

① 于艳萍，李智 . 2012. 区域生态文明建设协同发展评价方法研究 . 福建行政学院学报，（6）：12 ～ 20.

江三角洲的"心脏之痛"①。2007年5月，太湖蓝藻暴发才使得太湖污染问题再次成为中央政府、社会各界关注的焦点。问题是：一些"草生"的环保组织为什么不但得不到地方政府的有力支持，相反却受到排斥？在生态环境治理等某些涉及重大民生的问题上，为什么地方政府会熟视无睹公众的需求？我们认为，在当代中国，环境问题首先是一个政治问题。在区域恶性竞争、重复建设等问题的研究上，张维迎等指出，"负赢不负亏"使国有企业经营者（地方政府）不顾国有企业的软约算，推动地区恶性竞争。②周黎安认为，由于地方官员政治晋升博弈，只要有利于晋升位次的提高，投资的负利润前景也不足以阻止地方政府重复建设和恶性竞争。③艾克斯罗德实验证实，博弈链的加长（博弈次数增加）会大大增加博弈双方合作的机会，正因为博弈是多次性的，所以投机的概率较低。与地方政府任期制时间相比，地区公众需求偏好的改变要慢得多。基于公众需求的政府政策一般会给地区合作带来持久的合力。例如，在欧美等西方国家，尽管随着选举制领导人不断更迭，但基于国家利益的对外政策一般很少随领导人更迭而发生重大变化。④

二、城市圈生态文明共建共享的着力点

武汉城市圈生态文明共建共享是一项系统工程，牵涉面非常广，各项工作千头万绪，但究竟该从何处下手才能抓住重点，才会更有成效？这就是武汉城市圈的生态文明共建共享工作的着力点问题。借鉴国内外的先进经验，结合武汉城市圈的实际情况，本书认为武汉城市圈的生态文明共建共享工作，应该从如下几个方面着力开展。

（一）建设生态意识文明

意识决定行为，有什么样的意识就会导致什么样的行为，生态文明建设最主要的工作首先是让社会公众，尤其是政府官员和企业所有者及经理人员要建立起正确的生态文明意识。一旦社会公众有了生态意识文明，生态文明的相关问题实际上就都是达成共识之下的管理问题，管理得好效率就高些，管理得不好效率就低些，如果社会公众丧失了生态意识文明，生态文明的共建共享就没

---

① 邓建胜.2014.长三角"心脏之痛"八年未除——太湖治污再成热点.http://www.people.cn/BIG5/paper40/13572/1214954.html[2014-12-10].

② 张维迎，马捷.1999.恶性竞争的产权基础.经济研究，（6）：11～20.

③ 周黎安.2004.晋升博弈中政府官员的激励与合作——兼论我国地方保护主义和重复建设问题长期存在的原因.经济研究，（6）：33～40.

④ 李广斌，王勇，谷人旭等.2008.由冲突到合作：长三角区域协调路径思考.江淮论坛，（4）：5～11.

有一点基础，很多管理措施都将会是失效的。那么应该从哪些方面来建设生态意识文明呢？

本书认为，应该主要从"加大文化教育投入，建设学习型城市；全面发展生态教育，培育全民生态文化；广泛进行生态宣传，提高全民生态意识；大力弘扬长江文化，共建流域生态文明"等方面着手开展。

（二）建设生产行为文明

生产行为及其方式是影响生态环境的非常重要的因素，生产行为是否文明，生产方式是否合理，生产内容是否健康，尤其是生产行为对资源的运用效率的高低和对环境的影响程度，都是左右生态文明建设效果的非常重要的因素，那么生产行为文明主要从哪些方面下手呢？

本书认为，主要从"加快循环经济发展，建设节约低碳文明工业体系；加强高端农业建设，打造多功能性生态农业体系；加快清洁服务业发展，构建高效环保服务业体系"等方面着手开展。

（三）建设生活行为文明

人们的生活无时无刻地消费着资源，无处不在地影响着环境。人们的生活方式是否节约资源，人们的生活方式是否对环境友好，都在非常大的程度上影响着一个社会建设生态文明的效果。由于社会公众具有数目众多、结构复杂、分布分散等特点，针对社会公众开展生活行为方式的文明教育和引导是非常困难的，可以从"深化生态环境保护意识教育，培养节约环保消费模式；开展'三减'行动，倡导文明俭朴生活和工作方式"等方面着手开展。另外，由于生活方式的改变是一个长期的过程，针对社会公众的生活行为的文明不是一朝一夕可以完成的，必须有长期战斗的思想准备，并且在现实中切实地坚持不懈地开展针对社会公众生活方式的文明教育和引导，才会收到一定的效果，也才会真正使生态文明建设成为现实。

（四）建设生态环境文明

生态环境无处不在，生态文明很大程度上是建设生态环境，使得生态环境更加美好，对于人类来说，最重要的环境是水、空气、土壤，如何有效地保护好这些和人类密切相关的环境，是在生态文明建设过程中必须认真考虑的问题。就生态环境文明建设的着力点而言，可以按照如下思路落实。

本书认为，主要从"优化水系水体功能，营造生命河流；遵循自然规律，

合理定位区域生态功能；优化空间组合，构建区域生态安全格局；依托水路网络优势，打造生物和谐共生体系"等方面着手开展。

（五）建设人居环境文明

对于人类来说，居住环境如何是影响人类生态生活质量的非常关键的因素，生态文明建设的出发点就是在以人类为中心的假设前提下，如何提升人类的生活水平。所以生态文明建设的一个非常重要的着力点，就是如何针对人居环境质量的提升开展工作。结合武汉城市圈的实际情况，可以从"实施调控引导战略，构建适度人口体系；优化城市居住环境，建设绿色宜居城市；凸显村庄建设特色，建设湖北水乡村居；秉承以人为本理念，打造节约高效生态社区"等方面着手开展。

（六）建设生态制度文明

"不立规矩，不成方圆"，对于一个大群体来说，"规矩"的重要性就更能显现。对于武汉城市圈的生态文明建设来说，由于其还不是一个真正的传统意义上的政府组织，很多制度都不完善，尤其是生态制度，更是刚刚开始着手制定。对于此，可以从"构建高效清明政府行政体系；建设协调有序企业制度文明；建立平和高效公众参与机制"等方面着手开展。①

本 章 小 结

本章是关于城市圈生态文明共建共享协调框架的构建。第一节是建立生态文明共建共享的理念，主要有系统性、整体性理念，"双赢"、"多赢"和"共赢"理念，生态文明理念，城市圈内各地方政府政策协同理念，城市圈可持续发展的科学政绩观。第二节是关于城市圈区域生态文明共建共享的指导思想，提出了总体的指导思想和具体的指导思想，具体的指导思想包括：必须以发展为第

---

① 评论员 . 2011. 生态文明建设区域实践与探索——张家港市生态文明建设规划 . 中国绿色画报，（4）：42～43.

一要务，必须建立正确的生态发展观，必须以人为本，必须坚持统筹兼顾、全面协调可持续性。第三节界定了城市圈生态文明共建共享的指导原则，从伦理原则和一般原则两个方面进行界定。第四节是结合武汉城市圈的具体情况，设定城市圈的生态文明共建共享的建设目标，是经济结构和增长方式由"量"到"质"、由"粗"到"精"的转变，使武汉城市圈真正成为一个生态城市圈。第五节是对城市圈生态文明共建共享程度的评价方法和评价指标的研究，在评价指标方面，结合武汉城市圈的具体情况，从人口、资源、环境经济和社会5个子系统进行设计，使武汉城市圈生态文明建设的程度有了判断的依据。第六节是城市圈生态文明共建共享的关键点和着力点，本书认为城市圈生态文明共建共享的关键点是地方政府的行为矫正，城市圈的生态文明共建共享的着力点有6个方面：建设生态意识文明，建设生产行为文明，建设生活行为文明，建设生态环境文明，建设人居环境文明和建设生态制度文明。

通过本章的研究，对城市圈生态文明共建共享的基本问题有了一个比较清楚的认识，通过对理念、指导思想、原则、建设目标、生态文明建设的关键点和着力点的界定，对城市圈生态文明共建共享后续的对策设计提出了一个合理的逻辑框架和统领纲要，对于后续的对策设计非常重要。

第七章

城市圈生态文明共建共享协调模式设计

关于城市群或者城市圈内各行政区之间的相互协调模式，国内有不少学者对其进行了研究。吕富彪提出了区域生态文明的良性互动模式，并界定了该模式的内容，主要有集群式互动、绿色 GDP 建设的互动、生态文化素养的互动、区域渐进式互动。[①] 庄贵阳、王礼刚归纳了经济发展方式的转变有几种方式：一是加快传统产业升级转型，推动企业向产业链和利润高端调整；二是大力发展服务业，提高服务业在国民经济中的比例；三是推动经济增长更多地依靠创新驱动，而不是依靠增加物质资源消耗。而对于生态文明建设中政府的创新方向主要有几种模式：一是生态和环境保护的创新需要政府间更多的合作；二是生态和环境保护的创新需要部门间更多的合作；三是生态和环境保护的创新需要政府和公民社会的更多合作；四是生态和环境保护创新需要中国与国际社会的更多合作。[②] 金太军、张开平认为，长江三角洲区域合作协调机制的目标模式是"政府引导、企业主导、各方参与、互惠互利"[③]。陈群元总结了城市群协调发展的一般总体模式有基于运作机制的城市群协调模式和基于组织管理的城市群协调模式等几种。[④] 学者们总结的这些发展模式对于我们研究武汉城市圈的生态文明建设共建共享协调模式都非常有价值。

研究城市群的协调发展模式和生态文明共建共享的模式，既要考虑到城市群的发展现状、特点和定位，又要考虑到其所处的内外环境和面临的机遇与挑战，同时还应借鉴国内外其他成熟城市群发展模式的成功经验。因此，研究各种城市群的生态文明共建共享模式，对多种模式进行比较、分析、演绎和逻辑推理，从而制定出一套行之有效的城市圈生态文明共建共享模式，用以指导和推动武汉城市群的生态文明建设实践，将具有十分重要的意义。由于城市群是一个复杂的巨系统，其协调发展涉及诸多方面，需要通过多种途径来实现，如需要通

---

① 吕富彪.2010-11-19.区域生态文明建设包括哪些内涵？中国环境报，第 002 版.
② 庄贵阳，王礼刚.2013.生态文明建设的五个关键字.时事报告，(5)：8～15.
③ 金太军，张开平.2009.论长三角一体化进程中区域合作协调机制的构建.晋阳学刊，(4)：32～36.
④ 陈群元.2009.城市群协调发展研究——以泛长株潭城市群为例.东北师范大学博士学位论文：112.

过空间结构布局、运作机制安排、组织管理方式、合作领域范围等途径来实现，而每个途径又有多种实现模式。在此，通过分别总结和分析各种类型的生态文明共建共享模式的优缺点，并在此基础上结合武汉城市圈的发展现状，拟提出武汉城市圈生态文明共建共享的总体模式。

第一节　政府主导模式

一、概念

所谓政府主导模式，又称为"自上而下"的协调模式，就是以政府的行政牵引为主，引导城市群内部各种要素向既定的方向流动，来带动城市群整体的有序发展。中国、印度、巴西等多数发展中国家走的就是以政府为主导的城市化道路。由于大部分发展中国家的经济发展战略具有较强的赶超色彩，其发展模式也是在政府的主导下向工业和城市倾斜。墨西哥和印度两个国家是政府主导型城市化的典型代表。下面本书将对该种模式进行更加详细的分析，以更加方便于在武汉城市圈的生态文明共建共享推进过程中加以借鉴。

二、优缺点

（一）优点

1）政府的主导作用明显，政府拥有的权力和其他资源相比于其他的组织机构，是强大的、丰富的，其活动能力也远远大于任何经济组织。采取政府主导的模式建设生态文明、保护和治理环境，更加有利于地方政府整合本区域的人、财、物、信息、科技等各类资源，会更方便开展各种生态文明建设活动，效果更加立竿见影。

2）人口的迁移、流动、城市规模、城市化水平、工业化水平等均是在政府宏观调控的直接干预之下进行的，有的政府甚至能直接决定城市化的建设事项，政府对于城市化及其生态文明建设具有很大的影响力。采取政府直接干预机制很大层面上可以促进各要素的聚集，从而加速城市化的进程，也非常有利

于生态文明建设，以及环境的保护和治理。

（二）缺点

1）城市圈的发展缺乏经济基础，社会问题相当严重，生态文明建设的基础也比较薄弱，环境的保护和治理都还没有形成统一的框架性协议。由于城市圈缺乏承载大量人口的能力，其基础设施、就业岗位、社会保障等方面都无法跟上城市人口的过快增长，造成众多的社会问题，生态的破坏、环境的污染是非常严重的。

2）政府部门间推诿、扯皮的现象非常严重，办事效率普遍低于商业性组织，从而阻碍了政令的快速传达，不利于企业和其他非政府组织在生态文明建设、环境保护及治理方面作用的发挥，与当前的市场机制本质上存在排斥作用。在政府的运作机制方面，有不少地方已经有了先进的实践经验，比如，我国长江三角洲的发展模式就比较典型。长江三角洲的核心城市——上海是以规划管理型的政府操作模式主导经济发展的。20世纪80年代上海一直在学习广东的经验，但由于其以国有经济为主体的微观经济基础，上海在蓬勃发展的中国经济中一直处于"边缘化"状态。20世纪90年代初，党中央和国务院对中国市场经济的路径选择认识更深化，新加坡的"强政府型"市场经济模式得到了更多的认可。以党中央和国务院制定浦东开发开放政策为开端，上海开始了一次自上而下的经济改革之路。强势政府提供市场替代行为，在短短10年的时间使上海焕然一新。[①]对于生态文明共建共享和环境的保护及治理，由于其具有很强的外部性特征，城市圈层面没有一个地方政府可以直接全盘管理所有的事务，必须与其他地方政府进行协调对接，不同的地方政府之间的推诿扯皮的现象就更是经常发生，并且生态和环境保护涉及的部门又非常多，不但有环境保护部门、发展规划部门、税务部门、工商部门，还有执法部门等，部门多的后果就是很多事物看似有很多部门在管，但实际上没有部门能对其进行有效管理，部门之间的推诿扯皮现象屡屡发生，给生态文明建设和环境保护治理造成了非常大的负面影响。

三、实现形式

（一）兼并

兼并是指中心城市将临近的地方政府（大部分为郊区政府）加以合并，以

---

① 朱文晖. 2003. 地区竞争优势与政府的作用——珠江三角洲与长江三角洲的比较. 开放导报，（3）：21～23.

中心城市为主逐渐向郊区扩大兼办的方式，这在 19 世纪的美国相当流行，尤其是在美国西部及西南地区更是经常发生。最深刻的原因是，这些区域中心城市的郊区都为非法人化的郊区，因此比较方便采取兼并的方式进行城市整合。

（二）区域性的特区及管理局

这些区域性的特区政府是由上级地方政府甚至中央政府所设定的，它的主要功能是提供区域或城市圈内的某种共同需求的服务功能，如公共运输、卫生下水道处理、污染控制、供水、生态建设等。这些地区性的特区或管理局由地方政府立法规范，并涉及区域地方政府的功能转移，区域性的特区及管理局是一个独立、专业而且政府功能完备的组织，它的运行情形需向特区的上级地方政府及社会公众负责。

（三）正式或非正式的组织间合作

对于一个区域来说，不同的地方政府组织或其他机构的正式的、非正式的合作，可用来完成一些特定的地方政府之间的协作方案，生产公共物品或实施公共规制的技术，比如，针对生态文明建设和环境的保护及治理。正式的或者非正式的组织间合作的本质是：不同的服务在不同的地区有不同的效率。劳动密集型服务，如警察巡逻和教育，由小型到中型的组织承担最有效率。资本密集型服务，如污水污物的收集、处理和排放，则通常是由服务于较大地区和人口的公共设施来承担才最有效率。为了实现公共物品和服务供给的最优规模经济，地方政府要进行正式的或非正式的合作[1]，城市圈内不同地方政府应该积极引导本区域内的各级组织积极参与正式的或非正式的组织间合作。

（四）行政协调整合调控模式[2]

几乎一切问题的产生都可以从体制上找原因，区域之间的冲突也不例外。曾有学者指出，武汉城市圈经济一体化的实现关键在于行政一体化，可见行政体制的改革对于区域冲突调控的重要性。[3]行政管理体制的改革要按照经济、社会、政治一体化的要求来进行。国际和国内都有一些比较成功的案例，"乌昌模式"是我国当前相对成功的区域经济一体化背景下行政管理体制改革的案例。所谓

---

① 汪伟全 . 2005. 论我国地方政府间合作存在的问题及解决途径 . 公共管理学报，2（3）：31 ~ 35.

② 郭向宇 . 2011. 长株潭城市群区域冲突的形成机理及调控模式研究 . 湖南师范大学硕士学位论文：62.

③ 贺曲夫，史卫东，胡德 . 2006. 长株潭一体化中行政区划手段和非行政区划手段研究 . 中国人口・资源与环境，16（1）：108 ~ 112.

"乌昌模式"，是乌鲁木齐市与昌吉回族自治州在保持行政区划不变的情况下，通过组建跨区域的统一的党委会，并采取"规划统一、财政统一、市场统一"等措施推动其经济一体化的做法。这一模式的实施时间不长，但取得了比较明显的成效：经济增长全面提速、工业企业效益明显提高。"乌昌模式"对于武汉城市圈区域的一体化和诸如生态文明建设，以及环境的治理和保护等公共事务的协调、调控具有重要的借鉴意义。

调控武汉城市圈区域公共事务管理的冲突，以及实现一体化，关键在于创新机制体制，进行9个城市的行政协调整合。可借鉴"乌昌模式"的成功做法，成立一个超脱于9个城市之上的领导机构，通过党的系统来打破行政区划边界的阻隔，以消除行政区划带来的障碍。通过行政体制创新和协调整合，从而有效地调控城市圈区域冲突和实现区域的一体化。①

四、成功案例 —— 日本城市群政府协调

日本是亚洲地区城市群发展程度最高的国家。日本国内最著名的三大城市群是东京都市圈、名古屋都市圈和大阪都市圈。三大都市圈国土面积约为10万平方公里，占全国总面积的31.7%；人口近7000万人，占全国总人口的63.3%。它集中了日本工业企业和工业就业人数的2/3，工业产值的3/4和国民收入的2/3。三大都市圈及各主要城市各具特色，发挥着各自不同的功能。其中，作为东京都市圈的中心城市，东京的城市功能是综合性的，是日本最大的金融、工业、商业、政治、文化中心，被认为是"纽约＋华盛顿＋硅谷＋底特律"型的集多种功能于一身的世界大城市。日本城市群由于其特殊的国家体制，性质上更多地趋向于中心主导政府协调模式，首都东京作为城市群的核心城市，对其他次级周边城市起辐射作用，从而引导整个城市群经济社会的可持续发展。日本东京都市圈自成立之时起，就同时形成了一套跨区域的强而有力的协调机制。

1）通过立法保证地方政府的自主权力。第二次世界大战后，随着经济的不断发展和民主意识的增强，日本政府进行了较为彻底的改革，将权力下放给地方政府，并促使大都市圈内各城市确定不同的城市定位，以及错位发挥各个城市的功能。1947年，日本宪法中第一次纳入"保护地方自治权"的条款，与此同时，中央政府还制定了5部地方自治法，奠定了地方自治体制的基础。中央的权利下放有利于各大都市圈中成员城市进行自主决策，使各个城市能够根据各自的地理特征和历史特点，明确城市分工，逐渐形成城市功能差异，从而

---

① 郭向宇 . 2011. 长株潭城市群区域冲突的形成机理及调控模式研究 . 湖南师范大学硕士学位论文：62.

便于发挥各个城镇的资源优势。

2）制定区域规划确保城市群内的战略性协作。城市群内的功能差异只通过成员城市的协商和达成备忘谅解是不够的，因为在经济发展过程中，利益趋向性使得成员城市之间的冲突时常发生。日本政府充分认识到了这一战略的重要意义，在制定政策过程中，不会出现对某个地区不利的政策，从而有效避免了决策过程中的决策主体和利益主体不符的现象。其具体措施包括交通、环境、信息共享平台的建立、产业一体化与行政体制改革等；同时，区域规划强调，这些区域政策的实施不受行政区划的限制，且不划分具体的城市等级，而是适用于整个城市群内的所有成员城市。

3）成立城市群协调机构——关西经济联合会。该组织成立于1946年，下设23个委员会，成员包括关西地区约850家主要公司和团体。关西经济联合会的性质是非营利性民间组织，目的是为区域内的企业和区域经济发展服务，其活动经费由会员承担。它起到了沟通企业和政府的桥梁作用，不仅有助于反映企业的需求，而且有助于提高政府的工作效率和政策的针对性。关系联合会的职能主要通过如下活动实现：一是通过有关研究项目，就各项事务代表关西地区企业向有关部门提出政策建议；二是筹划大规模的工程项目；三是增进国际交流与理解。实际上，关西经济联合会已成为日本城市群创新体系的载体和核心机构。在日本，首都圈和其他两个大都市圈（中京圈和近畿圈）的规划和建设是由国土综合开发厅下属的大都市整备局（首都圈整治委员会）负责的。大都市整备局实质是推行首都圈和另外两个大都市圈建设的政府执行机构，除负责编制大都市圈发展规划外，还负责协调土地局、调整局等部门的关系。另外，在国土审议会还特别成立了三大都市圈整备特别委员会，其成员由都市圈内的各地方政府领导人，如县知事、市长、企业领导人、大学教授等组成，然后成立规划部，由大学教授和企业负责。这样不仅体现了地方政府的合作，亦体现了政府与企业和专家之间的协作。大都市整备局和三大都市圈整备特别委员会的存在，体现了日本政府对首都圈等大都市圈建设的重视，这对于推动东京都市圈的建设也是十分重要的。

日本城市群政府协调机制是依据其地理位置和历史传统而建立起来的。在这种协调机制中，日本中央政府对于城市群的发展与建设采取了积极的行政干预方式，明确指出走发展、限制、集中的路线，并从立法的高度保证了城市群内地方政府的自治权，为区域经济的发展提供了宽松的政治背景。另外，其协调主体多样，不仅局限于中央政府，而是涉及政府、企业、非政府组织、公民等多元主体共同参与的混合体，形成了多中心的协调模式。在协调过程中，日本政府非常注重通过区域规划，来保证区域规划政策的落实。作为市场经济条件下的一种公共服务，政府组织制定区域规划阐述了政府的战略意图，引导了

市场主体行为。[①]

第二节　市场主导模式

一、概念

所谓市场主导模式，又称为"自下而上"模式，就是以市场牵引为主，利用市场机制的作用，引导城市圈内部各种要素合理流动和有效整合，来带动城市圈整体的有序发展。相对于生态文明建设和环境的保护治理，市场主导模式是未来发展的方向。市场主导型模式以欧美发达国家为代表。

二、特点

1）它是一种原始自发型的城市协调过程，政府的干预作用将越来越弱化，在城市圈发展过程中起决定性作用的是市场机制，政府的干预和市场的作用两股力量的博弈是以市场逐渐加强，政府逐渐减弱为规律的，并且市场在资源配置和公共事务协调中的作用将会非常关键，并且起到基础性和主导性作用。

2）这类城市圈区域的城市化是随着工业化、商品化程度发展到一定程度后，形成巨大的吸引力，人口迁移随之自发形成，政府的调控与干预较少。中国的改革开放和经济起飞起源于广东的珠江三角洲。在中国改革开放初期，广东与中央形成了良好的互动关系。中央对广东充分放权，广东的市场经济的路径选择基本上师承香港。香港是当今国际经济体系中对亚当·斯密理论运用得最"彻底"的地区。政府奉行"积极不干预政策"。经济活动主要由市场力量自动调节。所以，广东政府也以尽量减少对经济活动的管制为改革方向，导演了一场自下而上的变革。[②]在当时的短缺经济时期，这种彻底放权的模式能够迅速调动各种资源，大规模制造供给能力，令广东的工业在短短 10 年时间内在贫乏

---

① 龚果 . 2009. 长株潭城市群政府协调模式研究 . 中南大学硕士学位论文：13.

② 朱文晖 . 2003. 地区竞争优势与政府的作用——珠江三角洲与长江三角洲的比较 . 开放导报，（9）：21～23.

的基础上崛起到全国的前列位置，珠江三角洲城市群也快速形成。[①]

在单个城市的公共事务的管理和协调过程中，市场起基础性作用非常关键，公共事务原先一直是由政府来直接管理的，但由于城市圈涉及不只是一个城市，不能只靠某一个政府来努力处理牵涉更大范围的公共事务，也不大可能有哪一个地方政府会主动承担有利于更大范围的公共事务。既然每个地方政府都不大可能主动承担城市圈范围内的公共事务，就要求城市圈范围内的每个城市都参与公共事务的管理和协调，但由于城市圈每个城市都有自己的利益诉求，每个城市圈都参与，达到城市圈层面的一致行动是非常困难的，由城市圈层面的政府出面协调城市圈的公共事务的效率就非常低。所以，仅仅依靠政府层面的行政手段，是很难解决城市圈公共事务的管理的，要依靠市场机制起基础性作用来有效协调城市圈的公共事务管理。涉及生态文明建设和环境的保护治理，就是典型的带有外部性的城市圈公共事务，要逐渐依靠市场机制，才能有效协调。

三、主要实现形式

通过营造侧重于武汉城市圈协调发展的市场环境和机制，各层次政府能够在市场调节的作用下促进企业参与协调合作，实现共赢发展。武汉城市圈区域协调合作要强化市场配置资源的基础性作用，率先突破行政区经济与经济区域化的障碍。在市场建设方面，应培育 5 个方面的一体化：消费品市场的一体化、技术市场的一体化、资本市场的一体化、人才市场的一体化、产权交易市场的一体化。[②]市场一体化是城市圈协调公共事务必须建立起来的基础性手段和措施，也是涉及城市圈每个城市的利益的最关键因素，在市场一体化的过程中，涉及大量的利益调整，调整起来困难重重，但城市圈一定要有调整利益的决心，并下决心切实调整市场，促使其实现一体化。

四、其他补充性市场化形式

（一）外包

将地方政府的既有业务通过与企业或者其他组织签约外包，是地方政府经常使用的服务提供方式。尤其是在政府改造的推动下，过去传统由地方政府提供的服务，已逐渐由企业或者其他组织签约承包提供，或者公私部门联合供给，

---

① 陈群元 . 2009. 城市群协调发展研究 —— 以泛长株潭城市群为例 . 东北师范大学博士学位论文：125.

② 唐勇，王祖强 . 2011. 城市群一体化协调模式与合作机制 —— 以长三角城市群为例 . 当代经济，（9）（上）：10 ～ 11.

这样既节约了政府的经费，又会提升公共事务的服务水平。例如，公共工程、卫生和社会福利，以及一般性的政府服务（即法律服务、文书工作和计算机服务等），在美国 2/3 的城市乐意把某些公共工程、卫生和社会福利签约外包；2/5 的城市签约外包一些一般性政府业务。1/4 ～ 1/3 的城市签约外包诸如交通、公共安全、教育等方面的服务。[①]

对于城市圈的生态文明建设和环境的保护、治理采取外包的方式是不是可行需要进一步论证。毕竟，生态文明建设和环境保护、治理带有非常强的外部不经济性，操作起来是非常困难的，但是可以肯定的是，在生态文明建设和环境保护、治理方面肯定有相关的带有经济性的事务可以外包给企业和其他组织，这不但能减轻政府的公共服务负担，也能够提升生态文明建设和环境保护治理的效率、效果。

（二）建立城市圈生态补偿基金[②]

以武汉城市圈为例，可以由省环保局出面，组织、协调武汉城市圈内的地方政府，可按比例从财政、水资源费、土地出让金、排污费、污水处理费，以及农业发展基金中分别提取生态补偿基金。补偿基金专项用于武汉城市圈生态环境保护和生态项目的建设，包括用于生态公益林的补偿和管护，以日常生活垃圾处理为主的环保投入，因生态城市建设而需关闭或外迁企业的补偿等。要建立和完善自然保护区、重要生态功能区、矿产资源开发和流域水环境保护等重点领域的生态补偿标准体系，完善森林生态效益补偿制度，提高补偿标准，加强对生态区位重要和生态脆弱地区的经济扶持。

在生态补偿基金的建设过程中，难点在于如何确定生态补偿金的比例和额度，是根据每个地方的 GDP 的一定比例，还是根据每个城市所掌握的资源或者某些资源的消费量，牵涉环境的问题，是根据每个城市对环境的污染程度来确定，还是根据别的因素，都是非常现实的问题，这些在城市圈的城市之间的协调中也是难点。

（三）建立并实施武汉城市圈污染物排放总量初始权有偿分配、排污许可、排污交易制度，在城市圈中开展二氧化硫、化学需氧量主要污染物排污权有偿取得试点，实行排污许可、排污权交易等制度

可以使有减排指标任务的大企业通过向中小企业提供资金、技术、先进设

---

① 汪伟全 . 2005. 论我国地方政府间合作存在的问题及解决途径 . 公共管理学报，2（3）：31 ～ 35.
② 梅珍生，李委莎 . 2009. 武汉城市圈生态文明建设研究 . 长江论坛，（4）：19 ～ 23.

备等方式，购买中小企业的污染物减排量，从而履行本企业的减排责任。为了确保排污权交易的公平有序进行，应当充分发挥独立第三方的作用，应组成由相关科研机构、咨询评估机构、专业技术服务机构为主体的武汉城市圈生态交易评估组织，对排污权交易实施中立的统计、评估和监测。"8＋1"（以武汉为圆心，包括黄石、鄂州、黄冈、孝感、咸宁、仙桃、天门、潜江周边8个城市所组成的城市圈）的各当地政府可实行"以奖代补"的新机制，将财政奖励资金与节能量挂钩，多节能多奖励，推动节能减排。

这些制度的建立实质也是利益的分配与协调，牵涉利益的协调就需要各方充分交流和磋商，彼此之间的利益协调机制是这些制度建立的前提和基础。因此，在建立这些制度之前，建立起有效的利益协调沟通机制是非常关键的。

（四）易地开发补充耕地

随着城市化进程的逐步加快，武汉城市圈的建设用地和土地规划也面临着不少难题。尤其是工业用地、商业用地和耕地之间的比例矛盾问题，让很多政府非常棘手。通常的问题是，对于工业发展较快的地方政府，面临着用地成本过高甚至无地可用的窘迫局面，当一个地方政府无地可用，但又有开发工业用地的需求时，如何解决呢？很多地方已经有了成功的经验。2000年，广东省在全国率先推行"易地开发补充耕地"的新政策和措施。为了规范跨市州易地补充耕地工作，湖南省也出台了《湖南省异地补充耕地管理工作实施细则》，明确给易地补充耕地下了定义。易地补充耕地是指在省域范围内市州之间的土地整理复垦开发行为，即耕地后备资源匮乏的市州补充耕地的数量，不足以补偿建设所占用耕地数量的，报经省人民政府同意，委托其他市州通过实施土地整理复垦开发项目代为补充耕地，以实现耕地占补平衡。通过异地补充耕地管理，既解决了很多地方政府工业用地、商业用地的需要，又没有对耕地的总体数量造成减少的影响。目前来说这是缓解工业用地、商业用地和耕地之间数量和地理位置矛盾的有效措施，但是必须清醒的是，异地补充耕地的措施，只是表面上维护了耕地的面积，通常造成的后果会使得优质的耕地变成工业用地和商业用地，而异地开发补充来的地，看似已经可以耕种农作物，但实际上质量很差，很难有比较大的产量。

随着新型工业化和新型城市化的发展，未来武汉城市圈建设用地的需求量将进一步增大，建设用地的增加将不可避免地占用大量的耕地，而武汉城市圈本身耕地后备资源缺乏，武汉城市圈可以学习广东、上海等地的先进经验，考虑通过异地开发补偿耕地，减少建设开发与保护耕地的矛盾，可以在一定程度上缓和武汉城市圈之间的区域冲突。

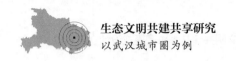
对于城市圈的生态建设和环境保护及治理来说，异地补充耕地的措施，着重解决的是农业农作物耕种面积和生产量的问题，而对生态环境都仍然会造成一定的破坏。当然，这种措施比单纯地只是扩大工业用地和商业用地而没有任何的保证耕种面积的"纯开发"对社会、经济的发展更加有利，现阶段还是应该鼓励和推广。

（五）主要污染物排污权有偿使用和交易

主要污染物排污权有偿使用，是指在满足环境质量要求和控制主要污染物排放总量的前提下，排污单位通过缴纳排污权有偿使用费来获得主要污染物排污权。主要污染物排污权交易，是指在满足环境质量要求和控制主要污染物排放总量的前提下，排污单位通过排污权交易机构出售依法取得的主要污染物排污权或购买主要污染物排污权的行为。2010年7月，湖南省政府办公厅印发了《湖南省主要污染物排污权有偿使用和交易管理暂行办法》，将在长株潭地区开展二氧化硫、氮氧化物、化学需氧量、氨氮等主要污染物排污权有偿使用和交易试点，可按照环境资源有偿使用的原则，经许可有偿购买和出让环境资源的权利。按"谁污染、谁治理，谁利用、谁补偿"的原则，通过主要污染物排污权有偿使用和交易，可以进一步约束区域行政主体和生产企业的经济行为，在追求经济利益最大化的同时兼顾环境效益的最大化。①武汉城市圈可以借鉴湖南省在污染物排放权有偿使用和交易方面的经验，建立自己的交易制度。

污染物排污权使用和交易机制的最本质的目的是平衡两对关系：一对是"发展和污染总量控制"的矛盾，每个地方都有发展的需求，必然会想尽各种办法促进工业、商业的发展，这些产业的发展又必然会带来污染物的排放问题，但每个地方都在大量排放污染物，对整个地区的生态环境又必然会造成一定的负面影响。地区政府就应该在更大范围内进行权衡，以达到地区之间的污染和发展相对平衡，以更加有利于地区的生态文明建设和环境的保护、治理。另一对是"不同地方的排放需求和发展需求的均衡关系"。由于污染的外部不经济性，排放污染物的地方也会对其他地区造成负面的影响，而没有排放污染物的地区就发生了损失，排放污染物的地区就应该给予没有排放污染物的地区以适当的经济利益补偿。这对关系可以通过污染物排污权的使用和交易机制去调控。

---

① 郭向宇．2011. 长株潭城市群区域冲突的形成机理及调控模式研究．湖南师范大学硕士学位论文：58.

第三节　紧密型联盟模式

20 世纪初，传统官僚制行政形成，体现出了鲜明的效率至上的追求。与此相契合，"巨人政府"（giant government）理论和实践应运而生。此时先后通过合并、重组等区域规划调整手段，形成了芝加哥、纽约这些美国最大的城市。巨人政府理论坚持认为，城市化的区域应由涵盖所有郊区人口的政府来治理。这一主张暗含的逻辑是，巨人政府式的单一官僚体制有一个单一权力中心，它在社会治理方面有终极的权威（说了算数），这样的安排正可以保证政府管理取得高效率，巨人政府从而"要比数目众多的地方政府好得多"[1]。直至 20 世纪 70 年代以后，很多人对于这一点依旧笃信不疑。[2]但紧密型联盟式政府究竟有哪些形式？它们分别有哪些特点？有没有成功的经验可供武汉城市圈借鉴？都值得深入研究。一般来说，紧密型联盟模式又可以按照区域行政一体化模式、政府联合组织模式、功能性特区模式、城市联邦制模式等进行细分。

一、区域行政一体化模式

（一）概念

所谓区域行政一体化模式，是指将城市群区域中的城市合并，组建新的统一的区域城市政府，以此培育强大的区域中心城市，领导本区域的经济更快更好地发展。

（二）优缺点

1. 优点

1）提高了其行政级别，同时又能减少次级行政区的层次和数目。因为层次越多，次级行政区数目越大，边界问题就越多，公用设施供应的空间规模就越小，地区协调的可能性就会降低。适量减少次级行政区有利于提高新政府的管理效率，但也并不是次级行政区越少越好，因为一定区域内的行政区数目越少，辖区范围越大，也会带来管理上的困难。对于生态文明建设来说，较大区域范围内协调的效果会更加明显。

---

[1] Rusk D. 1993. Cites Without Suburbs. Washington D C：Woodrow Center Press：88.

[2] 王勇 . 2009. 论流域水环境保护的府际治理协调机制 . 社会科学，（3）：26 ～ 35.

2）区域内城市完全合并，在一个集权政府的统一管理下，各项决策易于贯彻执行；同时，也有利于城市群区域的统一规划，充分利用各城市的资源财力，有效地结合各个城市的公共服务项目，形成城市公共服务的规模效应。对于生态文明建设来说，根据多年来国际和国内的实践经验来看，由多个地方政府参与协调，效率很低，并且最后往往是无果而终，或者达成一些并没有实际价值的、无法落实的框架协议。而把区域内城市完全合并，这些问题将不复存在，很多原先需要协调的事项，现在就变成了该地区政府单独的决定。

2. 缺点

1）区域内城市实现行政一体化，操作起来有一定的难度。其困难主要是来自于各市行政官员的阻力，合并以后他们的位置如何得到安排，并且行政区合并还会有来自于经济、文化、人们的思维惯性等多方面的阻力。比如，经济方面，现在很多地方政府都有自己规划的开发区，而相邻地区的开发区的性质和定位往往区分度不高，当相邻地区采取行政合并的方法使行政一体化，一体化后的政府必然会对新的辖区内的开发区进行整合和合并，并重新确定新的开发区的功能定位。那么被调整的那一方就一定会遭受经济损失，如果这些损失政府不给予补偿，遭受损失的企业就会受到负面的影响，这些企业对不同地方政府的一体化就会持反对态度。

而对于生态文明共建共享和环境的保护、治理来说，合并后的政府对生态建设和环境保护的投入少了其他地方政府的督促和制约，积极性只有靠合并后的地方政府官员的意识和执政理念去推进，是进是退尚无定数。

2）合并后的政府，容易导致行政机构数量增加。这样既有悖于精简机构的改革政策，又不利于政府职能的转变，造成政府对经济行政干预权的恶性膨胀，易形成"合并—竞争膨胀—再合并"的恶性循环。

因此，在中国现行的行政管理体制下，城市群内同级政府的合并不容易实行：一是大量的行政官员不好安排，阻力较大；二是会使同级机构庞大臃肿，降低政府的行政效率，不符合政府机构精简的政策。而改变下一级机构的行政隶属关系，如实现市管县、撤县建区等方式比较容易行得通，因为这种做法不增加机构设置，不涉及人员安置，阻力较小。目前，国内城市群采用这种做法的比较多，如番禺、花都两市撤市设区并入广州，佛山把顺德、南海、三水3个城市撤市设区而纳入直接管辖。但这种做法也需要慎行，因为这容易剥夺下级行政机构的自主权而影响其积极性。

（三）经验借鉴

国外行政区一体化模式的成功案例，以杰克森维尔大都市区最为典型。杰克森维尔大都市区包括杜维尔、克雷、南索和圣约翰4个县，而杰克森维尔市与其所在的杜维尔县则完全合并形成了单层的大都市政府。合并前的市、县各自负责不同的事务，但互有交叉，效率很低，而在水、大气污染、垃圾处理、供电、交通、土地利用规划等区域问题上又面临着极大的矛盾。本着经济高效、管理高效、政治负责、社会政治公平和减少地方政府数目的原则，1967年选民接受了市县合并并形成了单一机构的大都市政府。合并不只是地域上的统一，而且也产生了长期的规模经济，降低了政府运行的成本。[①]

二、政府联合组织模式

（一）概念

所谓政府联合组织模式，是指针对城市群区域难以统一行使跨界职能的状况，建立松散的城市群协调机构（非政府机构）—— 区域协调委员会，行使类似于大都市市政府的某些职能，采取协商的方式对涉及本区域的治安、交通、环保、水利等问题进行统一规划，以协调各城市之间的矛盾，解决跨区域的公共服务和管理问题。

（二）优缺点

1. 优点

1）区域协调委员会虽是一种政府组织，但不是单独的一级政府机构，一般规模较小、灵活性大，便于市民参与和监督，有利于增强决策的透明度和科学性。在生态文明建设和环境保护、治理方面，区域协调委员会既能发挥实体政府的实际责任，又便于协调其他地区的责任、义务、权力和收益，对生态文明建设和环境的保护、治理的推动更加有利。

2）这种协调委员会从机构设置到开始运作，一般都有更高一级的政府参与设计和协调，并且协调的事务都是有针对性的专项事务，所以相对来说比较容易，也便于调整。对于生态文明建设、环境的保护及治理来说，责任明确，推动方便。

---

① 陈群元. 2009. 城市群协调发展研究 —— 以泛长株潭城市群为例. 东北师范大学博士学位论文：127.

2. 缺点

由于区域协调委员会不是一个真正的政府实体，就没有相应的政府职权。所以这种协调机构的权限不够，缺少相应的行政干预权，对城市群区域内跨越行政界线或功能区界线的更大范围的公共服务显得束手无策，决策实施的效果不甚理想。对于生态文明建设和环境保护及治理来说，需要每个地区的前期投入，那么由于区域协调委员会不是真正的政府实体，缺乏政府职权和强制性措施，即使区域协调委员会通过了某一项具体协议，要求每个地方政府都必须投入一定的人力、物力、财力用于生态文明建设和环境的保护治理，但某一个地方政府却故意违反，不投入人力、物力、财力，在这种情景下，区域协调委员会却没有实际职权能够制裁违反规则的地方政府，而必须借助上级政府的职权去行使制裁措施，这样区域协调委员会的协调效果就会大打折扣。

（三）经验借鉴

1. 国际经验

华盛顿大都市区是实行这种管理模式的典型城市化地区。华盛顿大都市包括哥伦比亚特区（核心区）及马里兰州、弗吉尼亚州的 15 个县市。华盛顿大都市区形成了统一正规的组织 —— 华盛顿大都市区委员会，这与其作为联邦首府所在地而受到相对强烈的政府调控影响和成员政府间具备较强的合作意识有密切的关系。该组织组建于 1957 年，目前已发展成为包括 18 名政府成员、120 名雇员、年预算 1000 万美元的统一正规组织。其财政来源于联邦和州的拨款（60%）、契约费（30%）、成员政府的分摊（10%）。该组织职能众多，从交通规划到环境保护，解决了许多公众关注的区域问题。虽然它也是一个没有执法权力，由县、市政府组成的自愿组织，但由于其较好地解决了区域问题，并为成员带来了实质性的利益，因而是一个相对稳定的联合形式。[①]

2. 国内经验

国内比较成功的经验要数珠江三角洲城市群的"联动组合协调模式"，下面我们对此进行简单的介绍。珠江三角洲城市群，即珠江三角洲经济区，包括广州、深圳、珠海、佛山、江门、东莞、中山、惠州市区、惠东县、肇庆市区、高要市、四会市，总人口 4230 万，土地总面积 41 698 万平方公里。珠江三角洲经历了原来的小珠江三角洲—大珠江三角洲—泛珠江三角洲的发展。泛珠江

---

① 陈群元. 2009. 城市群协调发展研究 —— 以泛长株潭城市群为例. 东北师范大学博士学位论文：130.

三角洲包括珠江流域地域相邻、经贸关系密切的福建、江西、广西、海南、湖南、四川、云南、贵州和广东9个省（自治区、直辖市），以及香港、澳门2个特别行政区，简称"9＋2"。在珠江三角洲城市群中，由于深圳、广州、珠海等城市开放得较早，区域开放度较大，形成了相对完善的市场经济，同时，香港与澳门连同内地的珠江三角洲其他各市形成典型的"前店后厂"型模式，实现了珠江三角洲各城市的利益共赢。珠江三角洲各城市之间的联动协调形式，主要以广州、深圳、香港三点为基础，联合周边各镇市，运用高度协同合作的机制，实现各城市的利益共赢。其中，最主要的政府协调机制为泛珠江三角洲各级城市签订的《泛珠三角区域合作框架协议》，其中具体的运行机制如下。

1）内地省长、自治区主席和港澳行政首长联席会议制度。每年举行一次，研究决定区域合作重大事宜，协调推进区域合作（行政首长联席会议制度），其中泛珠江三角洲区域合作行政首长联席会议秘书处在行政首长联席会议下设立，设1名秘书长、2名常务副秘书长和若干名副秘书长。秘书处执行行政首长联席会议的决定，负责协调秘书长协调制度、各成员方日常工作办公室、部门衔接的落实和制度运作，起草、报送、印发区域合作有关文件等，秘书处设在广东省。

2）港澳相应人员参加的政府秘书长协调制度。协调推进合作事项的进展，组织有关单位联合编制推进合作发展的专题计划，并向年度行政首长联席会议提交区域合作进展情况报告和建议（政府秘书长协调制度）。

3）各成员方设立日常工作办公室，负责区域合作日常工作。9个省（自治区、直辖市）区域合作的日常工作办公室设在发展和改革委员会（厅），香港、澳门特别行政区政府确定相应部门负责。

4）建立部门衔接落实制度。各方责成有关主管部门加强相互间的协商与衔接落实，对具体合作项目及相关事宜提出工作措施[1]，以防止只有讨论，没有落实，没有检查，没有改进，确保已经达成的共识能够在实践层面得到落实，并逐步提升。

三、功能性特区模式

功能性特区是根据某种特定管理需求而划出一定的区域范围，设立专门管理机构实行区域间协调管理的模式。我们这里所讲的特区，主要是针对区域发展中的资源问题、环境问题而设立的，以功能为导向的制度形式，不是基于发

---

① 龚果 . 2009. 长株潭城市群政府协调模式研究 . 中南大学硕士学位论文：15.

展经济而实施特殊政策的行政性的经济特区。功能性特区的区域范围的划定根据需要有大有小，其职能可以概括为两个方面：一是协调利益冲突；二是提高资源共享效益。以功能性特区的形式进行合作，既可以集中资源、调动各方面的力量、分担成本，又可以强化合作意识，有效解决共同的问题。根据特区法制化和行政化程度的高低，我们把特区分为管理型特区和体制型特区。二者的区别在于是创新管理机制还是改变政府体制。在组织形态上，管理型特区和体制型特区具有很大差异。管理型特区是一个权限较小的规划咨询机构，主要目的在于广泛接纳不同地方政府、社会团体、公众对于区域经济社会发展与建设的意见、建议，其各项建议虽有较大的影响力，但无根本性的约束力，多数情况下仅供决策参考；体制型特区基于上级政府甚至中央政府的权力下放，成为正式的地方政府层级。美国更倾向于建立管理型特区，而法国更倾向于建立体制型特区。基于功能性特区的独特作用，我们认为，我国也可以通过建立这种模式促进地方政府在特定领域的合作治理。按照中国目前的行政区划，从中央到地方的行政层级有中央政府、省（自治区、直辖市）、地市（自治州）、县，不适合建立体制型特区，但在生态环境保护等领域可尝试建立管理型特区，如青海省三江源地区可尝试建立生态保护特区。该特区主要由三江流域的主要受益地区及青海省组成，参与方主要由中央牵头划定，并辅以自愿参与的原则；特区管理机构由各参与方讨论设置，但主要应涵盖特区的日常管理工作、专门生态环境保护工作、技术支持工作，以及宣传教育工作。通过这样的功能性特区模式，既可以分散单一行政区进行环境治理的成本，也可以使环境保护的利益各方建立起相对公平的成本分摊机制。[①]

　　生态文明建设和环境保护、治理是一项非常系统的工程，在功能性特区的规划方面，应该结合当地的具体情况，进行深入的资源分析和对比研究，在完善本地区生态功能的前提下，划分特定的具有生态建设或者环境保护、治理职能的特定区域，投入资源进行建设，以让其对整个大区域有生态正效益。

　　就武汉城市圈而言，不是城市圈内的每个资源和环境问题都需要城市圈层面来出面协调，可以按照各自的资源禀赋，确定每个区域的功能，有些功能就可以是功能性特区。比如，有的地方水质优良，就可以在那里建立一个水源基地功能区，有些地方的粮食生产比较优质，就可以在那里建立粮食生产基地。城市圈内要有意识地形成功能各异又相互补充的功能区，才有利于抱团发展和协作发展，对于武汉城市圈共建共享生态文明具有比较大的意义。

　　① 李文星，朱凤霞．2007．论区域协调互动中地方政府间合作的科学机制构建．经济体制改革，（6）：128～131．

四、城市联邦制模式

（一）概念

这种模式是将区域内地方政府以联邦的方式组合而成的法定管理机构，这就是按照联邦政府模式的组合。城市联邦制模式主要用于解决单独靠某一个地方政府无法解决或者解决效率低的全局性的公共事务，比如，生态文明建设、环境的保护和治理、供水、供电等。而对于单个城市可以单独解决的问题，城市联邦一般不予干预，通过城市联邦制这种方式的运行，可以降低每个城市的运行成本，更加有利于城市的健康发展。

（二）优缺点

1. 优点

其优点在于能防止人口过于集中在中心都市。行政事务因性质而划分，有利于工作效率的提高，并有利于联盟的建立。其可以划分行政工作，因此可以避免业务重复的问题。对于生态文明建设和环境保护、治理工作来说，城市联邦制会产生规模效益和集约效应，对每个城市都有好处。

2. 缺点

其缺点是城市圈的范围不一定等于各行政区之和，因此实施上仍有困难，并且因为在原有地方制度上再加一层机构，体制会更加复杂，人力资源编制和预算均会增加,更易造成权责混淆不清。[①]至于生态文明建设和环境的保护治理，因为投入和收益的确认和划分比较困难，城市联盟制这种形式是否能有效协调各个城市之间的投入和收益，效率是高是低，还有待检验。

对于武汉城市圈来说，对于城市联邦制模式也可以加以探索，这种方式更加有利于把武汉城市圈内的 9 个城市更加紧密地联系起来，但又不会使得各个城市因为建立了联邦而失去了自己独立的主体地位，从而丧失发展的动力和积极性。

---

① 汪伟全 . 2005. 论我国地方政府间合作存在的问题及解决途径 . 公共管理学报, 2（3）：31～35.

第四节　松散型合作模式

一、概念

所谓松散型合作模式，是指在不改变区域政府治理结构的前提下，就某些具体的需要协调的事务，采取的非正规合作协议方式，通常呈现出单一化合作的特点。所谓单一化合作，是指以某个领域为内容、特定目的驱动下的区域合作模式。在两个或两个以上的区域开展合作的初期，区域之间出于某种特定目的，如在经济、文化、科技等领域开始迈出合作步伐等，一般会选择某个领域作为突破口，以此为契机，进一步扩大双边的交流与合作。这种初期的合作一般是在政府的推动下完成的，合作的内容比较单一，双方的合作关系不够稳定，容易受到双方其他因素（特别是政治）的影响而出现波动。

这种模式是区域之间开展大规模合作的前奏和铺垫。这种"单一化合作模式"较多地存在于经济结构和发展水平相差较大的国家和地区间，在当今区域合作现实中仍大量存在，但已经不占主导地位。比如，长株潭城市群一体化就是选择区域基础设施的规划建设作为合作的突破口，以推动交通同环、能源同体、信息同享、生态同建、环境同治 5 个基础网络的规划建设，来向未来的经济一体化延伸。[①]

对于武汉城市圈来说，在充分融合之前，采取单一化合作模式开展有关生态文明共建共享方面的合作倒是简单易行，可能比较适合武汉城市圈的现状和特点。

二、具体形式

（一）地方政府论坛

地方政府论坛是区域性的自愿组织，表现为自愿联合并获得中央支持的半官方性质的、协调性质的组织。目前其形式主要有两种：一是都市圈政府协作网，即超越各城市行政区划边界而形成的一个有机结合甚至一体化的、连绵的城市及地方政府网络；二是带状政府群，即地方政府间为了有效开展经济、社会、文化合作，突破行政区划界限，沿交通路线或河流结成的一个连绵的、带状的

---

　　① 陈群元 . 2009. 城市群协调发展研究——以泛长株潭城市群为例 . 东北师范大学博士学位论文：132.

政府族群。这种模式更多基于合作双方的自愿，并建立双方或多方的对话体系。[①]一般来说，基于行政区的治理模式不太重视区域间的横向分工及合作，容易导致搞大而全的重复建设；容易以粗放式经营来换取经济的短期效应，并导致环境破坏而自己也无力治理，也没有合作治理的意识。而区域性地方政府论坛可以成为一个各地方政府协调行动或交换意见的机制，为各参与方提供一个沟通认识、强化合作意识的平台。同时，也可将原本零散分布、资源有限的地方政府整合起来，从而成为具有一定规模与资源实力的地方政府组合，更有助于推动区域经济社会协调发展和提高区域竞争力。其中的核心问题是，要在各地方政府的自利性和利他性之间求得一种平衡。[②]这类组织具有一定的协商、协调功能，易被合作的各方接受，在我国发展得很快，几乎每个行政区都被纳入了各种各样的地方政府间的协作组织。比较典型的有泛珠江三角洲合作、长江三角洲合作、环渤海合作等模式。比如，由四川、云南、贵州、广西、西藏、重庆6省（自治区、直辖市）和成都市（以下简称"六省区市七方"）组成的"六省区市七方经济协调会"，是成立时间比较久的跨省区、开放型、区域性的高层次横向协调组织，目的是按照"扬长避短、形式多样、互利互惠、共同发展"的原则，发展大西南区域经济合作，促进"六省区市七方"的经济繁荣。该协调会在研究和探讨联合协作中的重大项目和政策，以及在社会各领域展开多种形式的合作等方面都发挥了重要作用。而东北地区的辽宁、吉林、黑龙江3省政府则在立法协作方面出现创新和突破，制定出台了《东北三省政府立法协作框架协议》，明确立法协作的3种方式，以及开展立法协作的5大领域。这是中国尝试建立的首个区域立法协作框架，有利于预防并解决各行政区域间的立法冲突，还可以为东北老工业基地振兴营造良好的法治环境。但区域性地方政府论坛毕竟是自愿合作性组织，并且它的主要作用在于探讨和建议，而不是实际地管理和执行，协议的约束性较低，它能否有效地发挥作用还要看各参与方的实际行动。若地方政府论坛流于形式，则不仅起不到应有的作用，还会造成对各种资源的巨大浪费。[③]

（二）非正式合作

各地方政府通过非正式的协力合作及行动，进行地区性的发展与建设，这是一种最简单易行的府际合作方式。在非正式合作制中，政府人员间是以非正

---

① Jennings E T，Ewalt，J A G. 1998. Inter-organizational coordination，administrative consolidation，and policy performance．Public Administration Review，158（5）：417～427.

② 吕育诚．2001.地方政府管理学．台北：元照出版公司：217～218.

③ 李文星，朱凤霞．2007.论区域协调互动中地方政府间合作的科学机制构建．经济体制改革，（6）：128～131.

式的方式合作而不受正式模式处理之法规限制。非正式合作的优点是不需对现行的体制进行变更,且不受法规之限制,可使问题在短时间内解决。其缺点则是:这种合作关系一般是依赖人员间的良好关系所建立的,但此关系却非长久之道。除此之外,参与人员的自由裁量权太大,可能有弊病产生。[1]

(三)地区之间的服务契约

地方政府以签订契约的方式,共同来提供各地方政府所需的服务或其他合作事宜,这是一种在大城市常使用的方式。例如,在收集固体垃圾的服务方面,下述做法更为有效,即将大城市的区域进行划分,由各个分区进行收集,但在处理固体垃圾的服务方面,由大城市建立大型的垃圾处理中心往往更具有规模经济效益。

城市圈以服务契约的形式来确定每个地方政府的主体功能和服务内容,彼此之间做好协调,每个城市只需要承担某一项或者几项服务,就可以在城市圈内共享资源、共享服务。每个地方政府的收益都会大于投入,城市圈整体的收益也会大于投入,从而起到节约资源的作用。

(四)组建半官方性质的地方政府联合组织

由于美国独特的文化背景和政治传统,普遍建立统一的大都市区政府不是一件容易的事情,并且协调效果不一定理想。但是,如果美国有更高层次的行政协调组织,大都市区内的许多问题就不能够得到解决。就是在这样的矛盾背景下,一种新的协调组织——大都市区地方政府协会诞生了。从该组织的名称可以看出,这种组织属于政府组织,同时又具有明显的协会性质,确切地说,它是半官方的,其组织结构也是松散的。大都市区地方政府协会主要由大都市区内的城市自愿联合组成,行使协商协调功能。比较著名的大都市区地方政府协会有 1961 年成立的"旧金山湾区地方政府协会"和 1966 年成立的"南加州政府协会"。这两个协会都是由其所辖区内的城市和县域自愿联合组成的。协会的最高权力机构是董事会,每个成员城市和县城都在董事会中占有一席之地。协会的日常运行经费有 3 种来源:联邦政府拨款、州政府拨款,以及协会内成员城市缴纳的会费。[2]

---

① 汪伟全 . 2005. 论我国地方政府间合作存在的问题及解决途径 . 公共管理学报,2(3):31 ～ 35.
② 龚果 . 2009. 长株潭城市群政府协调模式研究 . 中南大学硕士学位论文:17

（五）签订政府间的合约

美国在大都市区协调管理中的另一种创新，就是将市场规则应用到行政管理中，即大都市区内成员政府间签订合约。例如，在一些公用设施建设方面签订政府间的合约，就可以在解决资金问题的同时避免"搭便车"现象，洛杉矶市污水处理厂的兴建就是这种协调机制的成功范例。除此之外，签订合约的方式还被应用在社会安全与消防方面，可以有效解决城市边缘地带的治安和消防问题。总之，大都市区内成员政府间签订合约的方式在美国普遍受到了欢迎。[1]这是由几个地方政府根据共同协议进行服务的规划，以及财政的分配及执行的合作。将服务一视同仁，并将其送及参与合作协议的所有地方政府辖区。[2]这些合力协议的参与方共同享有某些公共产品与服务。

第五节 区域网格化管治模式

现有的对区域协调的诸多研究，往往将焦点放在如何推进地方政府合作上，诚然地方政府层面上的协调最有可能形成区域协调的制度性框架，但社会力量不可忽视。现实诸多国际合作是通过非政府组织完成的。非政府组织能够协同政府并超越政府在跨区域、跨国合作中发挥难以取代的作用。市场机制并不能保证局部利益的增加自然实现整体利益的增加，而政府自身的缺陷决定了不能完全通过政府来实现区域整体利益的增进，在此情况下，社会力量能够延伸到市场力、政治力不及的边界，填充市场和政府，以及两者的任意组合所达不到的空间。即以各种非政府组织为代表的社会力量，在利益协调和增进公共利益方面发挥着市场力量和政府力量难以取代的现实价值。例如，在环境污染治理上，非政府组织在区域性环境治理、资源保护和可持续利用等方面往往起着"先锋队作用"。社会力量可以有效地制止地方政府环境保护的行政不作为现象，同时也可以对企业形成强有力、低成本的监督。就当代中国而言，社会力量的生成和扩大必须以国家向社会分权为基础。社会力量的兴起为区域网格化管治提

① 龚果.2009.长株潭城市群政府协调模式研究.中南大学硕士学位论文：19.

② 汪伟全.2005.论我国地方政府间合作存在的问题及解决途径.公共管理学报，2（3）：31～35.

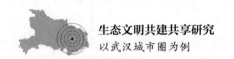

供了前提。基于对中国未来社会经济总体走向的判断，借鉴西方国家大都市区管理的经验，建立区域网格化管治是推动城市圈区域协调的重要路径之一。

1）随着公共服务型政府的理性回归，传统的科层式行政结构相对弱化，政府、企业、非政府组织间水平方向的活动、影响将不断加强，从而构建了一种具有弹性和自组织能力的网格型的区域管治体系。

2）社会力量的介入，使政府管理向多元管治方向转变，也为企业、非政府组织等多元利益主体参与区域管治提供了机会与空间。

3）社会力量的壮大要求企业与地方政府之间建立起伙伴关系，实现资源共享，谋求共同发展。多元主体伙伴关系的建立，也促进了区域内地方政府之间关系的转变，以互利合作的方式互相开放，从而走向良性、有序竞争基础上的区域合作。[①]

网格化管治模式，通常呈现出多元化和全方位的特点。所谓多元化全方位合作模式，是指众多产业参与、主体多元化、综合机制协调下的全方位区域合作。这是一种发展历史较长、发展较为成熟的区域之间的合作模式，区域间全面形成密切的协作关系，而且国民经济众多产业，都广泛地形成合作关系。区域合作的主体多元化，包括企业、民间组织、政府等，各城市在市场驱动、政府推动、民间互动等多种机制下形成共生共荣、水乳交融、高度融合的全方位合作关系。这种"多元化全方位合作模式"以基本层次的全面合作为目标和内容，因此必然地要进行区域间基础设施、环境、政策、制度、管理、社会文化等深层次领域的交流、沟通与整合，这是区域合作发展到一定阶段的必然要求和表现形式。这种模式下的区域合作成为区域间经济一体化、社会互动化、文化整合化的重大力量和重要内容，是区域走向成熟化、高级化的标志。目前，世界上具有这种模式的区域合作并不多，主要表现在发达国家和地区的合作中，以欧美发达国家和地区最为典型。[②]

---

① 杨林，龙方 . 2008. 中国区域协调发展战略的演化路径 . 湖南农业大学学报（社会科学版），9（6）：61～65.

② 陈群元 . 2009. 城市群协调发展研究——以泛长株潭城市群为例 . 东北师范大学博士学位论文：135.

第六节　城市圈生态文明共建共享模式的演进路径设计

基于事物的逐渐完善的发展规律，武汉城市圈生态文明共建共享模式必然会沿着一定的路径逐步完善，借鉴发达国家的先进经验，结合武汉城市圈的实际情况，武汉城市圈生态文明共建共享模式将会沿着如下3个路径进行完善。

一、政府主导向市场主导的转变

有关区域公共事务的管理，由于各种机制的不完善，一般情况下，政府会起主导作用，但政府起主导作用会有很多的弊端，比如，效率不高、资源浪费、容易违背规律等。这些弊端会使得政府主导的调控模式逐渐失去优势，只有借助市场的调控机制才能够使区域公共事务的管理更加有效和经济。政府主导模式向市场主导模式转变是大趋势，武汉城市圈在生态文明共建共享的过程中，应把握准这个大趋势，有效地运用"市长"和"市场"两种模式。

政府主导向市场主导转变的过程，资源调配方式的转变是关键，政府放权和市场起基础性作用的过程不是一朝一夕就能完成的过程。在生态文明建设过程中，政府对资源、环境首先要做一个整体的规划，构建政府管辖内的生态文明建设和环境保护及治理的框架，尤其是当牵涉不同的地方政府协调的问题时，更需要发挥政府的积极作用。资源调配的问题就尽量交给市场来完成，只有这样生态文明的建设才会比较少地受政府官员任期和官员执政理念的影响，才会常态化。

二、松散型合作向紧密型联盟的转变

武汉城市圈本来是各自为政的9个城市，在地区的公共事务处理中，也有一些合作，但这些合作不够常规，效果也不一定好。自"武汉城市圈"概念提出来之后，武汉城市圈内的9个城市开始协同建立一些合作机制，这些合作逐渐由松到紧、由不经常到经常，效果也逐渐呈显。从松散型合作向紧密型联盟的转变，是武汉城市圈生态文明共建共享过程中一个重要的趋势。

就武汉城市圈的生态文明建设来说，松散型合作的约束力和经常性都不及紧密型联盟，生态文明建设的特点是范围很大，只靠松散的政府间合作难以有

所作为。采取更加紧密的联盟形式来建设武汉城市圈的生态文明，更加符合生态文明的建设规律，也肯定更加有效。

三、点对点对接向网络联合的转变

武汉城市圈成立之前，9 个城市之间的合作往往采取的是单个城市和另一个城市之间的点对点对接的方式进行协调，但这种协调方式效率低下，并且需要协调的事项往往只靠点对点的方式解决不了，网络联合协商协调的方式逐渐在 9 个城市之间的合作事宜上被采用，这种方式将越来越多地出现在武汉城市圈的生态文明共建共享事务的协调中。

网络化联合的方式使得城市圈内 9 个城市之间的联系，既有点点对接又有线线连接，还有面上统筹，能够充分融合城市圈有关生态建设和环境保护的各方面信息，更加有利于城市圈内每个城市参与生态建设和环境保护及治理，对城市圈层面的生态文明共建共享具有非常重大的意义。

第七节　城市圈生态文明共建共享模式的设计

从武汉城市圈区域合作协调的现状来看，应当坚持区域统筹、协调发展的基本原则，采取优势互补、合理分工，以政府引导、市场推动、地区联动的方式，来提升区域经济的整体竞争力，确立"政府引导、市场主导、市场战略联盟、网格管治、完全融合"的模式。

一、政府引导

在新的模式下，武汉城市圈区域要实现一体化进程的推进，政府应该改变"强政府"的思维，贯彻公平和非歧视性原则，健全市场秩序，破除行政区划界限意识，消除各城市之间的各种政策壁垒，做到区内区外、国内国外不同主体之间权利平等、义务一致、标准统一。应简化跨行政区域的办事程序，建立和健全公开透明的合作协调事项的办事程序制度，创造公开、透明、高效的区域合作协调环境。

二、市场主导

在武汉城市圈一体化进程中，市场性的区际经济联系始终存在着，并且与行政性区际经济联系共同成为武汉城市圈一体化中的两根主线。而作为市场性区际经济联系的利益主体，企业的主导作用和微观主体地位不可动摇。武汉城市圈各城市的企业要严格按照现代企业制度，以资本为纽带，充分利用并购、参股等市场化运作方式，积极推动各地资源重新整合，充分发挥企业作为组合各种要素的主体在区域经济一体化中的重要作用。同时，在市场建设方面，要尽快培育和实现消费品市场、技术市场、资本市场、劳动力市场、产权交易市场的"一体化"。

三、战略联盟

利益关系是武汉城市圈各成员城市合作协商的本质关系。在新的模式下，武汉城市圈区域的合作协调应遵循"互惠互利"的方针，以利益关系为基础性纽带，在制度化框架的区域合作协调中实现"共赢"，以战略联盟的形式去协调各方面的事务。各方的合作协调思维应是一种"非零和博弈"的思维，应从个体理性转向集体理性。其中，武汉应利用自身的地位优势进一步发挥核心城市的作用，大力促进技术创新，实现中心城市的辐射作用。其余8个城市要优先发展先进制造业，实现产业结构的调整与升级，加快经济增长方式的彻底转变。

四、网格管治

武汉城市圈区域9个成员城市要从区域合作协调的角度，形成多边性、多层次的推进机制。区域合作协调的深化和全面实现，应是有重点、有步骤、有计划地推进：首先，在一些容易达成合作协议的领域和行业，率先形成多边城市的协议（如公共基础设施、教育领域等），然后再根据"平等互惠"的原则，逐步扩大合作范围和领域，从而在深层次领域开展更好的合作。此外，参与的主体应该破除"强政府"的思维，除了政府、企业之外，还应有各成员城市的中介组织、行业协会等非政府组织的积极参与，真正实现多边性的参与主体。[①]

---

① 金太军，张开平.2009.论长三角一体化进程中区域合作协调机制的构建.晋阳学刊，(4)：32～36.

五、完全融合

对于武汉城市圈来说，生态文明共建共享的终极模式是完全融合。在有关生态文明的建设问题上，武汉城市圈必须有一盘棋的思维，相关事务的沟通和协调方面必须完全融合，才能够使得生态文明建设的成效显著。

本 章 小 结

本章是关于城市圈生态文明共建共享协调模式的设计。第一节介绍了政府主导模式。政府主导模式又称"自上而下"的协调模式，这种模式的优点是政府的主导作用明显，人口的迁移、流动、城市规模、城市化水平等均是在政府宏观调控的直接干预之下进行的，效率和效果都比较明显。其缺点是城市发展缺少经济基础，社会问题比较严重，另外，部门之间的扯皮现象严重，办事效率低于商业组织，从而阻碍了政令的快速传达，不利于企业和非政府组织发挥作用，与当前的市场机制本质上存在着排斥作用，这些都限制着政府主导模式在城市圈生态文明建设过程中的作用。政府主导模式的实现形式有兼并、区域性的特区及管理局、正式或者非正式的组织间合作、行政协调整合调控模式等几种。第二节介绍了市场主导模式。市场主导模式又称"自下而上"的模式，这种模式的特点是：其是一种原始自发型的城市协调过程，政府的干预作用越来越弱化。在市场主导型模式中，在市场建设方面，应该培育 5 个方面的市场一体化：消费品市场的一体化、技术市场的一体化、资本市场的一体化、人才市场的一体化、产权交易市场的一体化，市场主导型模式的实现形式有：外包、建立城市圈生态补偿基金、建立并实施城市圈污染物排放总量初始权有偿分配、排污许可、排污交易制度，在城市圈中开展二氧化硫、化学需氧量主要污染物排污权有偿取得试点，实行排污许可、排污权交易等制度，异地开发补充耕地，主要污染物排污权有偿使用和交易等。第三节主要介绍了紧密型联盟模式。紧密型联盟模式可以通过如下形式实现：区域行政一体化模式、政府联合组织模式、功能性特区模式、城市联邦制模式。第四节介绍了松散型合作模式。所谓松散型合作模式，是指在不改变区域政府治理结构的前提下，就某些具体的需要协调的事务，采取的非正规合作协议方式，通常呈单一化合作特点。这种模式的具体形式有：地方政府论坛、非正式合作、地区之间的服务契约、组建半官方性质的地方政府联合组织、签订政府间的合约。第五节介绍了区域网格化管治模式。所谓区域网格化管制模式，是要以各种非政府组织为代表的社会力量在利益协调和增进公共利益方面发挥市场力量和政府力量难以取代的现实价值。网格化管治模式，通常呈现出多元化和全方位的特点。第六节是对城市圈生态文明共建共享模式的演进路径的探索。一般来说，城市圈区域生态文明共建共享的演进路径主要有 3 种：政府主导向市场主导的转变、松散型合作向紧密型联盟的转变、点对点对接向网络联合的转变。第七节是城市圈生态文明共建共享的模式设计。总体模式是"政府引导、市场主导、战略联盟、网格管治、充分融合"。

通过对城市圈区域生态文明共建共享模式的研究和设计，为城市圈区域生态文明共建共享基本理论中偏宏观的部分进行了构建，该部分对于设计城市圈区域生态文明共建共享的对策非常关键。

第八章

武汉城市圈生态文明共建共享的协调机制

对于机制的研究，很多学术著作里都有相关的内容，但一直也没有准确的定义。但经过归纳和总结，一般认为机制应该包含 4 个方面的内容：一是事物变化的内在原因及其规律；二是外部因素的作用方式；三是外部因素对事物变化的影响；四是事物变化的表现形态。在研究机制问题的时候，一般应该考虑到以上几个方面的内容。尤其应该重视对事物变化内在规律的研究，并且同时要充分考虑外部施加的人为因素可能产生的影响和后果。用以上观点对照、审视相关问题及目前的某些政策、对策会发现，很多时候存在的问题是没有对事物的内在变化规律搞清楚，也没有认真考虑出台的措施对要解决的问题会产生什么样的影响，只是凭主观的愿望或想当然决定而造成的。

针对城市圈的生态文明建设，本书试图从涉及城市圈生态文明建设的政府、企业、个人等多个层面的利益群体的利益需求出发，综合考虑影响城市圈生态文明建设的多个因素，多角度、多方位地审视城市圈在生态文明共建共享过程中所面临的具体问题，针对这些问题提出符合经济、社会运行规律的解决问题的机制。

结合城市圈的经济、社会各方面的特点，本书从空间功能规划、产业分工与协调、利益协调、综合决策、沟通协商、市场、资金筹措、官员考核、政策协调、技术创新、网络合作、过程管理等方面对城市圈的生态文明建设机制进行了研究。

第一节　基于城市圈生态文明共建共享的空间功能规划机制

针对一个城市的功能分区，旨在使城市用地结构布局形成一个有机联系、协调发展的整体，充分发挥城市的经济效益、社会效益和生态效益，达到有利于生产、方便生活的目的。优化主体功能区布局的根本目的是，使不同类型区域的经济开发同资源承载力和环境容量相匹配，避免资源耗竭与环境污染，并在此基础上提升物质文明水平。而在一个区域或者城市圈的发展中，通过对国土空间开发与保护进行统筹规划和管治，完善区域城市间的交通基础设施，以及城市空间总体布局、产业发展、人口发展等，提升生态城市功能，从而解决经济发展中人与自然和谐的问题。城市圈内各城市都要根据自身的条件和主体功能定位，完善区域管理的制度基础，根据不同城市的特点制定相应的生态文明标准与指标，把生态文明理念贯穿于城乡总体规划、分区规划、详细规划中，选择适合本地区的又好又快的发展模式。①功能规划和分区的目的是，优化国土空间开发格局，就是从全国发展的视角与全局利益角度出发，做好"调"字文章，即调整经济、社会、人口与环境等各种要素的配置，引导生产空间、生活空间、生态空间科学布局，经济效益、社会效益、生态效益有机统一，控制开发强度，调整空间结构，促进生产空间集约高效、生活空间宜居适度、生态空间山清水秀的国土空间开发格局。通俗地说，就是要考虑各地的特点，适合干什么，就让它主要干什么。②

就区域生态文明共建共享的空间功能规划，国家和地方都采取了一些相应的措施进行了探索。

在国家层面上，已经出台的《全国国土规划纲要（2011—2030年）》明确了国土空间开发的总体战略，根据相关部署，优化国土空间开发格局，路径之一是按照国家主体功能区的要求，实施分类管理的区域政策。对于人口密集、开发强度偏高、资源环境负荷过重的部分城市化地区，如珠江三角洲地区等，要优化开发；对于资源环境承载能力较强、集聚人口和经济条件较好的城市化地区，如长江中游地区等，要重点开发；对于具备较好的农业生产条件，以提供农产品为主体功能的农产品主产区，如黄淮海平原主产区等，要着力保障农产品供给安全；对于影响全局生态安全的重点生态功能区，如大小兴安岭森林生态功能区等，要限制大规模、高强度的工业化城镇化开发；对于依法设立的各级各类自然文化资源保护区和其他需要特殊保护的区域，要禁止开发。这是解决我国国土空间开发中存在问题的根本途径，也是当前生态文明建设的紧迫任务。另外，其中还提到了实行分类管理的区域政策和各有侧重的绩效评价。各地的经济发展任务都很重，在现行绩效考核的评价机制下，各级政府都在努力发展本地经济，很多地方不愿意把自己划为限制或者禁止开发的地区。这就

① 申振东. 2008. 区域合作中的生态文明建设探究. 理论前沿, (14): 17～18.
② 庄贵阳, 王礼刚. 2013. 生态文明建设的五个关键字. 时事报告, (5): 8～15.

需要统筹解决好这些地区的发展问题。生态补偿是对既有利益格局的再分配。比如，河北省有几个县，将"稻改旱"之后节省出来的水资源调给北京市，北京市按照农民种植水稻的收入给予现金补偿，这种方式已经进行了好几年，效果也比较好。

通过国家的宏观调控路径可以发现，在国家范围内每个大区域的功能区分思路还是比较清晰的，东部、中部、西部都有比较明确的定位。但在现实中，要防止每个地方政府都在竞争成为经济发展比较显性的工业区，而不愿意成为具有非常大的外部经济性的生态区。上级政府，尤其是中央政府在做区域功能规划的时候必须做好大量的前期沟通，让每个区域都能真正坚守其应该承担的职责，体现出其在整个大区域的价值。当然，这些工作只靠沟通和交流，甚至上级政府的安排，是很难达到效果的，必须要配套建立完善的利益补偿机制和利益平衡机制，使承担了具有外部经济性功能的区域能够从受益区域获得相应的补偿，只有这样这种机制才能真正落到实处。

对武汉城市圈来说，依据资源禀赋，明确不同区域的功能定位，落实和细化经济与人口资源环境相匹配的空间均衡机制，是优化区域国土空间布局的有效途径。根据各区域资源环境承载能力和发展潜力，进行不同的功能定位。武汉市要重点发展高新技术产业和资源消耗小、附加价值高的出口产业，努力提高自主创新能力，加快实现结构优化升级和增长方式转变，提高外向型经济水平，增强国际竞争力和可持续发展能力，促进区域可持续发展；其他城市要立足于资源和劳动力优势，抓好粮食主产区建设，发展有比较优势的能源和制造业，加强基础设施建设，加快建立现代市场体系，在发挥连续传承的产业发展优势中崛起；周边城市要加快产业结构调整和国有企业的改革、改组、改造，发展现代农业，着力振兴装备制造业，促进资源枯竭型城市的经济转型，在改革开放中实现振兴；稍偏一点的城市在加强基础设施建设和生态环境保护的基础上，要加快科技教育发展和人才开发，充分发挥资源优势，搞好资源综合开发利用和产业链延伸，大力发展特色产业，培育一批具有竞争力的特色优势产业群，增强自我发展能力。[①]

在生态文明共建共享的过程中，武汉城市圈只有根据各个地区不同的资源禀赋和发展现状来确定每个区域的不同功能，配合起来，抱团发展，共同建设生态和开展环境保护和治理，才有可能在生态文明的建设方面取得成就。

---

① 严汉平，白永秀.2007.我国区域协调发展的困境和路径.经济学家，（5）：126～128.

第二节　基于城市圈生态文明共建共享的产业分工与协调机制

城市圈生态文明共建共享的产业分工与协调，是城市圈经济利益协调的重要举措，将会涉及城市圈的既有利益群体和潜在利益群体的利益冲突。虽然其对城市圈的生态文明建设和环境的保护治理都具有重大的现实意义，但是进行产业分工重新调整是非常困难的，因为毕竟产业分工的重新调整涉及城市圈区域内每个地方利益的重新分配，各个地区不会轻易放弃自己已有的甚至已经形成一定规模的产业，而去被动接受城市圈层面赋予的新的产业分工战略任务，城市圈的产业分工与协调必须考虑因为产业的重新分工与调整，给每个地区带来的利益冲突，这些冲突如何化解是开展城市圈产业分工与调整工作能否成功的关键。下面结合武汉城市圈的具体情况来对此进行分析。

一、武汉城市圈产业发展及分工现状分析

武汉曾经是新中国成立时确定的重工业基地，武钢、东风、武重、武船、武锅等企业曾经在全国范围内都很有影响力，但是随着沿海城市的崛起，武汉在全国的经济地位比新中国成立初期下降了很多，武汉企业品牌在全国的影响力也没有新中国成立初期那么大了。武汉城市圈内的其他城市由于城市规模都不大，工业基础相对薄弱，目前在产业方面与武汉的对接相对比较少，下面我们分几个方面对武汉城市圈各区域的产业结构现状及其冲突进行分析。

（一）武汉城市圈各区域产业结构的现状

我们首先从城市圈内各区域三次产业总值及其结构方面对武汉城市圈产业结构进行分析，从表 8-1 中可以看出，对于武汉城市圈内的各区域来说，第一产业已经不是主导产业，尤其是武汉市和黄石市，第一产业占 GDP 的比例已经低于 10%，工业化程度还是比较高的，但第一产业对黄冈、天门、孝感等市的GDP 影响还是不容忽视，这几个城市的工业化进程远远落后于城市圈总体水平；第二产业是影响大多数城市的主导产业，黄石、鄂州、仙桃、潜江等市的第二产业对 GDP 的贡献率达到了 50% 以上，武汉、孝感、咸宁的第二产业占 GDP 的比例也在城市圈的平均水平附近，可见工业对城市圈 GDP 的影响还是占主导地位；城市圈内大部分城市的第三产业发展迅速，武汉第三产业对 GDP 的贡献

率已经接近 50%，无论是在绝对量还是在相对量上，都已经成为经济主导经济增长的第一主力，黄冈的第三产业对 GDP 的贡献率也与第二产业相当。

表8-1　武汉城市圈产业结构情况表（2011）①

项目	地区生产总值（亿元）	第一产业（亿元）	第一产业占地区GDP比例（%）	第二产业（亿元）	第二产业占地区GDP比例	第三产业（亿元）	第三产业占地区GDP比例（%）
武汉市	6 762.20	198.70	2.94	3 254.02	48.12	3 303.48	48.85
黄石市	925.96	68.81	7.43	577.56	62.37	279.59	30.19
鄂州市	490.89	60.99	12.42	289.83	59.04	140.07	28.53
孝感市	958.16	195.11	20.36	453.69	47.35	309.36	32.29
黄冈市	1 045.11	290.00	27.75	406.86	38.93	348.25	33.32
咸宁市	652.01	118.80	18.22	309.25	47.43	223.96	34.35
仙桃市	378.46	65.05	17.19	193.61	51.16	119.80	31.65
潜江市	378.21	55.27	14.61	217.60	57.53	105.34	27.85
天门市	274.52	63.66	23.19	136.39	49.68	74.47	27.13
合计	11 865.52	1 116.39	9.41	5 838.81	49.21	4 910.32	41.38

资料来源：根据《湖北统计年鉴》（2012）换算得来

总体来看，武汉城市圈内各市的工业化水平参差不齐，尤其是武汉市 GDP 占城市圈 GDP 总和的比例相当高（57.00%），在城市圈的主导地位相当稳固，另外，武汉市的三次产业的结构也最为先进，第三产业的发展相当迅速，并且在地域分布方面，其余 8 个城市都是围绕在武汉市的周围。综合这些情况，我们认为，武汉城市圈的产业结构协调问题，最重要的关系是武汉市与其他 8 个市的产业协调问题，能否处理好武汉市与其他 8 个市之间的产业结构调整，对城市圈的产业结构协调至关重要。

（二）武汉城市圈各区域产业结构的冲突分析

分析城市圈内各区域的产业结构冲突，应该从每个地方政府确定的优先发展的主导产业着手进行分析。通过对表 3-3 各区域产业发展导向进行分析，我们能够发现很多不利于城市圈一体化发展的现象：第一，各地方政府在进行产业规划的时候，往往只是拍脑袋的结果，没有进行竞争分析和现有基础分析。各区域制定的产业政策体现的只是当地政府的意志，几乎没有从城市圈层面上进行产业统一部署的影子，这说明城市圈层面上的产业战略尚没有发挥应有的作用。第二，各地的优先发展的产业相互重复度很高，容易形成不良竞争。比

---

① 此表和表 3-1 是同一张表，放在这里的目的是更加直观方便地进行分析，方便读者对照数据，并且分析的角度也不同于第三章。

如，纺织服装、装备制造、电子信息等行业有 6 个城市要优先发展，医药行业有 5 个城市要优先发展，机电行业有 4 个城市要优先发展等。第三，各地产业之间的相互服务、相互配套较少，竞争较多。这些现象都不利于城市圈从整体上进行产业分工，应该在充分协调的情况下，根据武汉城市圈的整体情况，按照一盘棋的思路统筹规划，分工合作，形成功能齐全、优势互补的产业群。

二、武汉城市圈产业协同原则 —— 错位发展机制

错位发展是实现经济圈内分工合理、优势互补的有效发展策略。只有错位发展，才能避免同构竞争，遏止重复建设，减少资源浪费；同时，圈内各市也能够根植于自身区情，建立起各具特色的产业体系，打造独具魅力的"活力源"，从而使圈内经济呈现出各具特色、缤彩纷呈的发展局面；武汉周边的 8 个城市采用"田忌赛马"的竞争策略，把比较优势做成绝对优势，打造出一种"马赛克"式的错位发展格局，以自己的亮点与武汉市交相辉映，从而能够有效解决区域差距问题，并有利于实现统筹区域发展和构建和谐社会的目标。

武汉城市圈各市具备错位发展的现实基础。每个城市都有不同的资源优势和支柱产业，错位发展可以使 9 个城市在武汉城市圈框架内形成更合理的发展定位和产业分工：武汉可以重点发展科技含量、产业层次更高的项目，而基础性、配套性的产业则更多地向其余 8 个市辐射，以形成比较理想的梯次发展格局。[1]武汉城市圈应根据产业发展的趋势，在产业规划上应在由政府控制投资领域的产业协作上首先行动，尽早建立旨在寻找机遇共同点和利益交叉点的框架协议；应以促进产业"关联发展"为基本取向，加强各地区产业规划的协调与衔接，确定区域产业总体发展战略和中长期实施计划，努力形成"你中有我、我中有你"、科学合理、富有竞争力的区域产业协作体系。同时，完善产权交易制度，清除企业兼并与重组的障碍，整合产权交易系统，确保所有市场主体平等进入各类市场、平等地使用各种要素；应组建无属地企业，通过市场力量，促进企业的跨省、市兼并与重组，探索通过企业跨地区强强联合组成具有规模和竞争力的区域企业集团，提升区域企业的整体竞争力。[2]

三、加强实施区域内产业结构和布局的市场化整合

经过几年的努力，武汉城市圈地区的整体产业高度已得到了明显提升，但

---

① 刘健 . 2008. 省会经济圈系统协调机制研究 . 合肥学院学报（社会科学版），25（1）：4～8.
② 唐勇，王祖强 . 2011. 城市群一体化协调模式与合作机制——以长三角城市群为例 . 当代经济，(9)（上）：10～11.

由于长期受条块分割和地方保护主义的驱使，本区域内各地之间生产力布局重复、产业结构、产品结构同构现象仍比较突出。城市间缺乏合理的垂直分工和水平分工，导致了各城市间从原材料到产品市场的争夺战，造成财力、物力和人力的浪费，从而抑制了区域整体联动效应的发挥。武汉城市圈各地要实现经济的协调发展，首先必须想办法实施从封闭型、自我完善型的产业结构向开放型、相互依存型的产业结构转变。必须根据各个城市的工业化水平、要素禀赋、比较优势，优化产业的垂直和水平分工，形成优势互补、产业互动、资源共享、差别竞争、错位发展的高效率的区域分工合作体系，实现区域内产业向更高层次的整合发展，以提升产业的整体竞争力，实现 1 ＋ 1 ＞ 2 的集聚经济效应。

从理论上讲，对于处在不同工业化层次的地区，可以通过配套性垂直分工来加强产业联系，而对于处在同一层次的地区，则可通过地区之间的互补性水平分工来加强产业联系，从而建立和谐融洽的区域竞争和合作关系，保障区域经济持续协调发展，而且这种分工只能遵循市场规律，不能用行政命令来实现。也就是说，只要坚持市场主导，通过"看不见的手"，在追求效益最大化的规律作用下，各地将会趋向于按比较优势来确定本地的产业定位，达成武汉城市圈整体产业发展的共识，并通过协同产业优势，培养出若干具有国际竞争力的产业群落，从而最终实现资源优化配置的目标。但由于我国目前经济环境的特殊性，武汉城市圈产业结构和生产力布局的优化又时不我待，任务紧迫，因此充分发挥"看得见的手"的作用就显得十分必要。[①]

结合武汉城市圈产业结构的现实情况进行分析，武汉城市圈每个城市的产业结构大体呈现出水平分布的特征，按照上面的分析，比较合理的方法是采取互补性水平分工来加强产业联系，以建立和谐融洽的城市圈整体层面的竞争合作关系。这就要求政府部门要全面梳理武汉城市圈内部每个城市的产业发展的基础及其优劣势，把 9 个城市的产业重新进行资源整合，以达到整体最优。

四、区域生态产业发展的实现路径

区域生态文明的建设不能空谈，要有产业支撑。区域生态文明的落脚点要靠发展生态产业，一个区域生态产业发展得好坏将会在极大程度上影响其生态文明建设的效果。那么什么是生态产业？如何发展生态产业呢？

当前，区域性生态产业的主要发展模式是两个引导：一个是引导各类产业向生态化方向发展；另一个是引导各类生态资源向产业化方向发展并重。具体而言，就是鼓励发展生态工业（包括生态建筑、生态房地产业）、生态农业（包

---

① 陈才庚，张惠忠 . 2003. 加速推进长三角区域经济协调发展的基本思路 . 嘉兴学院学报，15（5）：5 ～ 8.

括生态种植业、生态养殖业、生态林业等）、生态服务业（包括生态旅游）、生态资源利用产业、生态文化产业等与生态环境相互促进的产业，发展知识经济、服务业等不依赖物质消耗增长而实现经济增长的产业，以及综合利用废弃物的产业。区域产业发展要减少对生态环境的影响，有利于改善生态环境，并利用生态环境促进产业自身的发展，各项产业的发展与生态环境建设相互协调、相互促进，在生态环境可持续利用的基础上，实现各个产业之间的协调持续发展。在各产业领域，通过优化内部生产结构、延长产业链、采用环保工程等手段，提高资源利用效率和经济效益，减少废弃物的排放，促进生态环境的良性循环。

（一）生态工业的实现路径

生态工业要求在生态良性循环条件下生态与经济协调统筹发展，甚至实现污染物的"零化"排放，产业发展中对生态链条零破坏。在不损害基本生态维护的前提下，促进工业长期为区域社会和经济利益作出贡献的工业化模式，这种对工业产业生态化的认识是现代工业发展历史性的突破，它注重企业与企业之间（通过工业园区）、区域之间甚至整个工业体系的生态优化。当前，我国必须注重对传统产业进行生态化改造，培植绿色工业和与生态环境保护相适应的新兴工业门类，重视对产业发展中的生态指数评估。既要实现工业生产过程中资源和能源最大限度的综合利用，又要实现在工业生产过程中的排弃物再资源化的利用，形成工业化和生态相互渗透和作用的统筹协调格局。

总体上说，生态工业就是形成循环型工业体系，企业层面实施清洁生产，提高资源利用度，减少污染排放度，科学地规划和组织、协调不同生产部门的生产布局和工艺流程，优化生产诸环节，由单纯的尾端污染控制转向生产全过程的污染控制，交叉利用可再生资源和能源，减少单位经济产出的废物排放量，达到提高能源和资源使用效率，防治污染的目的，加强企业管理，注意企业间的上下游协作、延长产业链，对污染严重、效益低下、治理无望、低水平重复建设的企业进行关停和转产。在区域层面的产业方向上，鼓励和发展有利于生态环境建设的产业，在进行空间布局时，按照把污染源控制在有限范围内的原则，将污染严重、资源耗费高的重化工业发展集中安排在一定的区域实行集中布局，同时发展无污染的特色工业，实施生态工业园区建设，发挥其辐射作用，带动区域工业生产中的生态指标得到充分的实现，保证提高其产品在生态价值体现中的市场竞争力，逐步实现与生态系统协调相容的新型工业化发展势态。生态工业园区是近年兴起的一种新型工业化发展模式，具有示范作用。生态工业园区是依据清洁生产的要求和循环经济理念及工业生态学原理而设计建立的一种新型工业园区，是生态工业的空间载体，既实现了企业之间的产业链条衔接，

又成了区域发展的经济增长点。笔者认为，各区域可根据自身条件建立示范园区，扩大生态工业规模，从而实现工业的生态化替代。生态工业园区建设要体现促进区域经济发展和生态维护的双重目标，应当贯穿以下基本原则：①与自然和谐共存的原则；②生态效率原则；③产品生命周期原则；④区域发展原则；⑤高科技、高效益原则；⑥软、硬件并重原则。

对于某一个具体的区域来说，生态工业的实现不能脱离原先该区域的工业基础和发展现状，应该结合该区域的实际情况进行规划，一步一步朝着生态工业方向迈进，并最终实现工业的生态化。脱离该区域原先的工业基础和发展现状，试图建立空中楼阁式的生态工业，必然会对该地区的经济造成重大负面影响，得不偿失。

（二）生态农业的实现路径

生态农业强调运用生态技术维护资源的持续利用，从区域产业的角度出发，可以认为是特定区域内充分通过生态系统内部物质和能量的循环利用，以最低生态负面为限度，适量输入化肥、农药等材料，实现生态效益和经济效益的聚合辐射作用。其目的就是实现区域内农业资源的生态化配置，保护农业资源的生态平衡，提供安全的生态食品，提高人们的健康水平，促进农业的可持续发展。

据统计，20世纪70年代，全球用于对付害虫的农药达12 000多种，20世纪90年代后，我国每年生产的农药品种约200多种，加工制剂500多种，原药生产40万吨，位居世界第2位。农药的大量使用破坏了自然界原来的生态平衡，生物多样性受到严重威胁，尤其是高毒、高残留农药的使用，使粮食、蔬菜、水果和其他农副产品中有毒的成分增多，影响食品安全，危害人体健康，加上农业生产大量施用化肥，引起湖泊、水库和地下水污染，使生态环境受到了严重破坏。这些问题造成农业发展基础脆弱和后劲儿不足，已成为整个国民经济和农业生产持续快速、健康发展的制约因素。《中国21世纪议程》指出："中国的农业发展必须走可持续发展的道路。"而生态农业就是实现区域农业可持续发展的根本途径。

一个区域发展生态农业，可以从如下几个方面全方位地展开：①农业的发展理念的转变。在物资匮乏、大家吃不饱肚子的年代，农业发展的第一要义是要填报肚子，而对安全性考虑较少。随着物资的逐渐丰富，农业产量的逐步提升，吃饱肚子的问题已经得以解决，政府甚至全社会都应该转变思路，发展健康的、安全的农业，为社会提供放心的食品，尽量少浪费土地资源，都成为农业发展的必需理念。②土地开拓方式的转变。国务院出台了很多文件，把维持耕地的总体数量作为发展农业的一条红线。在很多地方，这个指导思想在贯彻落实的时候就走了样，不惜"伐林造地，填湖造田"，指标上完成了中央的要求，实际上造成了更大的生态问题。区域在开拓土地的过程中，必须是开荒种田，而不是"伐林造地，填湖造田"。③农业耕种要素管理的转变。农业安全问题，一个很突出的表现是农药残留问题，政府必须从源头上控制农药的研究、开发、生产和销售，切断剧毒农药进入农业生产的路径，还人类一个干净、放心的"餐桌"。

（三）生态旅游业的实现路径

"生态旅游"是将原始生态资源产业化的典型案例，对于各区域产业生态化有着重要的现实意义。生态旅游通过享受、认识、保护自然和文化遗产，将休闲和学习等概念融为一体，风靡世界。生态旅游的功能体现在两个方面：一是确保生态资源永续利用，保证生态环境的影响在最低限度的前提下，实现当地经济效益最大化；二是生态旅游资源具有不可克隆性、独特性，容易发展成为所在区域的主导产业。值得一提的是，最具生态旅游价值的景点往往分布在农村或边远地区，鼓励当地原住民的直接参与，对贫困地区的脱贫致富有着良好的促进作用。①生态旅游可以根据不同的资源和对象而派生出多种项目。②

五、基于生态文明共建共享的产业转移机制

尽管国内外学者已对产业转移或承接产业转移模式及其相关领域进行了广泛的研究，但是他们的研究更多的还是从产业经济学范畴，把承接产业转移封闭在经济系统内进行讨论。因此，他们片面强调承接产业转移中的资源供给价格、企业盈利空间或产品需求变化等，却没有将产业经济学、生态经济学和系统论的基本原理和方法结合起来，把承接产业转移放到"自然-社会-经济"所构成的复合生态系统中来研究，从而忽视了承接产业转移与整个经济、社会及生态系统可持续发展的关系。虽然也有学者，如何龙斌提出了西部地区承接产业转移中的生态问题及出路，但他也只是触及了承接产业转移造成生态损害的表面现象，而没有进行深入系统的讨论。③

综上所述，迄今还鲜有学者立足于生态文明的高度，将承接产业转移纳入可持续发展范畴，考虑承接产业转移新模式，以促进产业承接地"自然-社会-经济"所构成的复合生态系统的协调发展，这为本书的研究提供了广阔的空间。

---

① 陈久和 . 2002. 生态旅游业与可持续发展研究 —— 以美洲哥斯达黎加为例 . 绍兴文理学院学报（哲学社会科学版），22（2）：70 ～ 73.

② 陈晓南 . 2009. 区域生态文明及其产业实现机制 . 原生态民族文化学刊，1（2）：24 ～ 28.

③ 何龙斌 . 2010. 西部地区承接产业转移的生态困境与出路 . 经济纵横，（7）：65 ～ 68.

从表面来看，产业转移是出于市场扩张、产业结构调整、追求经营资源的边际效益最大化，以及企业成长的需要。[①]从深层次来讲，产业转移是发达国家和地区经济、社会和生态矛盾日积月累的必然结果。因此，发展中国家和欠发达地区在承接产业转移时，既要切实解决经济社会的种种现实问题，又不能承接生态损害、掠夺和环境问题转嫁，避免在经济、社会和生态领域出现不可调和的矛盾和潜在的隐患。承接产业转移应是在生态系统价值观的指导下，以可持续发展为目标，科学地优选承接模式，实现经济、社会和生态系统整体效益的最大化。根据生态文明核心的生态价值观，生态文明对促进生产方式、消费方式升级，以及生态制度完善的要求，基于生态文明视角承接产业转移的新模式应满足以下根本要求。

1）要有利于经济发展方式加快转变，促进产业承接地产业结构优化升级。在承接产业转移时，要在引进先进技术、工艺和管理方法的基础上，加强消化吸收和二次创新，进一步提升传统优势产业和促进新兴产业部门的发展，带动资本、技术等稀缺要素的迅速积累，引起产业承接地要素比例的迅速变化，推动产业承接地新的主导产业或支柱产业的形成，从而促进产业比较优势的转换升级。

2）要有利于可持续发展，促进产业承接地自然资源的高效合理利用。应以生态经济学原理为指导，以生态系统中物质循环与能量转化的规律为依据，以"自然-社会-经济"复合生态系统可持续发展为目标，依托循环经济的理念和方法，合理承接产业转移，形成资源能源节约和保护生态环境的产业体系。

3）要有利于推动"三产"协同发展，促进承接地"三化"联动发展。要从完善三次产业链条层面着手，增强新型工业的支柱性作用和现代服务业的引领作用，同时把发展现代农业与现代工业、现代服务业相结合，系统构建"三产"协同发展的现代产业体系，夯实新型城镇化的产业基础，从而推动新型工业化、新型城镇化、农业现代化的联动发展。[②]

在生态文明建设的过程中，武汉城市圈内不同地区的产业分工是协调不同地区经济利益的战略性措施，也是经济利益协调过程中最重要的一环。但产业的分工不是通过一次、两次规划就能够实现的，它切实关系到每个地区的经济利益，在调整的过程中是一次利益的重新分配，必然会影响到一部分地区、一部分企业和一部分人的切身利益，在产业重新分工的过程中一定要建立与利益补偿有关的制度，否则产业的重新分配就难以落实。另外，产业的重新分工过程一定要同时运用政府的力量和市场的力量，只用"市长"（政府）的力量很难

① 陈建军．2002．中国现阶段的产业区域转移及其动力机制．中国工业经济，（8）：37～44．

② 邓丽．2012．基于生态文明视角的承接产业转移模式探索．吉林大学社会科学学报，52（5）：106～111．

达到资源的有效配置，也难以调动每个地方的积极性，而只用"市场"的力量来协调城市圈内的产业分工，最大的问题是效率问题。在大部分情况下，市场虽然达到了有效配置资源的效果，但市场的选择过程往往是比较漫长的，会造成大量资源的浪费，甚至有可能会错过良好的发展机会。只有"市长"和"市场"结合起来运用，才能更加有效地在城市圈内进行产业分工，从而达到提升城市圈整体经济竞争力的作用。生态文明的共建共享体制，在经济层面上主要通过产业的分工来协调，因此，应该采取切实有效的措施，做好武汉城市圈的产业调整和重新分工。

第三节　基于城市圈生态文明共建共享的利益协调机制

"天下熙熙，皆为利来；天下攘攘，皆为利往。"这句话虽说过于冰冷，但是不可否认的是几乎大部分的情况下，能否有一个比较合理的利益分配和协调机制，是一个群体、一个区域能否有效协作、团结发展、互惠互利的保证。

统筹区域协调发展，使区域合作得以持续、均衡发展的一个基础条件，是各地区参与区域合作能够获取利益。很显然，区域内市场的统一及市场化的运作，是对市场经济发达的地方具有最为强劲的动力和利益之所在。而市场经济相对落后，市场竞争力差的地方则面临着"看不见的手"指引下的利益转移。市场经济的这一客观规律，对区域内市场的统一形成了地区障碍。而要处理好这一问题，最终形成区域内统一的大市场，必须有合理的利益分配机制，使区域内各地方均能分享到合作带来的利益。[1]恶性竞争既源于利益冲突，也源于行政区划之间的隔阂和信息的不明、不畅，因而利益协调机制的建立对于整个区域产业发展目标的统筹规划，区域内产业转移及合理布局具有积极意义。[2]

武汉城市圈区域各成员城市在经济与社会发展水平上存在着较大的差异，因而在产业布局、政府管理、地方发展规划与经济增长、投资政策等多个方面存在着利益不协调的地方。利益关系是政府间关系中最根本、最实质的关系。

---

① 周小云. 2006. 区域协调发展的困境和路径选择. 商业研究，（16）：23～25.

② 邢焕蜂. 2008. 东北经济区整体化发展及其协调机制研究. 东北师范大学博士学位论文：3.

当利益协调机制运作良好时，各地方政府的利益便能得到较好的满足，地方政府间关系的发展就比较顺利；反之，当利益协调机制失灵时，地方政府间关系的发展就较为缓慢。在武汉城市圈一体化进程中，构建区域合作协调机制是必然趋势，在提升武汉城市圈区域的协调能力上，完善相应的利益协调机制就显得十分有必要。武汉城市圈 9 个城市建立武汉城市圈区域新型的利益分享机制与利益补偿机制，有助于合理协调整个区域的经济发展利益。①

首先，建立新型的"利益分享机制"。"利益分享机制"就是要客观地协调好产业政策和区域政策的关系。国家的产业政策和区域政策是相辅相成的，产业政策的重点是通过扶持贫穷落后地区，改善贫困落后地区的生活条件，以解决经济发展中的公平和平衡问题。在产业政策调整过程中，应充分遵循利益分享的原则，尽可能避免将过多的资源集中于某一产业上，改变原有的武汉城市圈产业趋同的现象，充分发挥区域特点，逐渐形成有区域优势的产业结构，从而合理地共同分享利益。

其次，建立新型的"利益补偿机制"。"利益补偿机制"是使损失的利益合理地实现补偿的重要方式，主要是通过规范的利益转移来实现的。在现有的体制下，地方得到的利益补偿主要是通过中央对地方的财政补助和税收返还等方式实现的，地方获得补助的多少很大程度上取决于地方向中央的"跑"、"要"程度，缺乏规范性，因而一定程度上滋生了"跑北京"、"跑部委"的不正常现象。建立新型的"利益补偿机制"，就是在承认效率差别的基础上，对地方利益进行合理的再分配，实现效率与公平的统一。②从城市群区域环境与资源的利益补偿制度来看，区域环境与资源的保护及破坏都有外部性，正的外部效益使得长期供给少于社会的需求，而负的外部效益使供给超过了社会的需求，因此需要通过利益补偿，使外部利益内部化。生态建设和环境保护的利益补偿制度应以"污染者付费，治理者得利，受益者补偿"为原则。例如，长沙环境的改善需要上游的衡阳、株洲、湘潭等市的支持，在长沙与上游城市没有形成环境保护的利益补偿机制之前，上游城市在国家现有的法律或制度体系内，对环境保护的投入力度可能不够，而如果长沙与上游城市能够达成某种利益的补偿机制，必将加快整个湘江流域环境改善的进程。从区域资源利用来看，制定资源开发利用的利益补偿制度也非常必要。以水资源为例，由于资源的流动性及行政划分，在缺乏利益补偿制度的体系下，由于上游地区水资源丰富，但经济不发达，水资源利用效率低（如低效率的灌溉），浪费了大量水资源，导致下游资源利用效率高的经济发达地区水资源又严重不足。这就要求在不同的区域内能够达成

---

① 王雯霏 . 2006. 论长三角一体化进程中区域政府合作机制的构建 . 安徽科技学院学报，20（5）：81 ～ 85.
② 金太军，张开平 . 2009. 论长三角一体化进程中区域合作协调机制的构建 . 晋阳学刊，（4）：32 ～ 36.

利益的补偿机制，以实现水资源利用的最大化。[①]

利益共享是武汉城市圈成功构建的关键。在财政"分灶吃饭"的前提下，每一个行政区域都是一个独立的"经济人"。武汉城市圈是多个"经济人"的利益结合体，因而只有寻找到广泛的利益结合点并展开行动，才能扎实有效地推动省会经济圈建设。

利益共享是调动武汉城市圈9个城市积极性的内在动力机制，是采用市场经济手段解决区际合作问题的关键举措。建立利益协调机制不仅是避免9个城市产业同构竞争的需要，而且是实现省会经济圈共同发展的需要。当前，武汉城市圈9个城市必须树立武汉城市圈的整体发展观念，建立统一有效的利益共享机制，把利益共享作为区域发展的宗旨和协调圈内经济合作的手段，跳出本位主义的窠臼，站在全局高度制定发展战略和发展规划，才能逐步形成优势互补、分工合理的产业一体化，交通衔接、物流通畅的基础设施一体化，商贸互动、政策统一的市场一体化，平台共享、人才流动的科教一体化等全方位融合的武汉城市圈发展格局。所以，在构建武汉城市圈时，一定要坚持利益共享，不论在发展中提出什么思路，都应该问一问这种思路能不能实现利益共享和发展共赢。[②]

针对武汉城市圈的生态文明共建共享问题，情况就更加特殊，因为生态文明建设、环境的保护和治理具有很强的外部经济性和外部不经济性。在整个城市圈的利益协调过程中，不但要考虑不同城市的利益主体性，还要考虑生态建设和环境保护、治理的外部不经济性和外部经济性，这就是一个比较复杂的多因素影响下的利益协调问题。因此，建立能够满足武汉城市圈每个城市的利益要求，并且符合生态建设和环境保护、治理的特点的利益协调机制就显得特别关键。

第四节 基于城市圈生态文明共建共享协调的综合决策机制

中国的生态文明建设是一条与全面小康社会建设和社会主义现代化建设融

---

① 陈群元.2009.城市群协调发展研究——以泛长株潭城市群为例.东北师范大学博士学位论文：203.

② 刘健.2008.省会经济圈系统协调机制研究.合肥学院学报（社会科学版），25（1）：4～8.

合共建的道路，大力推进生态文明建设，不是要另辟蹊径，而是将生态文明建设的理念、要求和目标全面融入到现行的经济社会运行系统中，使之成为国民经济社会发展的有机组成部分。为此，建立生态文明建设的组织实施机制，既要依托现有的体制和组织，又要运用生态文明的理念和要求对其进行绿色提升和改造。这需要在3个层面展开：第一是在国家层面，建立生态文明建设高层级的组织协调机构，负责制定生态文明建设总体规划和评价指标体系，完善生态文明建设的顶层设计，研究制定鼓励区域生态文明建设的政策、措施，负责生态文明建设重大问题的综合协调和监督，组织实施跨区域的重大生态工程，监督各级区域生态文明建设，并对建设成效进行系统总结和合理评估。把握当前行政机构改革的机遇，将生态文明建设的战略要求贯彻和分解到各个部门，改变生态文明建设主要由环保、林业、国土等少数部门推动的局面。第二是在区域层面，把生态文明建设上升为区域战略进行整体推进、强力推进，与国家战略对接，各级区域要深刻认识到区域生态文明建设不仅仅是被动地执行中央决策，更不仅仅是地方环保和林业等部门的日常工作，而要从建成全面小康社会和"五位一体"总体布局的高度，将生态文明建设作为区域发展的总体战略，融入到区域经济社会发展的各个方面、各个领域。在组织实施机制上，应把生态文明建设纳入地方行政首长负责制，实施生态文明建设的责任制和问责制。第三个层面是深化中央部门与地方的合作机制。通过签订环境保护合作协议、试验（示范）区建设等多种形式，在土地扶持、项目引导、资金倾斜、科技支撑等方面开展具体合作，共同编制和实施跨界区生态文明建设规划，形成中央职能部门和地方政府协同推进生态文明建设的机制。[①]

武汉城市圈的生态文明共建共享综合决策机制的建设，实质上是要协调每个城市有关生态文明建设方面的利益矛盾，使得武汉城市圈9个城市能够有一个比较合理有效的利益连接机制，以促成其同心协力建设生态、保护和治理环境。

第五节　基于城市圈生态文明共建共享的沟通协商机制

对于一个城市圈来说，各项工作都需要开展有效的沟通与协商，有效的沟

---

① 黄勤．2013.我国生态文明建设的区域实现及运行机制．国家行政学院学报，（2）：108～112.

通与协商是一个城市圈能够正常运转的基本保障。有关城市圈生态文明建设共建共享问题，是典型的公共事务由城市圈共同承担的问题，这就更需要城市圈内部每个城市之间要有充分的沟通协商，下面以武汉城市圈为例，对城市圈生态文明共建共享的沟通协商机制进行探索。

在武汉城市圈"两型社会"建设中，加快推进圈内城市一体化进程，实现政府转型的核心在于利益平衡。目前，武汉城市圈内各城市之间的综合实力和社会发展水平差异较大，在区域发展中所获得的实际利益并不均等，也不完全同步。推进武汉城市圈一体化，需要构建相互间的利益平衡机制。而构建利益平衡机制的前提是完善协商沟通机制。从武汉城市圈的实际出发，重点是完善3个层面的协商沟通机制。一是省级层面的协商沟通机制。主要是协调与湖北省政府、省直有关部门和圈内9个城市的关系。可将现有的非常设机构——武汉城市圈"两型社会"建设领导小组，改成常设机构——武汉城市圈"两型社会"建设管理委员会，其职能以协调与管理区域性公共事务为宗旨，主要就区域公共事务进行跨界决策、执行和监督。二是武汉城市圈9个城市层面的协商沟通机制。主要是协调武汉城市圈9个城市的关系。建立武汉城市圈9个城市市长联席会议制度，按照"优势互补、互利互惠、平等协商、共同发展"的原则，协调解决城市圈建设中的有关问题，并建立区域协调常设机构，具体负责落实市长联席会议作出的决议。三是武汉城市圈内部的城市层面的协商沟通机制。主要是协调武汉城市圈内部分城市间的双边或多边关系。加强武汉城市圈9个城市之间的联系，建立天门、仙桃、潜江汉平原城市圈，黄石、鄂州、黄冈东城市圈，武汉、孝感、咸宁都市圈等，构建圈中圈、圈套圈的城市网络体系和协商沟通机制。[1]定期召开城市圈各成员城市领导会议，为各地政府就地区经济发展问题进行协商并达成共识提供必要的经常性机制。它既要有灵活性，又要有一定的约束力，即任何议程一旦达成共识、形成议程和进行承诺，就有了"隐形压力"，也就必须完成。制度化的议事机构要继续发挥自身的作用，进一步推动城市圈内各城市之间的合作向高层次、宽领域、紧密型方向发展。[2]

关于城市圈沟通协商的层级，可以根据沟通事务的性质，采取不同的沟通层级：①城市政府首脑级定期会晤。政府首脑的定期会晤，主要是解决城市之间的有关生态文明建设和环境保护治理的总体框架问题，通过政府首脑的定期会晤，为下级职能部门的对接奠定基础，也是武汉城市圈生态文明建设方面的最重量级沟通。②政府常务副市长层级的定期会议。政府首脑层级的沟通，是

---

① 江国文，李永刚，汤纲. 2009. 武汉城市圈"两型社会"建设协调推进体制机制研究. 学习与实践，（2）：164～168.

② 毛良虎，赵国杰. 2008. 都市圈协调发展机制研究. 安徽农业科学，36（7）：2955～2956.

解决最高层的框架问题，政府常务副市长就是解决常规事务问题的最重要沟通，通过这个层级的沟通，武汉城市圈内9个城市有关生态文明建设、环境保护和治理方面的最日常的常规性事务的沟通就不会再有障碍。③相关职能部门的沟通。相关职能部门之间的沟通，主要旨在解决专业性的专项沟通。比如，武汉城市圈内每个城市的环境保护部门组织联席会议，去讨论解决武汉城市圈内有关环境保护的具体事项，这个就应该针对专门的事项去沟通协调，以落实政府首脑会晤确定下来的框架任务。相关职能部门的沟通是把城市圈的相关协调事务真正落到实处的沟通形式，武汉城市圈每个城市的相关职能部门都应该建立起来联系机制，以顺畅、有效地落实武汉城市圈内的各项协调事宜。④具体办事层级的沟通。前面3个层级的沟通重点都是在于协调，但当一个事项协调结束后，就应该进入落实环节，如果在落实环节很多事务性工作处理不畅的话，前面的沟通都将只是一纸空文、一堆空话。因此，有关武汉城市圈的生态文明建设的办事层级的沟通是非常关键的、落实层面的沟通。

关于城市圈沟通协商的方式，武汉城市圈在建设生态文明方面可以采取多种方式开展进行，主要有以下几个：①不定期会晤。这种方式的优点是灵活方便，容易把不同城市的相关部门协调起来。其缺点是如果不形成定期的机制，就会使会晤过于随意，很难长久。②定期会议。定期会议的优点是可以由固定的机制去协调城市圈生态文明建设相关问题，使得生态文明建设工作一步一步推进。其缺点是如果在某个时期没有重要事项协调，因为已经形成了定期会议的机制，也必然是在相应时期召开会议，就会使得会议的效率不高，没有成效。③针对事件的随机沟通方式。如果某一具体事项需要沟通，城市圈各个政府的相关部门就针对这一事项进行沟通，方式可以灵活多样。这种方式的优点就是具有很强的针对性，沟通起来能够就事论事，效率较高。其缺点是针对具体事项进行沟通，很容易陷入错综复杂的琐事中去，使得沟通非常烦琐。

第六节　基于城市圈生态文明共建共享的市场机制

城市圈经济联系不仅仅表现在城市圈内分工基础上的商品贸易流动，而且表现为城市群内外复杂的要素流动，正是这些经济资源和要素频繁跨越城市间的行政区划界限，像一条条纽带将区域内的相邻城市编结成城市群。各城市之间只有不断地进行物质、信息、能量的交换，才能保证整个城市群有序运行。美国的经验告诉我们，发达的市场机制会自发地推动城市群的形成和发展。只有在完全开放的市场化条件下，才能优化配置各种经济资源，形成城市群合理的职能分工。因此，应该努力建设统一的产品和要素市场，为各种要素的自有流动创造条件，消除地方保护主义和区域歧视政策，在市场准入、税收和企业待遇上一视同仁，创造公平竞争的市场环境，促进各城市资源的优化配置，也为经济主体的经济活动降低交易成本。

武汉城市圈统一的市场体系与城市群经济发展的要求还存在差距，因此完善各类市场体系是当务之急，应着力建设城市群内的商品物流共同市场、人力资源共同市场、产权交易共同市场、科技成果及知识产权保护共同市场，以及基于信息网络平台的信息共享等，保障市场机制发挥基础性作用。在全球化时代，提高武汉城市圈资金的积累与引进能力，以及拥有国际接轨的市场经济发展环境是完善统一的市场体系所必需的，香港和广州应当在金融服务业，以及相关专业化服务方面加强合作，推动统一开放的市场体系的完善，领导武汉城市圈经济发展。城市群内各城市应积极合作，大力整顿群内的市场竞争秩序，营造一个诚信和公平的市场环境，通过有效率的竞争优化整体资源配置，增强彼此互利互惠的基础。城市群内的各级政府必须从区域大市场的观念出发，加快体制改革和政府职能转化，积极为所有的企业创造更加良好的制度环境和宽松的发展环境。政府间的竞争应该体现在主动服务上，要鼓励本地企业积极参与市场竞争，坚决摒弃一切有悖于市场机制的行为与规则，促进区域经济向一体化方向协调发展。[①]

对于武汉城市圈生态文明建设共建共享的市场机制构建来说，关键是要做好一体化大市场的建设、城市圈区域生态补偿机制的建立、城市圈区域生态环境资源价格制度的建立3项工作。

一、一体化大市场的建设

（一）一体化大市场建设的内容

目前，以市场为导向的区域协调机制尚未完全形成。中国统一的大市场被行政力量划分为不同的地方市场，这种市场的地方性分割有很多弊端：其一，市场的分割造成了城市之间不能按照比较优势进行专业化分工，城市群内产业

---

① 毛良虎，赵国杰.2008.都市圈协调发展机制研究.安徽农业科学，36（7）：2955～2956.

结构高度趋同；其二，市场的分割造成了各城市之间的贸易壁垒甚至比国际贸易的壁垒还要严重，从而使得在地方保护主义庇护下的产业缺乏参与国际竞争的竞争力。只有以大区域为空间，建立统一的市场体系，实现诸要素的空间自由流动，在更大的空间范围内实现协同发展，通过互补与创新保持持久的竞争优势，才能使经济的发展在更高、更广的层面上显示出活力与生机，才能促使城市群从形式的一体化走向实质的一体化。完善当前的市场制度主要应从以下几个方面入手。

1. 产权市场的一体化

产权市场是生产要素流动和配置的重要载体，是实现生产要素的加速流动和资源的有效合理配置的重要手段。通过推动产权市场的一体化，有利于实现生产要素的跨区域自由流动，促进区域市场一体化发展。只有当产权能够在不同主体之间进行广泛、公平、有效率的流动时，市场机制和价值规律才能真正地促成资源的优化配置，提升市场经济运行的总体效率。同时，产权市场的一体化，必然促使人才市场、物流市场、信息市场的一体化发展。推动产权市场一体化的主要形式是企业跨地区分布和企业跨地区并购，其结果是企业的生产要素能够在更大范围内、特别是不同的区域之间自由流动，生产要素跨区域的流动和组合，促进了区域之间的相互渗透、逐步融合，形成了以资源有效配置和整体利益最大化为基础的区域专业化分工格局。[①]城市群可以借产权制度改革为突破口，大力推进国有中小企业民营化，实现区域内企业资源重组，形成跨区域、多层次、多种所有制结构的企业集团。

2. 资本市场的一体化

资本市场的一体化，有利于扩大城市群各城市的融资范围与融资渠道，促进资本要素的优化配置，以市场手段促进发达城市的资金流向欠发达城市，弥补落后城市的发展资金不足。推动城市群资本市场的一体化，应大力发展跨地区的票据抵押贷款等业务和同业拆借市场，积极促进金融、信息、咨询、中介等企业的跨地区发展，积极探索共建合作基金和共同市场的操作方法。

3. 技术市场的一体化

培育城市群统一的技术市场，有利于推动科技成果的迅速转化，适时地为企业提供适用的技术成果，提高企业的经济效益，促进城市群产业整体的结构

---

① 彭再德，宁越敏. 1998. 上海城市持续发展与地域空间结构优化研究. 城市规划汇刊，（2）：29.

转换与技术升级，是城市群经济发展的内在动力。建设共同的技术市场，应推动科研单位、高等院校科研的市场化、产业化，构建产学研和科技开发联合体，共享技术创新优势和技术转让成果，积极促进高新技术的研究与转化，联手共建企业研发中心，建立科研与技术开发协作网络和技术信息与交易网络。

4. 人才市场的一体化

在城市群人才市场一体化发展方面，应进一步完善各城市间互补的人才流通体系和人才市场，逐步实现城市群的各个城市之间的相互开放，劳动力能够自由地在各个专业部门、城市和企业之间自由流动，不存在任何行政的规定和人身依附性而阻碍这种自由流动，人才可以在城市群区域内自由流动，不迁户口，不转学籍，互认职称，实行一证通。例如，2007 年 5 月，泛长株潭"3 + 5"城市群人事局长联席会议共同签署了泛长株潭城市群人事人才合作框架协议，就促进区域内人才无障碍流动的措施达成了共识。

5. 完善市场法律制度的建立

从国外城市群协调发展来看，资本主义国家在进入市场经济初期，也面临着城市群区域协调发展问题。为了推进区域市场一体化及城市群协调发展，美国 1809 年就通过了反垄断法，1914 年又通过了《联邦贸易委员会法》，德国于 1909 年就制定了反不正当竞争法，以规范地方政府间的地方保护行为。因此，推进我国城市群区域市场一体化，需要加快相关法律体系的建设与完善。这一体系应当包括：一是市场主体方面的法律，如独资企业法、公司法实施细则；二是市场行为方面的法律、法规，如市场交易法、买卖法、反垄断法、反不正当竞争法；三是有关市场管理方面的法律，如工商行政管理法、市场管理法等。

6. 深化政府体制改革

要建立真正完善的市场制度，关键还是要深化政府体制改革，使城市政府从全能政府向有限政府转变，从具体的经济事务中解脱出来，尽可能少地对经济发展进行直接的干预，生产要素的配置放手由市场去决定，规范政府的财权、事权。政府部门主要从事那些市场无法办到的事，比如，对经济进行宏观调控，进行市场监管，营造良好的投资生活环境，保护公共资源，维护公共安全，扶助弱势群体，提供公共产品等。[1]此外，建立完善的市场经济制度，还应加强相关配套的户籍制度、住房制度、教育制度、就业制度、医疗制度、社会保障制

---

[1] 刘加顺 . 2005. 武汉都市圈一体化研究 . 理论月刊，（1）：30.

度等方面的改革力度与创新。①

（二）一体化大市场建设的方向

武汉城市圈的一体化市场建设，必须从下面几个方面着手进行。

1）要打破行业垄断和地区封锁，促进商品和生产要素在区域市场自由流动，健全统一、开放、竞争、有序的现代市场体系。在振兴武汉城市圈过程中，资源整合必须借助于市场的力量。通过建立统一开放、竞争有序的生产要素市场和商品市场，打破地方保护，促进武汉城市圈内商品和生产要素的自由流动，既可以促进生产要素和商品合理流动，同时也是吸引国外资本、国内民间资本进入武汉城市圈的主要途径。地方保护主义对地区发展是一种损害，更不利于全国整体利益的最大化。因此，要进一步破除地方保护和地区封锁，通过区域内部的统一协调，打破在资金、人才、技术、资产重组、人口和产品流动方面的各种障碍，确保形成区域内部的统一大市场，实现区域内部的市场开放和要素的自由流动，促进区内与区外之间的交流与合作。

2）要加快统一产权市场体系建设，对各类企业一视同仁，政府采购、公共投资项目一律实行全国公开招标、竞标。让国有资产产权，包括经营权、厂房、设备、土地、无形资产和劳动力，能够自由进入市场。尽快组建武汉城市圈统一的联合产权交易市场，对投资者和各类产权交易创造一个统一、流动、高效的交易场所。

3）要扩大资本流动，建立区域统一的资本市场。市场的引力可加快企业的重组、并购与联合，而资本市场的发育是企业重组的成功基础，区域统一的资本市场是全国统一市场形成的先决条件。武汉城市圈正处于经济转型和结构调整的关键时期，加强基础设施建设和企业技术改造需要大量的资金投入，因此武汉城市圈应加快金融体制的改革，促进统一资本市场的形成与完善，以充分发挥大区域金融机构的作用。目前，应制定和运用区域性货币政策，鼓励各基层银行对成长期企业增加贷款，应积极促进现有金融机构按照规范的行业运作模式，建立良好的内部治理结构和市场化的经营机制，推进金融创新应培育多层次、各种类型为企业服务的资本市场。

4）要改革现行的户籍管理方式，取消对外地劳动力就业的歧视性限制，鼓励各类劳动力就业竞争。促进劳动力市场的建立和完善，通过市场机制配置劳动力，为所有人提供大致相同的基本公共服务。

5）要加强武汉城市圈区域内的商品贸易合作，建立区域统一的商品市场。

---

① 陈群元 . 2009. 城市群协调发展研 —— 以泛长株潭城市群为例究 . 东北师范大学博士学位论文：89.

为了促进空间市场一体化，应在武汉城市圈建立生产协作和商品服务交流关系，形成互相提供产品和服务的市场，以共同利用生产服务设施和信息等要素，这主要适用于区域的基础服务产业和辅助性产业。

6）要完善武汉城市圈地区市场一体化的支撑平台。加强区域合作，协调共建区域交通网络、信息网络，完善支撑市场一体化的物流平台和电子商务平台。积极发展专业化的市场中介服务机构和各类行业协会等自律性组织。加快建设企业和个人信用服务体系，建立区域统一开放的诚信网络。完善行政执法与舆论监督相结合的市场监管体系，优化区域市场环境。

7）要实现武汉城市圈内市场管理的标准化、规范化和统一化。针对城市圈内各地区之间在包括服务体系、程序、方式、质量等方面所存在的差异，应当以区内市场服务标准化为目标，努力构建具有统一标准的规范化的市场服务体系。

8）要废除城市圈内各区域之间阻碍公平竞争、排斥外地产品的地方保护主义等各种分割市场的规定，打破行业垄断和地区封锁，促进商品和各种要素的自由流动和有序竞争，同时要加快要素市场的培育和发展，为武汉城市圈市场一体化建设奠定基础。

9）要促进城乡统一市场的形成。应加快推进武汉城市圈地区的农村工业化和农村城镇化，在建设统一市场的目标下，逐步消除在城乡资本、人才与劳动力、商品、土地等市场形成过程中的管理体制、运行机制、信息交流等方面的障碍。要把现行强制性的行政征用行为转变为交易性的市场购买行为，发挥市场的基础性作用，实现城乡市场的统一。

城市圈一体化大市场的建立，会涉及大量的城市圈内部各个地区的利益调整，在一体化市场建设的过程中，建立起每个区域的利益表达机制和利益实现机制非常关键。

二、城市圈区域生态补偿机制的建立

长期以来，没有科学地界定区域生态环境资源产权，明晰区域生态环境资源的产权关系，建立起在法律上强有力的并且切实可行的区域环境资源产权制度，导致区域环境资源产权不明晰。在法律制度上，也没有规定中央政府、地方政府、部门，以及居民在区域环境资源上的权利和义务，使区域环境资源的所有权和使用权在实际运作中每每不加以区分，特别是区域环境资源的使用权侵犯所有权的现象普遍存在。正是由于区域环境资源的公共性，以及所有权与使用权的模糊性，各类生态环境资源的行政管理部门受利益的驱使，往往任意

利用区域环境资源的使用权。同时，在对待区域生态资源问题上，往往无偿利用和破坏生态资源。如果允许这种既不核算保护生态环境所作出的贡献，也不补偿生态环境破坏所蒙受的损失的现象继续存在下去，势必会进一步加剧"公地的悲剧"。

建立区域生态补偿机制的理论根据和社会意义在于实现社会公正，而社会公正离不开生态公正。生态补偿是实现生态公正的重要手段。我国区域之间在经济发展、资源利用，以及财富占有等方面存在的不平衡现象，都与生态不公正密切相关。在对生态资源的拥有，以及实际享用方面，东南沿海发达地区和中西部不发达地区存在严重的不公正现象。从产业结构来看，东南沿海发达地区利用资金、技术、管理等一般创造性资源比较丰富、流动性强，对初级产品具有深加工能力、产业链条长等方面的优势，得到了较快发展和率先发展。中西部贫困地区虽然拥有丰富的自然资源，但是长期以来主要处于为发达地区提供矿产和原材料供应基地的地位。该地区的工业主要以能源和原材料工业为主，大多属于耗水、耗能大户和污染密集型产业，导致形成资源高消耗、污染高排放的经济结构。不同地区的居民在环境污染方面的受害影响问题上，存在事实上的不公正。不仅如此，贫困地区大部分资源产品和初级产品以低价提供给发达地区，然后再以高价从发达地区购买加工产品，造成双重利润流失。这一方面导致不发达地区的大量资源以初级资源产品这种不公正的方式大量流失，另一方面粗放式经济导致了严重的生态问题。不发达地区在造成环境污染和生态破坏的情况下，无力投入必要的资金进行环境保护，使生态环境恶化日益严重，由此引发的地区贫富差异拉大、生活质量悬殊等不公正现象越来越突出。一些中西部贫困地区的农民为了改变贫困面貌，背井离乡，到发达地区寻找致富途径，对土地不再依恋，任其荒芜。发达地区在追逐利润而又洁身自好心理的驱使下，将污染的产业梯度转移到不发达地区，进一步加剧了不发达地区生态环境的恶化和社会不公正。

要改变这种不合理的现象，必须建立跨区域生态补偿制度。要对各区域的生态贡献和环境污染损失进行科学核算，为建立合理的生态补偿制度奠定基础。应实施生态补偿的公共财政政策，中央财政和生态受益区财政应将区域生态补偿资金纳入常规性预算之中，用于补偿贫困地区放弃高能耗、高污染产业，以及输出廉价的资源产品和初级产品带来的经济损失。①

---

① 方世南 . 2009. 区域生态合作治理是生态文明建设的重要途径 . 学习论坛，25（4）：40～43.

三、城市圈区域生态环境资源价格制度的建立

在区域生态治理中，要确立生态环境资源价值理念，利用价格杠杆优化区域生态环境资源的配置，努力形成鼓励合理开发和节约利用区域环境资源的价格体系，制定鼓励跨区域生态功能地区的核电、风力发电、垃圾焚烧发电及生物发电的价格政策，形成价格随环境资源量递增的机制，达到抑制多占、滥占和浪费区域内环境资源，达到节约利用区域内环境资源的目的。要建立和完善区域污染物排放的价格约束机制，进一步完善区域排污费征缴的政策措施，提高生态功能区域污染排放成本。要构建排污权交易制度，逐步实行污染物和二氧化硫排放总量的初始有偿分配使用机制，用经济手段鼓励跨区域生态功能地区的企业主动治污，积极发展循环经济，限制污染物的排放。要进一步促进环保设施建设和运营的市场化进程。实施环保型价格政策，建立排污者缴费、治污者收益的机制，通过收费政策，推动环保设施建设和运营的产业化、市场化和投资主体的多元化。

对于武汉城市圈来说，建立生态环境资源价格制度由于基础薄弱，前期工作匮乏，难度相当大。应该就上述相关事宜逐步开展，步步推进，建立有利于武汉城市圈生态建设和环境保护治理的环境资源价格制度，这样才能使生态建设和环境保护的投入者获得应有的经济补偿，使用者付出必要的经济代价。这才是比较公平合理的经济调节方式，将会更加有利于武汉城市圈的生态建设和环境的保护和治理。

第七节　基于城市圈生态文明共建共享的资金筹措机制

要按照区域开发银行的模式来组建区域经济开发银行，也可以按照商业银行法则，经过严格审贷，对都市圈内的开发项目实行一般商业贷款或短期融资。在此基础上，应建立区域共同发展基金，使协调机构具有相当的经济调控能力和投资管理能力，以促进区域合作与发展。[①]同时，区域合作需要第三方资金或

---

① 毛良虎，赵国杰 . 2008. 都市圈协调发展机制研究 . 安徽农业科学，36（7）：2955～2956.

基金的支持。区域合作的内在非均衡性，导致发展中各参与者收益的不一致，从而需要第三方利益的协调与分配，欧盟在这一环节的做法具有相当的借鉴意义。例如，欧盟于 1975 年设立结构基金（欧洲区域发展基金、欧洲社会基金、欧洲农业指导和保证基金、渔业基金）加速了区域一体化的发展。未来中国统筹区域协调发展，在遵循市场经济原则的基础上，可以通过建立区域合作基金，对参与区域协调带来利益损失的地区进行基金支持，从而真正实现市场化行为，真正达到地区统筹发展的利益共享。①

对于武汉城市圈的区域发展资金包括生态文明建设的资金筹措，也可以借鉴发达国家和地区的先进经验，采取多种形式筹措资金：①成立武汉城市圈区域发展开发银行，这样的银行带有很强的政策性质，专门针对武汉城市圈的经济社会发展提供相应的发展资金，主要是专项贷款性质的运作。②每个城市拿出一部分资金共同成立发展基金，发展基金主要解决城市圈内的公共事务建设所需要的资金问题，基金的管理原则是"大家出资，大家管理，大家受益"，资金主要用在城市圈内部的纯公共事务方面，针对这些事务，如果没有城市圈层面的资金支持，某一个地方政府很难并且也不愿意单独出资去做相应的事情，所以必须有相应的发展基金做支持。③针对某一事项的专项资金。城市圈的生态文明建设牵涉面广，投资需求大，资金的缺口也很大，建设资金的来源应该多口径、多渠道。城市圈内有些重大事项，单靠某一方面的资金很难解决，就应该争取专项资金的支持，专项资金的来源主要是上级政府的支持。④市场资金。从普通意义上理解，生态文明建设是一个投入大、短期收益小，长期才能见到效益的工作，但由于该项工作牵涉人民的健康与福祉，非常重要，所以又不得不做。基于这些特点，一般来说，用于生态文明建设的资金一般来自于政府，但是实际上生态文明建设也是可以产生短期收益的，这就为市场资金参与进来提供了可能。市场资金参与生态文明建设的主要方向，可以选取生态产业和环保产业着手进行投资，这些方向更容易采取市场的方式运作，更容易实现短期收益，这符合市场资金的特点，也具有比较大的可行性，是可以协助政府资金解决生态文明建设资金缺口的相关问题的。

① 周小云 . 2006. 区域协调发展的困境和路径选择 . 商业研究，（16）：23 ~ 25.

第八节　基于城市圈生态文明共建共享的官员考核机制

我国目前的地方官员绩效考核制度片面强调"GDP"。首先，在衡量官员政绩的所有指标中，GDP 往往成为压倒一切的标准，我们知道 GDP 是衡量经济增长的一个指标，它考虑的主要是绝对的数量增长，并不会把经济发展的社会成本计算在内，也不能够反映经济发展的环境成本。但目前我国对地方政府行政官员的考核体系中，当地的经济发展占了绝对的比例，导致地方经济"大干快上"，区域合作成了各地方领导想办法谋求政治经济利益的手段，因为"数字出政绩，政绩出官"。其次，评估程序不完善，没有规范化、法制化，所以最后的评估结果很难客观公正。最后，对于人和社会的发展指标涉及很少。比如，社会稳定、人民生活、环境改善、精神文明建设等都应该作为官员政绩考核的指标。总之，我国对地方政府绩效考核的指标体系还很不健全、不完善，这正日益成为制约我国经济可持续发展和社会和谐进步的一大障碍。[1]

如前所述，我国现行的政绩考核标准过于单一，迫使地方官员无暇关注本地区经济之外的事务和本地区之外的经济事务，对区域经济合作也往往采取消极的态度，甚至为了本地区经济发展而采取地方保护措施，为了自身利益的最大化而忽视全局利益，从而导致地方政府活动的不协调，成为区域经济合作顺利发展的一大障碍。基于此，中央政府应制定更为科学的政绩考核制度：首先，在评判地方官员政绩时，除了考核其任内辖区经济发展成绩之外，还应把官员任内成绩放到其任前地区现状和任后地区发展的整个过程中去，以引导地方官员抛弃急功近利的思想。其次，除了考核地方官员发展经济的能力之外，还应更加注重对其在社会管理、发展教育、社会保障、环境治理等工作中成绩的考查，以引导其重视社会的协调发展。最后，也是与推进区域经济合作关系最紧密的一点，就是要综合考核地方官员对本区域经济和区域经济合作两个方面的贡献，以规避地方保护现象的出现。[2]

改革和完善武汉城市圈地方政府政绩考核体制，落实领导干部任期环境保护政绩考核，建立生态环境保护和建设管理绩效考核机制，把生态环境保护和建设纳入经济社会发展评价体系。制定科学的评价指标，并将其纳入党政干部政绩综合评价体系，考核评价的结果直接与领导干部升迁挂钩。实行严格的问

---

① 毕丽华，李灿林.2009.基于政策网络治理模式下的区域政府间合作.当代经济管理，31（8）：27～30.
② 王宝明，詹丽靖.2006.试论区域经济合作下的地方政府职能重组.桂海论丛，22（4）：43～46.

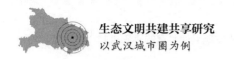

责和奖惩制度，推行生态环境保护目标责任制和环境污染、生态破坏事件责任追究制，将各项任务层层分解并落实到人，对没有完成生态环境保护任务、环境质量恶化及因决策失误或监管不力造成重大环境事故的领导干部和公职人员，要进行责任追究。①

一、我国现有政府绩效考核制度的缺陷

虽然我国政府的绩效考核在促进经济建设方面发挥了非常重要的作用，但同时也暴露出了相当多的问题，主要包括如下几个方面。

（一）过分强调经济增长

现行的政府绩效考核指标实际上只看两个：一个是经济增长率，另一个是社会安定情况。分析这两个指标，借用赫兹伯格的"双因素"理论，我们可以发现"经济增长率"属于"激励因素"，做得好能够获得激励（对于政府官员来说，意味着提拔与重用），而"社会安定"是"保健因素"，做得好也不能获得激励，但做不好就会受到惩罚（对于政府官员来说，意味着降职甚至罢免）。基于这两个指标对于政府官员绩效考核的影响方式不同，政府官员比较理智的策略是大力发展经济，获得较高的经济增长率，以图获得提拔与重用，投入一定的精力维持社会安定，别让社会出乱子就行了，除此之外，对其他事情不必太过关注，以免浪费精力。在单一考核指标的指引下，政府不关心与短期内经济建设无关的，但是会对社会的中长期发展造成影响的其他事务的管理。而对于生态文明建设和环境保护、治理来说，目前的考核指标体系还不能左右政府官员的命运，只是一个微不足道的指标，所以政府官员可以不太关注，甚至不予理睬，目前已经造成了非常负面的影响。

（二）对经济发展质量关注不够

我们对经济增长与经济发展进行一下比较。经济增长指标是能够衡量的、可以量化的，并且经济增长可以通过诸如增加固定资产投资、拉动内需等行政手段在短时期内实现，所以各级政府都热衷于追求经济增长率。经济发展质量作为评价经济增长的抗风险能力、可持续性、资源节约情况、环境污染情况等的指标，计算起来相当麻烦，甚至到目前为止尚没有一个比较权威的评价方法，

① 梅珍生，李委莎．2009.武汉城市圈生态文明建设研究．长江论坛，9（4）：19～23.

并且追求经济发展质量需要增加很多方面的投入。通过比较我们发现，政府官员追求经济增长能够立竿见影，而追求经济发展质量却耗时耗力，往往又会吃力不讨好。所以，地方政府理智的选择就是追求经济发展速度，而对经济发展质量相对忽视。如我们分析的那样，经济增长速度指标直观、明了，经济发展质量指标复杂、操作起来相当困难，上级政府选择考核指标的时候，也容易产生"简单偏好"。

（三）短视行为

由于政府官员的每届任期只有四五年，上级政府针对某官员的考核主要是看这四五年该官员所辖地区的经济增长情况。因此，地方官员在做决策的时候，就会选择那些投资周期短、收益快的项目重点投资。而那些投资周期较长的项目，由于其建设周期长、投资回报慢，使得政府官员在任期内的投资在当期见不到效果，自己"栽树"却不能"乘凉"，在没有外力的约束下，政府官员一般不会将其作为重点进行投资。从上级政府的角度分析，上级政府在考核下级政府的时候，同样遇到任期的问题，上级政府的官员也在追求在任期内能作出一些立竿见影的成绩，故评价下级政府官员的时候，有"短期偏好"也不难理解。

（四）缺乏全局意识

地方官员管辖的都是某一个有界限的行政区域，上级政府的考核也是依据某地方官员管辖区域的经济社会发展情况。因此，地方政府官员需要做的最重要的事情就是"耕好自己的一亩三分地"，所以很多地方政府官员只关注所辖区域的经济发展，不与其他区域交流，不参与更广范围的分工合作。但是，有很多诸如环境污染的治理、产业结构的规划、基础建设的布局等事务牵涉面广，影响巨大，仅依靠一个地方政府的能力是无法完成的。另外，由于有些区域间事务具有外部经济性，造成投资带来的收益存在"外部人搭便车"的效应，让投资者间接给"外部人"埋了单，出现了投资者，出现了投资与收益不成正比的情况，还有些区域间事务具有外部不经济性，造成的破坏不仅仅影响到自己，带来的损失不仅仅自己埋单，"外部人"也会连带遭受损失，埋了不是其"消费"的单。由于这些效应，造成了区域间的利益冲突不断，各区域政府缺乏全局意识。聚焦到武汉城市圈生态文明建设的问题上来，武汉城市圈的生态文明建设是武汉城市圈每个城市都必须参与解决的问题，每个地方的政府如果缺乏全局意识，就很难彼此配合，精诚合作、同心协力地解决武汉城市圈面临的生态环境问题。

除此之外，现有地方政府的绩效考核方面还存在程序不完善、方法不科学、

参与度不够、透明度不高等弊端。

二、现有政府绩效考核制度缺陷产生的不良影响

政府绩效考核制度的不完善，导致了很多严重的后果。与区域生态文明共建共享有关的不良影响有如下几个方面：环境治理和生态保护方面的各自为政、以邻为壑，割裂生态系统的完整性，造成严重的环境污染和生态破坏；产业布局相互竞争，导致产业结构严重不合理，陷入惨烈、低层次竞争的"红海"[①]；各地竞相建设开发区，出现了规模庞大的"圈地运动"[②]，造成了极大的浪费；各地为了增加本地企业的销售额，对外地企业的产品进入本区域采取了严格限制与刁难，造成市场的行政垄断；各地为了追求 GDP 的增长，都在招商引资方面下足工夫，不同地区之间恶性竞争，违规减免税收、降低低价，采取不当保护，等等，这些后果极大地影响了区域之间的合作热情，难以形成集团优势，不利于分工协作与提高效率，不符合世界经济的发展趋势与规律，将会极大地影响我国的经济建设的速度与效果。

三、政府绩效考核体系重构

温家宝同志在第十届全国人民代表大会第三次会议上的政府工作报告中指出，要"坚持以人为本、执政为民，牢固树立科学发展观和正确政绩观，大兴求真务实之风，严格执行统计法，抓紧研究建立科学的政府绩效评估体系和经济社会发展综合评估体系"。这表明中央政府已经意识到地方政府的绩效考核存在着很多的弊端，并且已经下决心整改。

为了缓解区域之间的利益冲突，更快更好地协调区域之间共同建设生态文明，保护、治理环境，对地方政府的绩效考核体系应进行相应的调整。应该重新定位政府的职能，真正发挥政府在经济建设中应有的作用；应该完善政府考核体系的总体设计，使考核有章可循、有法可依；应该瞄准政府绩效考核的重点，在政府绩效的考核中，抓重点、看主流，防止迷失方向；应该完善政府绩效考核主体，广开言路，避免偏听偏信，考核不准；应该完善绩效考核的惩罚机制，改变"奖多罚少"及"升官多降职少"的局面，让政府绩效考核切实发挥激励

---

① W. 钱·金，勒妮·莫博涅，吉宓. 2005. 蓝海战略. 北京：商务印书馆：123.

② 这里的"圈地运动"不同于世界历史上的圈地运动，而是特指各地方政府为了政绩，没有做好充分的论证，就开始争相上马开发项目，结果征用了大量的耕地、良田，有的开发区用围墙把耕地圈起来，即使没有企业进驻，也不允许农民耕种，造成了极大的浪费，本书称其为"圈地运动"。

地方政府努力推进经济社会建设、重视建设生态文明和环境保护治理的作用。

（一）政府功能的重新定位

中国实行改革开放仅仅 30 余年的历史，在改革开放之前，实行的是计划经济体制，随着各项改革的不断深入，目前社会主义市场经济体制已经基本建立起来了。在从计划经济到市场经济的转变过程中，"市长"和"市场"在经济建设中的地位在发生着微妙的变化，长期以来，地方政府已经习惯了用行政命令、文件、制度去解决经济社会中的问题，不习惯或者不愿意让"市场"发挥它应有的功能，处处行使政治权力，造成资源浪费、效率低下、矛盾重重。

对于计划经济向市场经济转轨而言，政府改革与政府职能转变的核心问题是重塑政府与市场的关系，切实落实"市场发挥资源配置的基础性作用，政府发挥补充和辅助作用"的思路。对于政府来说，主要任务是促进市场发育，为市场机制充分发挥作用创造良好的体制环境。基于此，为了减少区域之间的利益冲突，有效地进行生态建设和环境保护治理，构建一个和谐的发展环境，政府的职能应该向以下几个方面转变：第一，政府应逐步放弃对竞争性经济行为的过多干预，让市场机制发挥出资源配置的基础性作用；第二，要加强对体制制度、公共服务、公共产品的建设与提供，创造并促进公平竞争的条件，保证市场竞争的公平、公正、公开；第三，由于市场体制本身也具有一定的缺陷，政府的功能还在于弥补市场功能的缺失和不足，保持和维护市场经济的合理性和高效运转。[①]

（二）完善政府绩效考核体系的总体设计

世界上很多发达国家都有相对比较完善的地方政府绩效考核法律或制度，比如，美国的《政府绩效和结果法案》（1993 年）、《费尔法克斯政府评价手册》（1999 年），英国的《地方政府法》（1999 年），德国的《1777 年联邦条款》，日本的《地方自治法》（1995 年）等法律制度都从不同侧面对政府绩效考核的总体方案进行了设计，这些法律制度保证了政府绩效考核的过程中有章可循、有法可依，提高了政府绩效考核的效率与效果。

对于中国来说，构建地方政府考核体系总体设计，需要明确如下几个方面的问题：第一，完善考核的指标体系。改变传统的只以 GDP 增长速度和财政收入作为评价地方政府绩效水平高低的做法，建立起与政府职能相称的完善的指标体系，然后对政府绩效进行考核，使其尽量科学、全面，下文将会从考核重

---

① 邢焕峰 . 2008. 东北经济区整体化发展及其协调机制研究 . 东北师范大学博士学位论文：88 ～ 92.

点方面去解析考核指标体系设计问题。第二，完善政府绩效考核评价主体。以往对地方政府的绩效进行评价往往只是上级政府的事情，上级政府在对地方政府的绩效考核中能够左右甚至决定考核结果，地方政府官员的命运几乎全部掌握在上级政府的手里，使得考核的主观色彩浓重，不够科学。应该完善绩效考核的参与主体，让政府官员的上级、同级、下级、服务对象，以及官员自己都有机会参与到绩效考核中去（图8-1），这样更有利于了解地方政府官员在实际工作中的情况，防止上级政府由于信息来源渠道单一造成的考核失误。第三，评价方式与评价程序的完善。关于评价方式与评价程序，现行的地方政府评价方式与评价程序对一般公众来说，过于神秘，信息公开度不够，不利于公众对政府绩效考核的监督，也不利于提升政府加强与下级、同级及服务对象的沟通与协调，这也是地方政府不注意与除上级政府之外的其他群体沟通、协调的根源，也是区域之间利益冲突频频发生，并且解决起来非常困难的根源。完善地方政府绩效考核的评价方式与评价程序，对于减少区域之间的利益冲突，促进区域之间的交流与合作至关重要。第四，关于评价区间的选择。对政府官员的考核不能仅仅只看其在任期间的经济增长，还应该考察其卸任后该区域经济增长的可持续性，以及资源耗费情况、治理环境费用的变化情况等，把考核结果与该官员退休待遇、荣誉等挂钩，切实克服政府行为的短视。

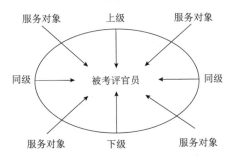

图8-1　地方政府官员的360度反馈绩效考核

（三）确定政府绩效考核的重点

政府绩效考核到底应该考核什么，以哪些方面作为考核重点，实际上与政府的职能定位有关。根据中国当前的社会经济情况，前文已经对政府的职能定位进行了阐述，与这些职能相对应，我国当前对地方政府进行绩效考核，应该把考核重点放在如下几个方面：第一，辖区的经济社会发展水平。主要指标包括经济规划和建设的水平和质量，公共基础设施的完善程度，环境绿化、美化的程度，科技文化、教育和社会公用事业的发达程度，以及公民文明素质和国家或地区的现代化水平。[①]第二，与经济圈内其他区域的合作也应该作为政府绩效考核的重点。地方政府的绩效考核内容应包括在一定经济圈内与其他行政区域之间的经济协调发展成效，具体来说可以采取与其他行政区域的经济依存度，对其他行政区域的经济贡献率，与其他行政区域的合作项目数量、规模及其质量等指标对地方政府进行考核，这样就会促进政府与其他区域的合作，更有利于大的经济区域的协调发展。

（四）健全绩效考核的惩罚机制

在现实中，对于地方政府的绩效考核，存在着一个很大的弊端就是政府官员能上不能下，能升不能降。官员升职似乎是顺理成章、理所当然的事情，除非犯了非常严重的错误，才可能降职或者罢免。这样的现象暴露出我国现行的政府绩效考核机制中缺乏有效的惩罚机制。

健全地方政府的绩效考核的惩罚机制，可以从以下几个方面进行：第一，应该对惩罚条款作出规定。政府的绩效考核是一项非常庞大的系统工程，惩罚条款应该包含牵涉经济社会建设中的方方面面，并且尽可能细化、明确，从缓解区域利益冲突的角度出发，地方政府的绩效考核条款至少应该明确对环境治理和生态保护不力、产业布局恶性竞争、开发区重复建设、区域市场的封锁与行政垄断、招商引资方面的恶性竞争等的惩罚规定，以惩戒妨害区域合作、区域一体化，加剧区域间利益冲突的行为。这是地方政府绩效考核惩罚机制的基础。第二，应该明确违规行为的界定程序和惩罚的执行程序。一旦出现地方政府违规行为，由什么机构，采取什么方式，依据什么标准，按照什么程序对地方政府的违规行为加以界定，并负责执行惩罚处理的决定，这对于地方政府绩效考核的惩罚机制构建非常关键。第三，建立地方政府绩效考核惩罚基金或者保证金。一贯的地方政府的奖惩机制都是重奖轻罚，之所以如此，一方面的原因是文化的影响，另一方面是惩罚执行困难，即使上级政府作出了罚款的决定，地方政府无钱可交，便造成了执行困难。如果建立起了惩罚保证金或者惩罚基金，则执行起来就相当容易。

健全地方政府绩效考核的惩罚机制，能够更有效地规范和约束地方政府的行为，加强对地方政府行为的引导，促进经济社会建设的顺利开展，减少区域间不必要的利益冲突。

---

① 李建勇. 2006. 中国省级政区利益冲突机理分析及其应对机制研究. 华东师范大学博士学位论文：55～62.

第九节　基于城市圈生态文明共建共享的政策协调机制

一、城市圈政策信息共享机制

城市圈内各地方政府相互间政策协调的顺利进行，政策信息的互通有无是关键。城市圈内各地方政府相互间的政策信息要尽可能共享，这样可以增加其政策协调收益的可预测性，并能最大限度地减少由于彼此政策信息不共享而导致的政策协调失败的风险。因此，城市圈内地方政府间任何一项政策协调活动的展开，首先要做的就是交互地方政府间的政策信息。

第一，通过城市圈内电子政务平台的互联沟通政策信息。当前，几乎所有的城市圈地方政府都有自己的电子政务平台，但是相互间的电子政务平台能够做到共享、共用政策信息的却很少，建立专门用于城市圈地方政府政策协调的电子政务系统更是少见。因此，互联互通城市圈各地方政府的电子政务系统，进而建立政策信息互通、共享的城市圈电子政务系统，不但可以充分利用现有城市圈地方政府的电子政务平台，实现城市圈地方政府政务信息的互联互通，而且可以建立城市圈地方政府政策协调的专用电子政务平台。同时，要注意对电子政务系统进行及时的更新和维护，以使城市圈内各地方政府能从这个平台上及时掌握城市圈内其他地区的政策信息及最新动态，由此实现城市圈内各地方政府政策信息的完全共享。

第二，定期召开城市圈政策信息交流会。虽然构建城市圈电子政务平台可以凭借先进的电子信息技术实现城市圈政策信息的快速沟通，但是城市圈内相关地方政府却不能轻易地从电子政务平台上呈现的政策信息中看出政策制定方的真正意图，这就需要城市圈相关各方就某一政策问题召开信息交流会进行专题探讨。在这种面对面的政策信息交流会上，与会各方可以深入交流有关政策的制定意图、政策最终目标及政策执行措施等方面的信息，通过协商、谈判的方式最终达成相互间政策的协调一致。

第三，建立政策信息公开机制。城市圈地方政府在政策实施前应将政策信息向所有相关利益主体公开，采取座谈会、听证会或通过新闻媒体等多种方式，广泛征求政策相关利益主体的意见，鼓励城市圈内其他相关地方政府，以及社会公众参与评价，吸收各方面的合理意见，尤其是城市圈内其他地方政府的意见，使出台的地方政策更加完善，并能与城市圈其他地方的政策相衔接，符合城市圈的整体利益要求。这样不但有利于清除具有地方保护性质的劣质政策，还有利于促进城市圈合作的优质政策的产生。

第四，构建城市圈地方政府官员交流制度。城市圈地方政府官员相互交流，一方面可以获得相关各方的政策信息，加强彼此之间的了解和信任，减少政策协调过程中"搭便车"投机行为的产生，提高城市圈地方政府政策目标的一致性；另一方面，通过交流可以相互学习对方的优势，不断提高自身的行政管理水平。同时，这种方式也有助于各地方政府加强政策协调的意识，制定政策时，能从整个城市圈去考虑自己的政策目标定位，有利于政策协调的实现。

二、城市圈政策协调相应的评估机制

为了监控政策协调活动的运行情况，及时发现并解决政策协调过程中出现的问题，同时也是为了进一步完善政策协调活动的各项运行机制，有必要对政策协调运行情况及协调效果进行跟踪评估。政策协调评估是检验一项政策协调活动的效益和效果的基本手段和途径，一项政策协调活动的效益如何，只能以政策协调过程中的实际情况作为检验标准。而政策协调评估就是在大量收集政策协调过程中各项信息的基础上，通过科学的方法分析、判断该项政策协调活动是否达到预期目标、政策协调的成本和收益如何，等等。因此，只有通过政策协调评估，对政策协调的效果进行分析和评价，才可以知道区域地方政府政策协调的经济效益和社会价值。[①]

三、城市圈政策协调损益补偿机制

在城市圈地方政府的政策协调实践中，往往难以找到最佳的政策协调方案，而经常是选择一些能够解决问题的可行方案，这就使政策协调不可避免地会对某些地方的利益造成一定程度的损害。而这种损害又不利于地方政府间政策协调的有序开展，因为利益关系是城市圈内地方政府间关系的实质。城市圈地方政府间的政策协调与否都是因利益而起，所以建立城市圈地方政府政策协调损益补偿机制，对政策协调过程中的利益受损方作出应有的补偿，就显得格外重要。

所谓政策协调损益补偿机制，就是指在政策协调过程中，各地方政府在平等、互利、协作的前提下，通过规范的制度建设，实现各种利益在地方政府间合理的分配。如果政策协调的某一方的利益受到损害，那么应由其他政策或通过其他方式予以相应的补偿，以保持城市圈内进行政策协调的各地方政府间的

---

① 王鹏远.2012，区域地方政府政策协调完善路径探究.广州大学硕士学位论文：44.

社会利益关系的平衡。政策协调损益补偿机制是在效率的基础上更加强调公平，"即鼓励地方政府在合作的基础上，来获得自己应得的那份利益。很多时候利益的分配不可能完全达到理想中的优化，必须要利用利益补偿机制对地方利益进行再分配，从而使地区利益分配达到一种比较公平的状态"①。

四、城市圈政策协调监督约束机制

科学合理的政策协调监督约束机制，是城市圈地方政府间政策有效协调的必要前提，同时也有利于防止城市圈政策协调过程中机会主义行为的出现。而城市圈各地方政府在追求本地区利益最大化的前提下，为解决城市圈公共问题，促进城市圈共同发展而采取的政策协调的集体行动是很困难的。所以，要使城市圈政策协调有序进行，必须构建监督约束机制，对城市圈内进行政策协调的各地方政府的行为进行规范和约束。

五、城市圈区域高层政策合议机制

在政策协调过程中，城市圈地方政府起主导推动作用，而地方政府的高层官员在其政府管理中居于核心地位。所以，建立完善的城市圈高层政策合议机制，不但能促进地方政府间政策信息的沟通和交流，还能在一定程度上降低彼此政策协调的合作成本。城市圈高层政策合议机制，就是以城市圈内各地方的政府高层官员为代表，在结合各自实际情况、充分表达各自利益诉求的基础上，就城市圈内某些共同的政策问题进行集体磋商和解决。目前，我国某些经济城市圈内已经出现一些高层官员对话形式，如长江三角洲地区市长专员联席会议、环渤海地区经济联合市长联席会议、珠江三角洲地区的党政领导联席会议制度等。虽然各城市圈都出现了各种形式的高层合议机制，但是由于缺乏相关制度的监督和约束，联席会议上形成的决议或协议得不到有效的执行和实施，并且这些决议、协议基本上是达成的合作意愿或是空喊的原则口号，缺乏具体的操作规范。②

---

① 江冰. 2006. 区域协调发展要靠新型利益协调机制. 中国改革，(3)：64～66.
②王鹏远. 2012, 区域地方政府政策协调完善路径探究. 广州大学硕士学位论文：45.

第十节 基于城市圈生态文明共建共享的技术创新机制

生态文明建设及环境保护和治理需要先进的科学技术进行支持，而由于生态产业和环保产业的市场化较低，利益对技术的引导和推动机制相对比较滞后和低效。政府只有建立起能够引导技术创新的机制，去引导科研部门主动从事生态文明和环境保护和治理相关的科技开发与推广，才能够真正解决生态文明共建共享的创新问题。关于生态文明的技术创新机制的建立问题，可以从如下3个方面开展。

1）加快生态文明技术的开发。将资源节约、替代、循环利用、污染治理和生态修复等先进适用技术的开发，纳入国家和地区中长期科技发展规划。加强产学研合作，充分发挥大专院校、科研院所、骨干企业的科研优势，共同研究解决资源节约与循环利用、污染治理与生态修复等关键技术问题。建立健全知识产权保护体系，加大保护知识产权的执法力度，保护企业自主开发节能环保技术和产品的积极性，引导企业研发节能环保实用技术。

2）加强生态文明技术的示范与推广。重点支持节能减排、再制造、共伴生矿产资源和尾矿综合利用、废物资源化利用、有毒有害原材料替代、循环经济产业链接、污染治理、生态修复等关键技术和装备的产业化示范。通过举办生态文明国际博览会等形式，展示国内外节能环保产品、技术与装备，积极开展生态文明建设的交流与合作。

3）建立生态文明技术咨询服务体系。依托各级重点实验室、工程技术中心、科研院所、高校、行业协会及企业，开展生态文明法规政策研究和技术开发，为企业、园区、城市提供生态文明规划制定、问题诊断等方面的咨询服务。以各地再生资源回收体系为基础，建立区域性的废弃物交易中心、再生产品交易中心。定期举办国家级或区域性的生态文明博览会，推动节能环保技术、装备、产品的交易。①

通过生态文明技术的开发，生态文明技术的示范和推广，以及生态文明技术咨询体系的建立，整个社会的生态文明建设在技术层面上的要求就能够达到。生态文明技术创新机制的建立是生态文明建设的重要支撑，是生态文明建设能否有效得以落实的关键。

---

① 谢海燕. 2012. 生态文明建设体制机制问题分析及对策建议. http://www.china-reform.org/?content_360.html[2012-10-25].

第十一节　基于城市圈生态文明共建共享的网络合作机制

城市圈内各个行政区之间的联系合作机制有很多种方式，是采取不同城市之间点对点的联系，还是采取城市圈之间建立起有效的网络合作机制，在效率上是有很大的差别的。点对点之间的联系合作的效率和工作量，比网络化合作的效率和工作量大很多，所以城市圈和城市群内各区域政府之间的网络合作采取网络化合作机制更加经济和有效。下面是城市圈各行政区网络合作机制的两种具体形式。

一、多元多级联动机制

多元多级联动机制是在政策网络治理模式下，区域公共管理应该依靠多元的、分散的、上下互动的权威，通过合作、决策、协调、谈判、伙伴关系，确立集体行动的目标等方式实施对区域公共事务的联合治理，共同解决地方性问题。所以它应该是一个包括了地方政府、企业、非政府组织、公民等多元主体共同参与的具有网络化的多级联动体。[①]其中，我们最要发挥好非政府组织及民间组织的作用，这些组织具有非官方性和灵活性，在促进城市圈政府合作中可以发挥桥梁和纽带的作用：上情下达，下情上传。我们知道经济和社会发展好的区域，往往具有比较好的政府间合作网络和合作基础，良好的政府间合作网络和合作基础可以转化为经济和社会发展的重要资源。因此，从一定意义上讲，在竞争日益激烈的经济和行政环境下，哪个地方政府拥有强大的政府间关系网络，哪个地方政府就能成为有实力的地方政府，就能不断地开拓出有利于促进本地区经济和社会发展的重要资源。[②]

对于武汉城市圈来说，多元多级联动机制可以上至国务院、湖北省政府，下至城市圈内的每个城市的相关职能部门，可以相互交织联动，以充分交融的方式去处理武汉城市圈面临的生态建设和环境保护、治理的相关问题。

二、一体化机制

武汉城市圈生态文明共建共享建设的目的是加快推进"五个一体化"，即"基

① 唐亚林．2005.长三角城市政府合作体制反思．探索与争鸣，（1）：35～37.
② 毕丽华，李灿林．2009.基于政策网络治理模式下的区域政府间合作．当代经济管理，31（8）：27～30.

础设施一体化"、"产业发展与布局一体化"、"区域市场一体化"、"城乡建设一体化"、"生态建设与环境保护一体化",实现又好又快的发展。加快推进武汉城市圈一体化进程,除政府应有所作为以外,还要充分发挥企业和中介组织的作用,形成"市场主导、企业主体、政府推动、中介参与"的合作机制。一是强化企业的主体地位。根据武汉城市圈的实际,以企业为主体,进一步强化在比较优势基础上的分工协作。围绕构筑产业链条、强化产业整合和推进产业升级,以优势企业为龙头,以资产为纽带,通过兼并、联合、划转等方式,培育一批跨区域的企业集团,发展规模经济。以名牌产品为基础,以产品经营为纽带,通过参股、控股、贴牌等经营方式,推动一批特色产业区域的形成,发展产业集群。二是发挥中介组织的参与作用。发展一批服务武汉城市圈内企业的中介组织,选择武汉城市圈内关联度强、配套效率高、发展前景广的优势产业,成立相应的行业协会,建立科技孵化器、人才交流中心、会计事务所、法律咨询中心等,为圈内企业的发展提供全方位的服务。三是加强与国家有关部门的联系。在土地管理体制改革、设立区域性银行、开办稻米期货和三板市场、产业投资基金、做实养老基金账户等方面,积极争取国家政策的支持,在武汉城市圈先行先试。[1]

对于一个城市圈来说,沟通、协调的终极形式就是完全的一体化。武汉城市圈建立网络合作机制可以在建立"基础设施一体化"、"产业发展与布局一体化"、"区域市场一体化"、"城乡建设一体化"、"生态建设与环境保护一体化"5个一体化方面着手开展,使得武汉城市圈的沟通协调效率得以保证。但是,城市圈层面的网络合作机制,不是单独靠形式上的东西就能解决的问题,还必须关注城市圈内每个区域、每个部门的利益诉求,从利益的角度去考虑问题,并用网络化的协调形式去展开协调,这样才能使武汉城市圈的生态文明建设真正在实质上获得改善。

第十二节 基于城市圈生态文明共建共享的过程管理机制

在区域生态文明建设的过程中,由于每个区域的地方政府代表不同的利益,

①江国文,李永刚,汤纲.2009.武汉城市圈"两型社会"建设协调推进体制机制研究.学习与实践,(2):164~168.

区域各个地方政府之间必然会产生一些利益冲突，那么在利益冲突的过程中该如何进行管理呢？本章从事前预防、事中管理和善后处理 3 个方面进行论述。

一、区域生态文明共建共享利益冲突的预防

"预防大于治疗"，对于城市圈内区域之间的利益冲突来说，同样有道理。如果在区域生态文明共建共享冲突形成之前就采取正确有效的预防措施，就能使区域生态文明共建共享冲突得以避免或者危害程度得以控制与降低。这种"防患于未然"的思想及措施，不但有利于降低区域间利益冲突的危害，还能够降低区域生态文明共建共享冲突的管理成本，实施起来既经济又实用。

（一）营造良好的区域合作的法制环境

城市圈的发展牵涉很多方面的利益关系，在城市圈建设的过程中，这些利益主体之间发生利益冲突是必然的，这样建立用于协调城市圈各方利益关系的制度甚至法律就显得特别必要。制定法律制度，要本着"政府引导、市场主导、各地参与、协作共赢、总体发展"的方针，从区域城市功能定位、产业结构调整、招商引资政策制定、税收优惠、投资融资等诸多方面构建起真正能够对城市圈区域间利益冲突进行协调的法律制度，以保证城市圈作为一个整体快速发展。在法律制度的建设过程中，应该注重征求城市圈内各区域地方政府、各区域企业及民众的意见，引导城市圈内各区域的不同部门、不同阶层参与城市圈的法律制度的制定，确保制定出来的法律制度能够广泛征求并尊重各区域、各阶层有关城市圈发展的建议和意见，使得制定出来的法律制度在实施过程中，切实起到预防和缓解城市圈内各区域之间利益冲突的作用，并从根本上扭转各自为政、缺乏协调的局面。各相关执法部门应联手制定本部门的具体实施细则。要注意强化立法主体、市场主体和执法主体三者的互动协调，形成"立法启动—审议—听证—实施—修订一体化"运行机制[①]，切实为城市圈的发展提供法律和制度保障。

（二）做好协调城市圈内区域间利益关系的各项规划

长江三角洲、珠江三角洲、环渤海、长株潭、武汉城市圈等区域之所以要以城市圈的形式发展，主要原因是这比单个城市范围更大的城市圈作为经济、

---

① 金太军，张开平 . 2009. 论长三角一体化进程中区域合作协调机制的构建 . 晋阳学刊，（4）：32 ～ 36.

社会发展的统筹单元进行安排，更有利于充分发挥生产要素的优化配置，利用优势互补，达到"1＋1＞2"的效果。但是虽说城市圈整体的发展速度可能更快，实现了利益最大化，而城市圈内的各个区域却不一定都能够实现利益最大化，这往往是区域之间利益冲突的根源。在城市圈发展的过程中，应该注意协调好整体利益与局部利益、局部利益与局部利益之间的关系，应该使城市圈内部的所有区域都能分享经济整体化发展的好处。

从城市圈层面来说，有利于协调各区域之间利益关系的规划，主要有基础设施建设规划、城市发展规划、产业发展规划、市场体系建设规划、招商引资规划、税收优惠规划等。应通过制定科学合理的城市圈统一发展规划，广泛征求各区域相关利益群体的意见，力争作出来的规划不但能够指引城市圈的长期发展，还能够代表城市圈内最广大利益群体的根本利益。通过制定统一的规划，打破区域之间的封锁，实现经济发展的差别能在城市圈内所有区域之间实现合理分配，只有城市圈内各个区域能够平等分享城市圈的发展成果，实现利益均衡发展，城市圈的发展才能获得长期保障。

二、区域生态文明共建共享利益冲突的事中管理

即使预防工作做得再好，在城市圈的发展过程中，也一定会出现区域之间的利益冲突。一旦发生利益冲突，城市圈进行协调统筹，处理得当则会"大事化小，小事化了"，处理不好则会造成严重的后果，影响城市圈的发展速度和质量。因此，构建一套区域生态文明共建共享冲突的事中管理机制显得非常必要。

（一）城市圈内区域生态文明共建共享冲突的工作协调机制

区域生态文明共建共享冲突的工作协调机制主要解决"由谁管，怎么管"的问题，对于城市圈来说，主要是建立城市圈层面的协调机构，以及该机构的工作机制。以长株潭城市圈为例，应该从如下几个方面进行构建：第一，由湖南省委、省政府出面成立长株潭城市圈发展协调委员会，负责城市圈发展过程中所有事务的协调和管理，这个机构是城市圈发展的总协调机构，在处理区域生态文明共建共享冲突方面的问题上，具有裁决权；第二，由长沙、株洲、湘潭3市的党政一把手参加的三市党政联席会议，来协调涉及3个市在城市圈发展中的战略性问题，以及涉及长远规划或者重大利益冲突的问题，3市党政联席会议是解决区域间冲突的重要形式；第三，由各市的相关职能机关参加的旨在解决专项问题的联席会议，职能部门的联席会议主要负责城市圈发展中的具体事宜的协商与配合，解决操作层面上的具体问题。通过这3个层面的议事机

制的设立，就解决了"由谁管"的问题。关于"怎么管"的问题，应该通过制度建设的途径加以解决，出台上述 3 个层次的议事章程，解决在什么情况下开会，由谁召集，讨论哪些内容，表决方式是怎么样的，产生出来的决议怎么执行等问题。通过这两个方面就建立起了区域生态文明共建共享冲突的工作协调机制，为区域之间利益冲突的解决奠定了坚实的基础。

（二）城市圈内区域生态文明共建共享冲突的行为约束机制

城市圈的发展是靠城市圈所有成员团结一致、群策群力才能实现其发展目标的。城市圈的发展强调利益一体化、步调一致性，但是作为城市圈的成员，每个区域的地方政府又都是独立的利益主体，有追求自身利益最大化的冲动，在这种冲动的促使下往往会作出与城市圈发展不和谐、不一致的行为，影响甚至损害城市圈，以及城市圈其他成员的利益，导致城市圈发展困难。为了保障城市圈所有成员在处理涉及城市圈发展问题的时候，都能够按规矩出牌，不做违反规矩的事情，城市圈层面必须出台能够对城市圈成员行为进行约束的行为约束机制。应该在城市圈发展的总章程里就明确各成员的行为约束条款，应包括城市圈各方在处理涉及其他方利益的相关事务的时候应遵守的规则，违反城市圈协作条例应该承担的责任，对因违反协作条例造成经济或者其他损失的应作出的经济或者其他方面的赔偿规定等。另外，为了保证各成员在违反规定或者造成损失后能够承担责任、接受处罚，使行为约束具有有效性，一方面，城市圈发展协调委员会可以事先收取各成员的行为约束保证金，一旦某成员出现了违反行为约束条款的行为，就扣罚保证金，从而使管理落实到位；另一方面，城市圈发展协调委员会还可以把投资、税收优惠、基础建设等事宜与行为约束条款挂起钩来，一旦某成员出现了违反行为约束条款的行为，就通过减少投资、减少税收优惠、降低基础建设投资力度等方式进行惩罚，从而起到约束的作用。

（三）城市圈内区域生态文明共建共享冲突的沟通合作机制

城市圈的建设发展，需要城市圈内各成员齐心协力、精诚合作，成员之间的有效沟通是相互理解与合作的基础。具体到沟通的内容，对城市圈的建设发展、对城市圈成员间合作具有重大影响的信息主要有两大类：一类是各区域的资源情况及供求信息。这一类信息的及时有效沟通，能够提升资源在城市圈内部的配置效率，真正把"好钢用在刀刃上"，能够促进城市圈的发展。另一类是有关各区域的经济政策信息。这一类信息的及时沟通，能够使各个地方政府的政策步调一致，减少摩擦、降低内耗，从而降低城市圈的发展成本，提高城市圈发展的效率。至于这两类信息的沟通机制，可以通过建立信息共享平台实现，在城市圈层面上，建立一个信息共享平台，城市圈内各成员及时把相关的信息在平台上发布，其他成员可以通过平台及时了解到资源配置、供求信息、政策变化等方面的信息，以便彼此协调配合。另外，在信息发布方面，也应该有相应的约束和惩罚机制，成员一旦出现信息发布不及时，或者发布虚假信息，城市圈发展协调委员会有权力对其进行惩罚，这样才能保证信息共享、沟通畅通。

关于区域生态文明共建共享合作机制的构建，应该从4个方面开展：第一，政府层面的交流与合作。应该形成政府高层、职能部门之间的互访合作机制，解决城市圈发展中的重大问题，把握城市圈区域之间合作的大方向。第二，行业协会等民间组织之间的交流与合作。这类交流与合作可以加强城市圈内各区域之间的合作的渗透性，增加合作的形式与范围，是对区域之间政府合作的有益补充。第三，企业之间的交流与合作。由于资源禀赋、运作模式、市场环境、企业能力等方面的差异，不同区域的企业之间合作的前景非常光明，不同区域企业应加强合作，联手开拓市场、研发技术、提升管理、加强服务，共同发展，增强竞争力，这是城市圈内区域之间合作的常态，是最基本的合作方式，合作潜力也最大。第四，个人层面的交流与合作。城市圈内区域之间的交流不能仅仅停留在组织层面的交流，个人层面的交流对人力资源优化配置、商业机会的发现与利用、区域文化的交流与拓展都有非常重要的作用。

三、城市圈生态文明共建共享利益冲突的善后处理机制

虽然建立了比较完备的区域生态文明建设利益冲突预防机制、事中管理机制，城市圈内区域生态文明建设利益冲突的发生还是难以避免。一旦区域之间产生了利益冲突，应该采取相应的措施降低冲突的激烈程度和危害程度，这就是区域生态文明共建共享利益冲突的善后处理机制。

比较实用的区域生态文明共建共享利益冲突的善后处理机制是区域间的利益补偿机制。在城市圈的生态文明建设过程中，各区域实际上更关注本区域的现实和未来的利益，然后才会考虑城市圈的整体利益。而城市圈发展协调委员会首先考虑的是城市圈的整体利益，然后才考虑各个区域的利益，以及各个区域之间的利益分配均衡问题。这样就形成了区域与区域之间的利益博弈、城市圈与每个区域之间的利益博弈、所有区域作为个体与城市圈这个整体的利益博弈这3种博弈关系。这3种博弈关系是城市圈协作发展的基础，处理得好坏直接影响到各方参与到城市圈建设的积极性，一旦处理不当，城市圈的合作将不再有基础。另外，城市圈发展建设涉及的三方博弈关系是一种长期的重复博弈，

这一轮的博弈结果会影响到下一轮的博弈与合作。如果事先没有一套完善的机制去界定这种复杂的多方博弈关系，多方的利益博弈仅仅依靠在博弈过程中的各方的博弈水平来决定，则肯定会造成"强者越强、弱者越弱"的"马太效应"，不利于城市圈的长远、健康、和谐发展。这就需要一种能够促进协调的利益补偿机制来对区域之间的利益博弈进行调节，以平衡各方面的关系。①

武汉城市圈内区域间有关生态文明共建共享利益的补偿机制应该包括以下几个方面的内容：第一，利益失衡的判断机制。利益失衡的判断机制应该制定出一系列指标用于衡量、判断区域间发展速度、利益分配的均衡性，一旦出现了利益失衡，就应该能够通过这些指标体系进行判断。第二，利益失衡的衡量机制。一旦发生了区域间的利益失衡，用什么工具去衡量区域间利益失衡的程度，以及如何衡量各方的额外利益获得、额外利益损失，这也应该是事先就协商好的事情，"先明，后不争"，事先就明确这些判断性的标准，一旦发生了利益冲突，用这些标准去衡量，就不会再出现关于标准选择的争议。第三，利益冲突解决的协商机制。一旦发生了利益冲突，该由哪些人出面协商，在什么地方协商，怎么协商，协商应达成哪些目的等问题也应该在利益冲突发生之前就加以明确。第四，利益冲突的补偿机制。利益冲突发生之后，造成了一方获得了超额的利益，另一方造成了超额的损失，如果没有一套机制对此加以平衡的话，双方势难继续合作，建立起生态文明共建共享利益冲突的补偿机制是平衡各方利益的关键，事关城市圈建设的成败。

武汉城市圈区域间有关生态文明建设的利益补偿机制的实现方式，主要有4种：第一种是财政拨款予以扶持。在城市圈生态文明建设过程中，一旦出现了利益冲突，各区域发展出现了明显的失衡，城市圈发展协调委员会可以根据具体情况用财政拨款的方式补偿建设落后地区或者利益受损地区，以平抑利益冲突的不良后果。第二种是用增加税费的形式筹集和统筹基金，或用行政性罚款的方式惩罚区域的不良行为。这种方式能够使城市圈发展协调委员会有足够的资金用于协调各区域之间的发展失衡问题，还对约束各区域的行为具有实际意义。第三种是横向转移支付。在城市圈建设过程中，一旦出现了某个区域获得的利益是建立在别的区域受损的基础之上的，就应该采取横向转移支付的方法对受损方进行补偿。这3种区域间利益补偿机制是城市圈在发展过程中平衡各方面利益关系的关键。第四种是由对环境破坏者和生态建设阻碍者的罚金形成的基金。这一部分基金可以用于补偿对环境的保护和治理有贡献的地方政府、企业甚至个人，形成一个"有贡献就奖，有破坏就罚"的利益协调机制，也能够保证对环境贡献者进行奖励的资金来源，实现生态文明建设、环境保护和治

---

① 戴胜利，周璐．2010．城市圈内区域利益冲突的过程管理．求索，（6）：18～20．

理资金的体内循环机制，在一定程度上解决了生态文明建设资金问题和奖惩激励问题。通过生态文明共建共享，最终实现生态文明。

本章小结

　　本章是对城市圈生态文明共建共享的协调机制的探讨。第一节是基于城市圈生态文明共建共享的空间功能规划机制。功能分区的目的是使城市圈范围内用地结构布局形成一个有机联系、协调发展的整体。要充分发挥城市圈的经济效益、社会效益和生态效益，达到有利于生产、方便生活的目的。区域功能规划的关键是根据资源禀赋，明确不同地区的功能定位，落实和细化经济与人口资源环境相匹配的空间均衡机制。第二节是基于城市圈生态文明共建共享的产业分工与协调机制。这一节结合武汉城市圈的具体情况，首先对武汉城市圈产业发展及其分工现状进行了分析，然后提出了武汉城市圈产业协同的原则是错位发展机制，认为武汉城市圈区域产业整合的最重要的途径是市场化整合，然后对生态农业、生态工业、生态服务业、生态资源利用产业、生态文化产业的实现路径进行探讨，并且对产业转移的机制也进行了探讨。第三节是基于城市圈生态文明共建共享的利益协调机制。针对城市圈的生态文明共建共享来说，最关键的是建立起新型的"利益分享机制"和新型的"利益补偿机制"，利益共享是调动城市圈内每个城市的内在动力机制，是采用市场经济手段解决区际合作问题的关键举措。第四节是基于城市圈生态文明共建共享协调的综合决策机制。第五节是基于城市圈生态文明共建共享的沟通协商机制。就武汉城市圈来说，主要从 3 个层面下手：第一个是省级层面的协商沟通机制；第二个是武汉城市圈层面的协商沟通机制；第三个是武汉城市圈内部的城市层面的沟通协商机制。第六节是基于城市圈生态文明共建共享的市场机制。首先要建立一体化的大市场，包括产权市场的一体化、资本市场的一体化、技术市场的一体化、人才市场的一体化、完善市场法律制度的建立和深化政府体制改革，其次是建立武汉城市圈区域生态补偿机制及区域生态环境资源价格制度。第七节是基于城市圈生态文明共建共享的资金筹措机制。主要有成立武汉城市圈区域发展开发银行，每个城市拿出一部分资金共同成立发展基金、针对某一事项的专项资

金、市场资金几种形式。第八节是基于城市圈生态文明共建共享的官员考核机制。首先对我国现有政府绩效考核制度缺陷进行分析，然后探讨了其对政府管理，以及社会层面的不良影响，最后对政府官员的考核机制的重构进行了探讨。第九节是基于城市圈生态文明共建共享的政策协调机制。主要包括城市圈政策信息共享机制、城市圈政策协调相应的评估机制、城市圈政策协调损益补偿机制、城市圈政策协调监督约束机制、城市圈区域高层政策合议机制等几个方面。第十节是基于城市圈区域生态文明共建共享的技术创新机制。重点应该促进加快生态文明技术的开发，生态文明技术的示范和推广，以及建立生态文明技术咨询服务体系。第十一节是基于城市圈生态文明共建共享的网络合作机制。包括多元多级联动机制和一体化机制两种。第十二节是基于城市圈生态文明共建共享的过程管理机制。首先介绍了区域生态文明共建共享利益冲突的预防，可以从营造良好的区域合作的法制环境，做好协调城市圈内区域间利益关系的各项规划两个方面进行。其次探讨了区域生态文明共建共享利益冲突的事中管理，包括区域生态文明共建共享中的工作协调机制、行为约束机制和沟通合作机制。再次是对城市圈生态文明共建共享利益冲突的善后处理机制的探索，区域生态文明的善后处理机制主要是通过利益补偿来完成的。利益补偿机制可以通过4种形式得以实现：第一种是财政拨款予以扶持；第二种是用增加税费的形式筹集和统筹基金，或通过行政性罚款的方式惩罚区域的不良行为；第三种是横向转移支付；第四种是由对环境破坏者和生态建设阻碍者的罚金形成的基金。

通过对城市圈区域生态文明共建共享协调机制的探讨，使得区域生态文明共建共享的实现更加具体化。这些具体的城市圈区域之间生态文明共建共享的运行机制，是区域生态文明共建共享的最基本的元素和最切实的保障。

第九章

城市圈生态文明共建共享的路径选择

路径在社会科学中通常是指解决某种问题所采取的途径，路径是解决问题的策略得以实现的方法和途径。没有合理有效的路径设计，对策和机制就难以落实，最终导致的结果就是政策和机制都变成一堆废纸和整篇空文。所以，设计比较符合实际情况的问题解决方案的实现路径，是研究问题必不可少的部分。

针对城市圈生态文明共建共享的问题，因为涉及很多区域地方政府、当地企业和民众，群体结构复杂，需要协调的事项比较繁杂，所以很多看上去比较好的对策在现实中却很难落实。本章立足于城市圈生态文明建设的现状，仔细分析城市圈生态文明建设的特点，从组织建设、制度设计、文化引导、协同的管理手段、技术、资金筹措和群众参与等方面设计相应的实现路径，以保障城市圈的生态文明共建共享机制和对策的有效落实。

第一节　城市圈生态文明建设区域协同的组织建设

一、城市圈设立协调组织的背景及其必要性

我国城市群发展既面临着由于市场经济改革不到位引起的市场和政府的制度性缺陷，同时也面临着市场和政府本身的功能性缺陷。另外，城市群还受到很多结构性因素的影响，这些因素主要有：①空间范围上的多层次多边协调和双边协调并存。这是适应大区域合作的结构复杂性，保持行政协调灵活性的一个重要条件。②行政等级上的多层次多边协调和双边协调并存。与第一个要素

一样，它的作用也在于实现横向行政协调的灵活性。③按利益重要性差异设计的投票机制。对于涉及重大利益的地区间协调，应采取"一致同意"机制；而对于利益重要性较低的协调，可采用"多数票"机制，并适用"例外权"。④横向协调为主体，纵向协调为补充。在大区域范围的交通基础设施建设和生态环境保护等领域，必然会需要中央相关部门的直接介入，并发挥重要或主导作用；在金融、财税等领域，也可能需要中央相关部门直接介入并提供指导和协助。在其他领域和场合，都应以横向协调为主体。⑤协商、处罚和补偿机制的配套。①

但无论是什么样的问题，城市群发展都需要建立促进区域一体化的协调组织，它是解决城市群发展过程中市场失灵及政府失灵的必然选择。因为一方面城市群经济一体化是经济发展的客观规律和内在要求，建立在这一经济基础上的政府管理体制也应当与之相适应；另一方面，从实践来看，跨行政区的重大经济决策、重大基础设施建设、重大战略资源开发与利用、重大生态环境保护与治理项目等都需要有专门的管理机构来进行协调。②

二、城市圈协调组织的功能界定

区域性协调机构的组织职能包括制定规划和协调关系、研究区域问题、提供咨询等，并在监督和组织实施中发挥作用。其组织形式可以在现有行政机构之上设立常设的区域综合协调组织机构；或在现有行政机构之间以共同的目标和纲领组成协调组织；也可以是针对具体问题形成的单一性区域协调组织。城市群区域协调组织的组建既可以是自上而下的，也可以是自下而上的，这种协调组织与一般的行政组织在性质、目标和组织结构上有着本质的区别（表9-1）。

表9-1 城市群协调机构与一般行政机构的比较③

项目	一般行政机构	城市群协调机构
一般性质	封闭机械式	开放有机式
目标设置	单一明确、自上而下的管理等级结构	有多方利益制约、自下而上与自上而下相结合
目标结构	单一目标	不断探索的目标系统
权利结构	集中的等级式	变化、弹性、契约式的
计划结构	重复、固定、具体	变化、弹性、契约式的
控制结构	等级垂直控制	共同法案、公共仲裁、成员自律

① 陈家海，王晓娟．2008.泛长三角区域合作中的政府间协调机制研究．上海经济研究，（11）：59～68.
② 陈群元．2009.城市群协调发展研究——以泛长株潭城市群为例．东北师范大学博士学位论文：250.
③ 黄丽．2003.国外大都市区治理模式．南京：东南大学出版社：200.

三、城市圈协调组织的形式

（一）城市圈协调委员会

各城市圈的经济发展水平、市场化水平，以及城市圈本身的规模、结构等千差万别，各城市圈所面临的问题也是不尽相同的，因此，在推动各城市圈区域协调发展的过程中，其所面临的阻力、矛盾、问题也呈现出了多元化的特点。从城市圈区域协调组织的模式来看，应当结合各地城市圈区域自身的特点，在城市圈区域组织的创新上探索不同的、切合当地实际的、有效的发展模式。从最终结果来看，我国各地城市圈区域协调组织模式最终将是一种多元化的模式，既可以权威的城市联盟为组织模式，又可以松散的地方政府联合体为组织模式；既可成立以单一职能为主的区域协调组织，又可成立以综合职能为主的区域协调组织。

综上所述，结合泛武汉城市圈的发展实际，建议在武汉城市圈经济一体化协调领导小组办公室和武汉城市圈"两型社会"建设改革试验区领导协调委员会办公室的基础上，成立武汉城市圈协调委员会，作为其区域协调发展的组织机构，该组织的具体模式如下。

1. 城市圈协调委员会的性质

当前，在城市圈整体利益主体缺失的背景下，中央政府或省级政府是维护城市圈整体利益的代表，为了更好地规范地方政府的行为，有必要推进具有一定管理职能的城市圈协调组织的建设。武汉城市圈属于同一省域内的城市圈，因此武汉城市圈协调委员会的建设应该在省委、省政府的有关指导下组建，具体组建可由省发展和改革委员会负责。在行政性质上，其并不是一级地方政府机构，而是在省委、省政府的推动下，城市圈各地方政府自愿加入成立的一种协调机构，其身份既可以是完全的官方机构，也可以是包含各种民间协作组织的半官方机构。在管理上，其既可由省委、省政府直接管理，也可委托省发展和改革委员会管理，但在规定的职权范围内具有较大的自主性与独立性。

2. 城市圈协调委员会的机构设置

城市圈协调委员会的机构设置，是协调委员会开展各项工作的最基本保障。机构设置的原则应该体现精简、高效的要求。以武汉城市圈为例，武汉城市圈协调委员会的机构设置可由综合协调委员会、专项协调委员会和行政管理办公室3个大的职能机构构成。综合协调委员会由1名主席和8名成员构成，主席

可由省长担任，成员由武汉城市圈 9 个城市的市长组成。综合协调委员会具有处理城市圈协调委员会各项事务的最高权力。专项协调委员会由基础设施建设委员会、生态环境保护委员会、产业发展委员会、区域规划委员会、执行监督委员会、行业协会管理委员会等构成，其成员构成由省级和各城市相应职能部门的一把手组成。各专项协调委员会的工作对综合协调委员会负责。行政管理办公室下设秘书部、财务部、人事部、信息服务部等部门，主要负责委员会的日常事务，保证委员会各项工作的开展。另外，综合协调委员会与专项协调委员会的工作还广泛接受公众的参与。

3. 城市圈协调委员会的事权

城市圈协调委员会总的事权，即总的职能是致力于解决跨行政区的各种重大发展问题，构建由政府、非政府组织及广大市民等多元力量共同参与的协调管治方式，从而使各城市形成分工协作、有序竞争、资源节约、环境友好、相对均衡的协调发展关系。城市圈协调委员会除了做好跨行政区的公共服务工作外，还可在鼓励建立各类半官方及民间的跨地区合作组织，以及加强对其的间接管理方面发挥重要作用。例如，对各种跨行政区联合商会、行业协会等的指导与管理，以便所组建的行业协会具有真正的行业协调、组织和管理能力，从而充分发挥跨行政区的商会、行业协会等在政府、市场、企业间的纽带与桥梁作用。另外，还可充分组织和发挥公众在城市圈协调中的作用，广泛发动公众参与，增强公众在城市圈规划、建设和管理上的知情权、参与权和管理权。

从国外城市圈区域组织的建设模式来看，既有为解决某一问题而成立的单一职能协调组织，如城市圈区域大气质量管理委员会，也有组建综合功能的协调组织。从实践来看，一步到位建设这种综合功能的城市圈区域协调组织，操作难度较大，因此武汉城市圈协调委员会的职能建设也可采取先易后难的做法，职能设定从单一到综合逐步过渡。首先，从城市圈发展过程中迫切需要解决的问题入手，如通过区域基础设施建设、跨区域环境保护等组建相关的城市圈专项协调组织，从而降低制度变迁的成本，并逐步实现城市圈协调组织职能从单一到综合的转变。其职能范围逐渐扩大到包括负责城市圈区域规划的制定与实施，协调区域基础设施规划，协调重大产业发展布局，协调重大资源的开发与利用，协调区域生态环境保护治理等各个方面。

4. 城市圈协调委员会的财权

赋予城市圈协调委员会在区域协调发展方面一定的财权，如成立"城市圈协调发展基金"，是确保城市圈协调委员会有效发挥各种宏观调控能力的重要保障，也是其本身日常工作正常运转的需要。城市圈协调委员会的经费，包括日常开支费用及协调发展基金等主要来源于城市圈区域内各城市政府财政收入中按比例分摊的部分、省级财政收入中的专项划拨及中央财政收入中的部分拨款。城市圈协调委员会的经费除保证其日常工作运转支出以外，主要用于城市圈区域规划的编制、区域重大基础设施建设的前期论证、区域重大产业布局的前期论证、区域生态环境保护与治理的补偿、对落后地区经济发展建设的援助等。

5. 城市圈协调委员会的法权

城市圈协调组织具有相应的法律支持，获得相应的法定权力是保证其权威性的关键。例如，欧盟经济一体化的过程也是在各个国家不断达成一致性的意向过程，这种一致性意向是通过一系列的"协议"、"协定"、"公约"或"条约"等有法律约束力的国际文件所构成的，所有的国家都必须遵守，而没有独立改变它的权力，而且在成员国经济政策与条约规定相抵触时要自行调整。美国和加拿大的大都市区管理委员会的成立及其单一组织的成立，也都是建立在相关法律基础上的。因此，武汉城市圈协调委员会的建设需要推进相关法律体系的建设，这些法律应是被城市圈区域内各个地方政府所认可的，法律对城市圈协调组织的人员构成、职能、经费、权力等进行了严格的界定，而且严格界定了城市圈区域协调组织的职能与区域内各地方政府的职能。[①]

（二）城市圈协调的第三方部门

城市圈要加快政府改革，完善相关的法律法规，促进非政府组织健康发展。第三方部门的行业协会、商会、企业家联盟等非政府组织，是商品生产专业化分工和市场竞争发展到一定阶段的产物，在市场失灵和政府失灵的领域能够充分发挥其不可替代的作用。政府要进一步理顺与中介组织的关系，界定与行业协会的职能，转变自身职能，把属于中介组织承担的职能划转出去，使协会真正成为协助政府对企业经营活动进行规范和协调的独立中介组织。在法律法规上，要制定和完善相应的法律法规，规范中介组织的行为，使中介组织依据法定程序设立和运作，接受法律的约束、规范和监督。加强第三方部门组织自身的建设。首先，第三方部门组织要形成共同的使命感，加强组织管理，完善会员大会、理事会、常务理事会等工作制度，建立活动规范和行为准则等内部规章，形成有效的激励约束机制，保障行业协会功能、作用的充分发挥。其次，要积极加强对外学习和交流。武汉城市圈地区的行业协会、企业家联盟等第三方部

---

① 陈群元. 2009. 城市群协调发展研究 —— 以泛长株潭城市群为例. 东北师范大学博士学位论文：255.

门组织要学习、借鉴中国香港、澳门和发达国家第三方部门组织先进的管理制度和方法，提高自身的能力，适应社会的需要。最后，第三方部门组织要规范本行业内的竞争行为，维护本行业的企业利益等。通过制定行业发展规划，提高行业竞争力，促进本行业的对外国际交流活动。同时，要探索第三方部门组织与政府之间合作的方式，研究和解决基础设施、区域环境等公共问题。而当今的硅谷仿效者们，无论是法国、德国和日本等发达国家，还是新加坡、韩国和中国台湾等新兴工业化国家和地区，以及印度和中国大陆等地，基本上采取的是一种人为的、政府推动的发展道路。选择政府主导型发展模式是情有可原的，也是无可非议的，关键是如何正确处理政府力量与市场力量之间的"度"，即既要充分发挥政府的引导作用，又不能牺牲个体的自治和灵活性。新竹和班加罗尔的成功，正是因为其在充分发挥"政府"这只"有形之手"主导力量的同时，并不像其他地区如日本筑波科技城那样由政府包办一切，而是尊重市场规律和发挥市场作用，政府的工作重点只是通过制定鼓励技术创新政策、改善基础设施来引导科技创新和产业发展，不直接进行行政干预，从而实现政府力量和市场力量的有机结合，并且量力而行，讲究实效。[①]

（三）区域性行业协会

城市圈要完善区域性行业协会，并充分发挥其作用，除政府外，民间组织也是区域经济合作的多层协调组织中一个重要的层面。由于民间组织受地区利益的思维框框的影响少，以民间力量推动经济协作不仅成本低，而且见效快，因此，在市场经济条件下，必须充分重视和发挥民间组织在区域经济一体化中的促进作用。例如，可以由各地经济专家和大企业家为主体组成一个民间"咨询委员会"，作为政府相关决策的咨询参谋机构，为武汉城市圈经济协调发展出谋划策。

当然，区域内企业间的民间协调机构应当主要是行业协会。行业协会具有内外协调、信息沟通、参政议政、行内监督、行内管理等多种功能。这些功能的充分发挥，对武汉城市圈经济协调发展能起到积极作用。跨省市的行业协会在区域内企业间开展技术合作、制定行业标准、交流和沟通信息、避免恶性竞争、完善信用环境、利用民间资金、仲裁商务纠纷等方面可以发挥极为重要的作用。因此，在政府和企业之间构建一层强有力的行业协会，并使之充分发挥应有的作用，应成为加速武汉城市圈经济协调发展的重要条件。[②]

① 杨亚南 . 2007."大珠三角"区域城市协调机制策略研究 . 城市问题，（10）：79～82.
② 陈才庚，惠忠 . 2003. 加速推进长三角区域经济协调发展的基本思路 . 嘉兴学院学报，15（5）：5～8.

四、组织及政策协调的实施主体

对于组织及政策协调的实施主体，我们可以界定为直接或间接地参与政策协调过程的个人、团体或组织。这里的政策协调实施主体既包括政府，又包括社会公众、民间非政府组织等。区域地方政府政策协调的实现是一项复杂的系统工程，要保证政策协调顺利实现，必须动员各方主体参与，明确多元主体的职能定位，建立规范的、分层次的主体执行系统。其中，政府作为政策协调的主要推动主体，直接影响着政策协调效果的最终有效实现。因为政府是公共政策的直接制定者和执行者，其观念直接决定着所制定的公共政策的价值取向。区域地方政府间需要进行协调的政策，如果在其制定伊始就存在偏差，或在协调过程中地方政府间由于利益难以统一等问题而造成的执行偏差，终将导致相互间的政策协调难以实现。公共政策的运行过程需要社会公众的广泛参与，同样，区域地方政府政策协调的实现，也需要除政府以外的社会多元主体参与其中。正如公众参与公共政策过程发挥的作用那样，在区域地方政府政策协调过程中，推动多元主体参与，不但可以保证政策协调的合法性、民主性及科学性，还可以有效地监督和促进政府部门积极开展合作，共同实现相互间的政策协调。[①]

第二节 城市圈生态文明共建共享的制度设计

一、建立健全环境立法体系

政府作为国家政权的代表和具体执行部门，负责制定社会发展的规划与计划。政府职能及其运行是中国特色社会主义生态文明建设的决定性体制因素和关键。生态文明建设是一个需要全社会参与，关系经济增长方式、社会发展模式及生活方式巨大变革的社会工程，对政府职能提出了一系列改革和创新的要求。政府必须尽快适应这一变革的要求，从传统的政府管理模式下走出来，在继续搞好经济调节、加强市场监管的同时，将原来由政府承担的部分社会职能

---

① 王鹏远.2012.区域地方政府政策协调完善路径探究.广州大学硕士学位论文：20.

和经济职能推向社会，推向市场，强化政府的公共服务职能，弱化其经济建设职能，将政府职能的重点转变到社会管理和公共服务上来，实现从全能型政府向服务型政府的转变。在中国特色社会主义生态文明建设方面，应当将传统的由政府自上而下的推进模式转变为由政府自上而下和社会公众自下而上相结合的推进模式，建立政府与公众参与、互动合作的机制，构建政府与公众互动合作的平台，实现政府与公众的合力，共同推进生态文明建设，实现环境与资源的可持续利用。中国现代化战略研究课题组发布的《中国现代化报告 2007》建议，"我国应建立生态补偿制度、关键岗位环境责任制和关键项目环境风险评价制度等三大生态制度，以促进我国生态现代化建设"①。

（一）建立生态补偿制度

生态环境是一种公共资源，社会各阶层和利益群体都在以不同的方式向自然界索要资源，却很少考虑资源过度利用和合理保护的问题，从而导致生态环境的破坏和自然资源的浪费。对于生态补偿问题，靠市场调节是不行的，必须通过外部力量，即政府干预来完成。政府通过调整相关利益主体在利用、破坏生态环境过程中产生的利益分配关系，引导人们合理利用资源，协调人与自然的关系，从而实现保护生态系统的功能，以及在发展经济的同时保护环境的目的。《中华人民共和国国民经济和社会发展第十一个五年规划纲要》中明确指出：按照谁开发谁保护、谁受益谁补偿的原则，建立生态补偿机制。这是建设"两型社会"的重要组成部分，也是我们建立生态补偿制度的出发点。而在《中华人民共和国国民经济和社会发展第十二个五年规划纲要》中更是明确指出：加快建立生态补偿机制，加强重点生态功能区保护和管理，增强涵养水源、保持水土、防风固沙能力，保护生物多样性。生态补偿制度包括对污染环境的补偿和对生态功能的补偿。当前，我国生态补偿制度还处于起步阶段，政府应该从以下几方面完善生态补偿制度。

1. 完善财政转移支付制度

目前，我国的财政转移支付制度仍带有较深的旧体制的烙印，不利于调整地区间的差距，均衡地区间基本公共产品和基本公共设施，更不符合生态文明建设的公平性原则。"我们必须加大对中西部地区的转移支付力度，创新转移支付形式，规范转移支付办法，实现对生态地区的转移支付；改革转移支付模式，

---

① 中国现代化战略研究课题组 . 2007.《中国现代化报告 2007》建议我国建立三大生态制度 . 城市规划通讯，（3）：14 ～ 18.

尤其是重点生态区的专项资金支持模式，保证用于地方，特别是中西部地区的中央专项资金落实到位；引导省级政府完善省以下财政转移支付制度，如东部沿海省份向对口支援的西部省份予以各种形式的实物转移支付（如技术、设备、资产转移等）和价值转移支付，东部地区开征生态环境费（税）设立'西部生态补偿与生态建设基金'。"[①]

2．增加环保投入

从我国的实际情况来看，环保投入是解决环境污染和改善生态环境的决定性因素。目前，我国的环保投入占 GDP 的比例刚刚超过 1%，这一比例根本无法满足生态文明建设的需要。同时，我国以前在环保领域的欠账太多，要想保证对已污染环境进行治理和保护，明显改善环境质量，必须要有一定的资金作为保证。比如，用于自然生态环境恢复方面的投入、用于工业污染治理方面的投入、用于环境管理服务方面的投入、用于城市环境综合治理方面的投入等，都属于环保投入的范畴。

3．将环保指标纳入政绩考核

一直以来，环保考核在干部任免考核制度中没能全面落实下来，即使已经设置了环保考核指标，但所占考核比例不高，内容也不全面，达不到科学发展要求的考核。我们必须将环保指标纳入政绩考核之中，建立符合科学发展观要求的政绩考核评价办法，全方位、多角度地对干部政绩进行考核。这就要求我们在对干部政绩进行考核时，既要看当前的成绩，更要看长远的发展，坚决防止急功近利、破坏环境的行为。因此，必须立足于社会发展的要求转变政府的权能，完善生态补偿机制，使资源利用与生态补偿有机结合、和谐运作，才能真正实现经济社会的良性和谐发展。

（二）建立环境责任制度

随着生态环境的日益恶化和公民生态意识的日益增强，环境问题已从地区的、局部的具体法律问题，发展成为带有普遍性的社会问题。保护环境、防止跨地区污染已成为全社会的共同利益和共同责任。污染环境造成的损失及治理污染的费用应当由排污者承担，而不应转嫁给国家和社会。《中华人民共和国环境保护法》第二十八条规定：排放污染物超过国家或者地方规定的污染物排放标准的企业事业单位，依照国家规定缴纳超标准排污费，并负责治理。第

---

① 姚明宽．2006．建立生态补偿机制的对策．中国科技投资，（8）：50～52．

四十一条还规定：造成环境污染危害的，有责任排除危害，并对直接受到损害的单位或者个人赔偿损失。笔者认为，建立环境责任制度是政府在生态文明建设中的一项重要任务。如果人类不计后果地浪费资源，污染和破坏生态环境，必将导致经济危机和社会问题。人类应当重视对生态环境的依赖性，在开发利用环境资源的同时，承担环境保护的社会责任。

（三）建立环境风险评价制度

在生产和生活过程中，人类的活动必然会对人类赖以生存的环境产生正面的或负面的影响，而我们要对这一影响进行一个综合的评判，以此来减少其对环境的负面影响。建立环境风险评价制度的目的，就是发现和预防政策法规、规划的编制、建设项目等活动对生态环境可能造成的破坏，防止它们对生态环境造成不良的影响。《中华人民共和国环境保护法》第十三条规定：建设污染环境的项目，必须遵守国家有关建设项目环境保护管理规定。建设项目的环境影响报告书必须对建设项目的产生的污染和对环境的影响作出评价，规定防治措施，经项目主管部门预审并依照规定的程序报环境保护行政主管部门批准。环境影响报告书经批准后，计划部门方可批准建设项目设计任务书。这一规定确立了环境风险评价制度。目前，我国对环境影响评价制度已进行了专门的立法，但是我国环境影响评价制度在内容、实际操作过程中仍然存在诸多不完善的地方，需要对其进行改进和完善。

1. 建立有效的公众参与机制

《中华人民共和国环境影响评价法》第五条规定：国家鼓励有关单位、专家和公众以适当方式参与环境影响评价。但在实际操作过程中，公众的有效参与并没有得到落实，公众在决策中也没有有效地发挥作用。笔者认为，在公众参与方面应该注意以下几个问题：首先，确保公众获取准确的信息。规划部门或开发建设单位应该在报批规划草案前向公众公布环境影响报告书，以确保公众及时对其作出评估。其次，确保公众参与的实效。"一方面，需要综合考量选择对象的文化素质、环境意识、法制观念等因素，确保参与环境影响评价的公众能够最大限度地代表公众的意见；另一方面，决策方应当对所获得的公众反馈信息及时进行统计处理，对公众提出的意见和建议等进行分类汇总，了解公众对拟规划或拟建项目的态度和他们所关心的事项，找到更好的解决办法或缓解措施。"①

---

① 陈智清，刘红星．2006．引导公众参与环境影响评价的探讨．环境科学与技术，29（增刊）：159～161．

2．建立有效的制衡监督机制

政府作为环境影响评价的主导者和决策者，其行为直接决定评价的结果和活动方案的选定。这种单一的评价机制在很大程度上制约着环境影响评价制度的发展。因此，建立有效的制衡监督机制，制衡和监督政府在环境影响评价中的权力，对于我国生态文明建设有着重要的意义。"第三方"评价机制是制衡和监督政府在环境影响评价过程中职责和行为的有效手段。这里的"第三方"主要是指非官方的社会团体和组织。有了"第三方"的评价，政府在组织和评价环境影响过程中，需要考虑自己的评价与"第三方"的一致性，从而保证评价结果的客观性，避免了政府在环境影响评价过程中依"长官意志"、"部门利益"而肆意妄为。通过"第三方"的参与，政府在环境影响评价过程中的行为将进一步科学化、规范化，从而更好地发挥其预防和减轻环境损害的作用。[①]

（四）完善环境立法

把生态环境保护工作纳入法制化的轨道，首先应该完善环境立法，加快生态环境与资源保护的立法工作。截至 2005 年年底，国家颁布了 800 余项国家环境保护标准。总体来说，"中国已经建立起了一套较为完备的生态环境管理体系，形成了宪法、法律、法规、规章以及标准五个层面的环保法律、法规与制度体系"。但纵观我国所有环境保护法律法规不难发现，这些环境保护立法仍存在不少缺陷，与我国目前生态保护和经济发展的要求不相适应，这主要表现在环境立法体系结构不完善，环境立法的指导思想存在偏差，环境立法行政干预色彩浓重等方面。这方面的内容在第四章已经论述，在此不再赘述。笔者认为，环境立法体系的完善是一项系统工程，我们要采取多种措施推进环境立法体系的完善。

1．健全环境立法体系结构

为了保证我国环境立法的统一性、全面性和协调性，以生态文明理念统摄全局，提高立法质量，必须重视对环境立法体系的建设。科学的环境立法体系是构建和完善环境法律体系的基础。

首先，制定一部符合生态文明理念的环境保护基本法。"无论是从借鉴西方国家（地区）的环境立法实践出发，还是从环境与资源保护在社会、经济发展中的重要程度出发，我国都有必要制定一部高位阶的环境保护基本法来指导

---

① 刘静．2008．中国特色社会主义生态文明建设研究．中共中央党校博士学位论文：159．

和统领单项环境与资源保护立法。"

我国现行的 1989 年《中华人民共和国环境保护法》是全国人大常委会制定的,其基本法的地位名不副实,建议将其修订后交由全国人大全体会议审议通过,并可提升为环境保护基本法。同时,作为环境保护基本法,应该侧重于确立国家环境保护的大政方针,明确资源、环境的保护与经济社会发展的关系;坚持污染防治与资源保护并重的原则,体现可持续发展的立法理念。

其次,制定并修改专门性环境保护法。例如,在环境污染防治方面,为了实现从"末端治理"向"源头控制"的转变,应制定并修改"放射性和电磁辐射污染防治法"、"水污染防治法"、"荒漠化防治法"、"土壤污染防治法"等,同时加强对环境标准等方面的立法,使之更具有可操作性。

最后,修订并完善现行的环境法律制度。以科学发展观为指导,以可持续发展为原则,我们应该重新审视我国的环境法律制度,着力完善环境公益诉讼制度、环境行政补偿制度、环境损害赔偿制度、环境影响评价制度、"三同时"制度、排污许可证制度、排污收费制度等;同时,注重各项制度之间的协调和配合,消除和减少各项制度之间的矛盾,从而发挥环境法律制度体系的整体合力。

2. 树立正确的环境立法理念

首先,以可持续发展作为环境立法的基本原则。我国现行的《中华人民共和国环境保护法》规定:为保护和改善生活和生态环境,防治污染和其他公害,保护人体健康,促进社会主义现代化建设的发展,特制定本法。这一规定表明,我国现行法律仍以"经济优先"的立法倾向,局限于把经济增长作为衡量标准的传统发展观之中。这一立法上的重大缺失,导致中国特色社会主义建设过程中忽视了环境保护与经济发展的相互协调,谈不上对当代人和后代人利益的兼顾,更无法实现我国经济社会和资源环境的可持续发展。为此,我国应尽快将可持续发展作为环境立法的基本原则,写入宪法和环境保护法中。

其次,将生态文明写入宪法,并将其提高到与物质文明、精神文明与政治文明并列的高度。宪法作为国家的根本大法,明确作出了"国家尊重和保障人权"的宣示。如何贯彻落实尊重和保障人权,实现人类的健康发展?将环境保护写入宪法,就是为了实现人与自然、人与人、人与社会的和谐和人类的可持续、健康发展。宪法在培育公民生态意识,提高公民生态素质,确立可持续发展战略,使环境与资源保护法律实现生态化方面具有重大的作用。通过确立生态文明在宪法中的地位,以生态规律指导环境立法,为我国的环境立法体系的完善奠定了一个坚实的基础。

（五）严肃环境执法

在完善环境立法的同时，我们还应该加强环境执法力度，真正做到有法可依、执法必严、违法必究。近年来，我国环境保护工作深入开展，环境执法工作不断加强，环境执法在环境保护中发挥着越来越重要的作用。但随着经济社会的发展，我国环境资源压力不断增大，环境破坏范围不断扩大，环境执法工作面临着新的挑战。

1．建立健全环境执法机制

环境执法机制是保证环境保护执法工作沿着正确的方向发展必不可少的条件。因此，在环境执法工作中，我们应加强执法责任机制、执法监督机制、权力制衡机制的建设。首先，加强环境执法责任机制建设。将环境保护的成绩与政府官员的任免密切结合起来，促使各级政府部门对当地生态环境质量负起责任；同时，环境执法部门及其工作人员要对自己的执法行为负责，发生了执法过错要承担相应的法律责任。其次，加强环境执法监督机制建设。充分发挥环境执法机构职能、社会公众的外部监督和企业的内部监督作用，逐步形成相互制衡的环境执法监督机制体系。最后，加强环境执法权力制衡机制建设。重点解决上级环保部门与下级环保部门、环境执法队伍与环保行政主管部门之间的关系，健全环保系统内部的环境执法制约和监督机制。

2．加强执法能力建设

环保部门工作人员自身素质的高低，在很大程度上影响着环境执法能力的高低。目前，我国环保部门工作人员的总体素质有了较大幅度的提高，但从现实的需要来看，仍然与严肃环境执法的要求不相适应。因此，环保部门应加强执法人员的理论学习、业务培训和法律素质培训；增强执法人员的环保方面的基本国策意识、依法执政意识、执法责任意识和服务意识；同时，加强环境执法队伍的标准化、科学化管理，切实提高环境执法队伍的执法水平和执法能力。[1]

二、建立完善生态文明建设的相关政策和制度

生态文明体制机制改革的目标，是通过建立环境与发展综合决策机制、参与机制、监督机制、考评机制、技术创新机制和理顺行政管理体制，形成经济

---

[1] 刘静 . 2008. 中国特色社会主义生态文明建设研究 . 中共中央党校博士学位论文 : 169.

发展与资源环境保护的良性互动关系，真正走向可持续发展。为此，要着重从以下 6 大方面加强改革。

（一）建立资源环境产权制度，完善资源与环境经济政策，促进环境外部成本内部化

1）武汉城市圈要建立和完善排污权、碳排放权、节能量交易市场。一是完善节能减排机制，科学制定和分配节能减排指标。节能减排指标的分配要考虑不同主体功能区，以及东、中、西部在自然条件、资源禀赋、产业结构、经济发展阶段等方面的差异与特征。二是完善排污权交易制度。修订相关法律法规，明确排污权交易制度的法律地位；加强排污权交易市场体系建设；转变政府职能，强化排污权交易监管；加快排污权交易支撑体系建设。三是逐步建立碳排放交易市场。借鉴我国排污权交易试点经验，建立国内碳交易市场；建立国际化的碳交易所，促进国内碳排放市场与国际市场接轨；积极发展碳金融市场。四是探索建立节能量交易市场。所谓节能量交易，即用能单位通过合同或者节能量购买协议等形式，获得节能量额度，用于实现其节能目标。在我国，能源统计与检测体系比碳排放更为完善，因而节能量交易比碳排放权交易更为可行。节能量交易模式可以借鉴排污权交易和碳排放权交易模式。

2）在国家层面适时开征环境税，建立绿色税制体系。一是厘清环境税与环保收费的关系，以二氧化硫和二氧化碳为对象，开展环境税征税试点。采取先易后难、循序渐进的办法，从易于征管的课税对象及重点污染源，包括各种废气、废水、废渣、工业垃圾等污染物和温室气体等入手，未来条件成熟后再逐步扩大征税范围。近期可以考虑选择部分地区，先将二氧化硫和二氧化碳纳入征税范围，进行试点，总结经验后再向全国推广。二是以开征环境税为契机，建立绿色税制体系。统筹增值税、消费税和关税等税制的改革，调整和优化整体税收结构，尽量不增加企业的整体税负，形成一套完整的促进资源节约和环境保护的税制体系。

3）完善生态补偿机制。一是加快生态补偿立法进程，进一步明确实施生态环境补偿的资金来源、重点领域、补偿方式、补偿标准，确定相关利益主体间的权利义务和保障措施；二是加大中央财政的转移支付，主要用于限制开发区、禁止开发区的生态环境保护，以及对完成国家生态环境保护目标和生态保护优良地区进行补助和奖励；建立资源能源输入地区对输出地区的补偿制度，即横向财政转移支付；三是加快资源税改革，适时开征环境税，为生态补偿提供稳定的资金来源；四是拓宽投融资渠道，鼓励社会资本参与生态环境建设和修复。此外，应加强生态补偿资金的分配使用和考核管理，提

高资金使用效益，审计部门要加强资金使用情况的审计和监督。

4）完善资源产权制度，理顺资源性产品的价格形成机制。推进资源性产品价格改革，建立反映市场供求关系、资源稀缺程度的资源性产品价格形成机制和有利于促进资源节约和环境保护的资源价格体系。一是完善资源产权制度，建立资源有偿使用制度，充分体现资源所有者的权益；二是统筹各种资源税费和环境税费改革，重构资源税费和环境税费体系；三是加快资源行业市场结构改革，降低中间环节成本；四是通过合理利用价格管控手段，建立以市场为基础，政府适当干预的资源性产品价格调控机制；五是在理顺资源性产品价格形成机制的基础上，提高资源性产品的价格、降低再生资源价格、提高废弃物排放成本，建立起有利于资源节约使用、废弃物循环利用的价格体系。

（二）建立环境与发展综合决策机制，转变政府作为"指挥棒"的现状，引导全社会参与生态文明建设

1）建立多方参与的政策制定机制，必要时实行生态环保"一票否决制"。中央在制定宏观经济政策时，要有资源、环保、生态部门和其他有关部门共同参与，确保国家经济发展总体战略、规划和政策充分考虑生态环境因素；中央在制定宏观经济政策和环境政策时，要有地方政府参与，使地方政府能够表达自己的利益诉求；组建跨学科的研究队伍，进行环境经济政策研究，为政策制定提供咨询服务；广泛听取利益相关者和公众的意见。由此形成一个多方参与的环境与发展政策制定机制，提高决策的科学性。对没有通过环境影响评价的政策、规划实行"一票否决制"；对超过污染物总量控制指标的地区，暂停审批新增污染物排放总量的建设项目；对生态破坏严重或者尚未完成生态恢复任务的地区，暂停审批对生态有较大影响的建设项目。

2）充分发挥环境影响评价制度在环境与发展综合决策中的作用。一是依法开展环境评价，明确评价重点。近期规划环境评价的重点是高能耗、高污染的重点行业、产业园区、重点城市，以及水电基地等。从长远来看，应修订"环境影响评价法"，扩大环境评价范围，加强对法律法规、宏观经济政策、规范性文件的环境评价。二是完善环境评价编制内容、程序，促进环境评价与相关制度的衔接。细化规划环境评价程序和要求，完善分类管理、分级审批、规范过程管理；建立规划环境评价和项目环境评价的联动机制，将区域和产业规划环境评价作为受理审批区域内项目环境评价文件的重要依据；完善新建项目审批与污染减排相衔接的管理模式，促进主要污染物减排工作顺利展开。三是推进环境评价编制机构与审批部门的脱钩，建立真正具有独立法律地位的环境评价机构；清理和规范各级专家库，明确参与环境评价项目专家的准入门槛和责任

制度。四是明确界定环境评价各方的责任，加大对违法行为的处罚力度。

3）建立促进生态文明建设的公众参与机制。一是不断丰富环境保护宣传教育方式，针对不同人群采用不同的方式，寓教于乐，采取更加贴近公众生活、更加生动的教育形式。二是完善相关法律法规，明确公民个人和非政府组织的环境决策参与权、环境监督权和环境诉讼权利。三是加强环境信息披露，保障公民的知情权。政府相关部门应该通过网站、公报、新闻发布会，以及报刊、广播、电视等形式公开生态环境信息；完善企业环境信息披露制度，根据企业对环境造成污染的级别及潜在危害程度，进行分级管理。四是尽快制定和完善关于环境保护非政府组织（NGO）的法律法规体系，加大对环境保护 NGO 的扶持力度，搭建政府与环境保护 NGO 的对话平台等。

（三）强化生态文明建设的监督管理，形成倒逼机制，促进经济发展方式转变

1）提高环境违法成本，建立对环境违法的严惩机制。一是按"排污费标准高于治理成本"的原则提高收费标准，可以考虑对违法超标排污行为实行按照超标的倍数加倍缴纳排污费的方法。二是大幅度提高违法行为的罚款额度，如对违反"环境评价"和"三同时"制度的行为，按照建设项目投资总额的一定比例，决定罚款数额。三是创新环境违法行为的惩罚手段，如对于未经环境评价审批擅自开工建设，未经环境保护验收擅自投产使用、擅自闲置环保设施、超标排污、偷排污水等具有连续性的违法行为，实行"按日计罚"，上不封顶。四是完善环境污染事故追究制度、环境污染损害赔偿制度和环境公益诉讼制度。

2）加强环境执法能力建设。一是建立健全环境执法机构,形成省、县、乡（镇）三级环境执法监管网络；二是加大环境执法建设投入，提高执法装备水平；三是加强环境执法队伍建设，加大培训力度，不断提高执法人员的专业水平和执法能力；四是规范环境执法制度程序，建立环境案件审核、环境执法公开等制度，保证环境执法的客观、公正、快速、高效；五是加强部门合作，创新执法机制。

3）加强对生态文明建设的监督。一是加强各级人大对生态文明建设的监督。人大在生态文明建设中提出意见、批评、建议，在落实的过程中具有法律强制性，更有利于问题的发现和解决，能更快捷地体现在政府的决策和行动中，进而在全社会形成生态文明建设的强大合力。二是加强司法监督。通过对资源环境法治文化的大力宣传，激励社会公众积极参与生态文明建设的热情，强化企业对资源环境保护的社会责任意识；通过建立受理公民对行政行为申诉的机制，推进政府问责制度的落实，积极推动"环境影响评价制度"的严格、规范开展。三是强化社会监督。充分发挥新闻媒介的舆论监督和导向作用，提高广大公众

积极参与生态文明建设的积极性和责任感，监督有关部门依法行政。

（四）建立有利于生态文明建设的考评机制

1）科学确定干部政绩考核指标体系。要根据不同区域、不同行业、不同层次的特点，建立各有侧重、各具特色的考核评价标准。按照主体功能区的定位，针对不同主体功能区，选择不同的考核指标，实行差别化评价；对党政领导班子，要加强节能减排、循环经济等方面的考核。从长远来看，应建立以绿色 GDP 为导向的干部政绩考核制度。

2）完善政绩考核方法。进行生态文明政绩考核，就是要在政绩考核中加入资源节约、生态环境保护的要求，将实现生态环境保护和可持续发展作为论证考虑的要素。实行政府内部考核与公众评议、专家评价相结合的评估办法。

3）将政绩考核结果与干部任免奖惩挂钩。按照奖优、治庸、罚劣的原则，把生态文明建设考核结果作为干部任免奖惩的重要依据。把生态文明建设任务完成情况与财政转移支付、生态补偿资金安排结合起来，让生态文明建设考核由"软约束"变成"硬杠杆"；对不重视生态文明建设、发生重大生态环境破坏事故的，实行严格问责，在评优评先、选拔使用等方面予以"一票否决"，以激励各级领导干部进行生态文明建设。

（五）进一步深化资源环境行政管理体制改革，破除生态文明建设的体制障碍

1）建立跨部门协调机构，进一步明确部门的职责分工。设立生态文明建设领导小组，其主要职责是：协调国务院各部委的环境保护和生态建设工作；制定环境保护与经济发展相协调的环境政策，促进可持续发展中各部门的协同作用；负责牵头组织召开环境保护部际联席会议。

由于我国还处于工业化中期，防止资源对我国工业化进程的约束，与环境保护同样重要，将资源部门撤销或弱化在目前是不现实的。因此，应分步进行资源环境管理体制改革。近期的改革重点是强化和完善环境保护部的现有职能，明确各部门的职责分工。中长期改革目标是成立综合性的环境部或环境资源部，主要职能包括污染防治、生态保护、核安全监管、气候变化应对。

2）合理划分中央与地方环境保护职权，加强基层环境保护机构建设。①合理划分中央与地方环境保护职权。按照"权责匹配，重心下移"的原则，合理划分中央与地方政府管理环境事务的权利，凡属于跨越区域、流域和领域的环境问题，以及危害较大和影响较深的环境问题，由中央政府来负责，而属

于地域性的环境问题，由当地政府来执行，但中央政府负有监督和指导职责；灵活选择地方环境管理体制，在条件适宜地区推行省以下环境保护主管机构垂直管理。②加强基层环境保护机构建设。根据实际情况，可以在重点乡镇设立县（市、区）环保局的派出机构，由县（市、区）环保局垂直管理，或者在乡镇政府内部挂环保办公室或监察中队牌子，设立专管职位，从事乡镇的环境保护工作。

3）强化跨区域环境管理。强化华东环境保护督查中心、西北环境保护督查中心、东北环境保护督查中心、华南环境保护督查中心和西南环境保护督查中心的职能，真正发挥其环境监管作用。首先，要保障环境保护督查中心机构的能力建设和经费支持，扩大人员编制，增加人力、财力投入，逐步健全中心机构设置；其次，要明确区域环境保护督查中心的职能，清晰界定环境保护督查中心与地方环境保护主管部门之间的环境事权；最后，要建立健全信息公开报送系统，保证督查中心与基层环境保护主管部门之间信息通畅，促进环境保护督查中心充分发挥其职能，提高行政效率。

（六）建立生态文明技术创新机制

1）加快生态文明技术的开发。将资源节约、替代、循环利用、污染治理和生态修复等先进适用技术的开发，纳入国家和地区中长期科技发展规划。加强产学研合作，充分发挥大专院校、科研院所、骨干企业的科研优势，共同研究解决资源节约与循环利用、污染治理与生态修复等关键技术问题。建立健全知识产权保护体系，加大保护知识产权的执法力度，保护企业自主开发节能环保技术和产品的积极性，引导企业研发节能环保实用技术。

2）加强生态文明技术的示范与推广。重点支持节能减排、再制造、共伴生矿产资源和尾矿综合利用、废物资源化利用、有毒有害原材料替代、循环经济产业链接、污染治理、生态修复等关键技术和装备的产业化示范。通过举办生态文明国际博览会等形式，展示国内外节能环保产品、技术与装备，积极开展生态文明建设的交流与合作。

3）建立生态文明技术咨询服务体系。依托国家级实验室、工程技术中心、科研院所、高校、行业协会及企业，开展生态文明法规政策研究和技术开发，为企业、园区、城市提供生态文明规划制定、问题诊断等方面的咨询服务。以各地再生资源回收体系为基础，建立区域性的废弃物交易中心、再生产品交易中心。定期举办国家级或区域性的生态文明博览会，推动节能环保技术、装备、产品的交易。①

---

① 谢海燕．2012．生态文明建设体制机制问题分析及对策建议．http://www.china-reform.org/?content_360. html[2012-10-25].

三、城市圈各地方政府间有关规范协调的制度

（一）营造区域协调发展的制度环境

所谓制度环境，"是一系列用来建立生产、交换与分配基础的政治、社会和法律基础规则"①。公共政策都是在一定的制度环境中制定出来的。换句话说，所有的决策者也都是在一定的政治制度和经济社会文化环境下决定政策的。他们的决策行为都受制度环境的限制和影响。以此类推，区域地方政府的政策协调也会受到一定的制度环境的影响和制约。通过加强区域合作的相关制度法规的制定，可以使地方政府间复杂的政策协调行为变得易于理解并且更具有预见性。制度能防止、化解政策协调中的矛盾冲突，通过协商好或可预见的方式解决矛盾冲突，从而降低地方政府间政策协调的实现成本。制度环境是可以改变的，但与其他制度安排相比，制度环境的变迁要相对缓慢得多（革命引起的制度环境改变的情况除外）。因此，制度环境对区域地方政府政策协调进程的影响是巨大而持久的。一个好的制度环境可以有效促进区域地方政府政策协调的实现，反之，不好的制度环境就会阻碍政策协调的顺利实现。②

（二）加强制度和环境基础的建设

要加强制度学习，消除制度壁垒。武汉城市圈地区与发达城市群间在制度方面存在着一定的差距，缩小武汉城市圈地区与发达城市群间的制度落差，实现制度协调和制度融合，提高武汉城市圈区域的整体制度竞争力。加强宏观领域的体制改革，进一步完善区域协调发展的总体环境。在转变政府职能方面，武汉城市圈地方政府加快形成行为规范、运转协调、公正透明、廉洁高效的行政管理体制；深化行政审批制度改革，切实减少政府对微观事务的干预，在提高政府依法行政水平的基础上转变政府职能，为市场主体服务并创造良好的发展环境。完善投资融资体制，进一步确立企业的投资主体地位，形成市场导向和政策指导相结合的决策体制，形成有利于区域经济协调发展的机制。③

（三）加快区域政策和制度一体化的步伐

在交通、通信高度发达的今天，不同行政主体在政策和制度方面的冲突和

---

① 崔功豪等 . 1999. 区域分析与规划 . 北京：高等教育出版社：176.
② 王鹏远 . 2012, 区域地方政府政策协调完善路径探究 . 广州大学硕士学位论文：20.
③ 杨亚南 . 2007. "大珠三角"区域城市协调机制策略研究 . 城市问题，（10）：79～82.

矛盾，是区域经济协调发展的交易成本居高不下的重要因素。因为缺乏统一的区域性规划、政策和制度，所以本区域内的经济合作至今还只具有形式上的发展而缺乏内在机制上的进展。例如，对异地投资企业实行双重征税、对区域内合作双方的合法权益的法律保障不力等现象，大大增加了区域经济的运行成本。因此，要解决好长江三角洲地区经济协调发展中所面临的主要问题，调整、补充与完善现行的区域政策体系，促进区域政策的法规化及区域经济管理和调控的法制化，就成了当前的重大任务。一是各地要清理和废除妨碍本区域经济互动发展的旧的政策、制度，在户籍、就业、住房、教育、医疗、社保制度等方面，加强行政协调，联手构建统一的制度框架和实施细则；二是要克服各自为政的倾向，联手制定与协调各地产业、财政、贸易政策等，通过产业整合、资本市场、税收调节、物流网络等手段，重建区域经济新秩序，为多元化的市场主体创造公平竞争的环境；三是要协调招商引资、土地批租、外贸出口、人才流动、技术开发、信息共享等方面的政策，着力营造一种区域经济发展无差异的政策环境，对各类经济主体实行国民待遇。在条件成熟时，应制定一个本区域内各地共同遵守的区域经济一体化公约，内容包括区域生产力布局原则、区域产业发展准则、开放共同市场、促进人才交流、建立一体化的基础设施网络、统一开发自然资源、统一整治和保护环境、建立协调的管理制度等，作为促进本区域经济协调发展的共同行为准则，以强化地方政府调控政策的规范化和法制化。[①]

（四）用政策明确落实合作各方的责任和义务

1）制定规范性文件。规范性的方针、政策和必要的制度框架是监督管理机制存在的前提和基础。我国在生态环境保护实践中形成了"预防为主"，"谁污染、谁治理"，"强化环境管理"3大政策法规体系和"环境保护目标责任制"等8项管理制度[②]，这些可以作为泛北部湾区域生态文明共享行为监督机制构建制度的依据。因此，要抓紧制定促进泛北部湾区域生态文明共享机制构建的法规、规章和政策，确立监管部门的地位、机构组成、管理职能，以及监管程序等，从而明确各监管机构的职责和权限，从而做到有法可依，规避保护主义和机会主义风险。

2）严格执法程序。严格的执法程序和工作程序是保证监管工作科学化、规范化的有效措施。在实际工作中，主要是要建立环境保护补助资金管理和使用程序、污染源及污染防治设施监理工作程序、限期治理程序、排污收费程序、

---

① 陈才庚，张惠忠．2003.加速推进长三角区域经济协调发展的基本思路．嘉兴学院学报，15（5）：5～8.
② 薛凯．2004.浅谈大庆市生态环境监督管理．大庆社会科学，（3）：54.

现场处罚程序、环境污染与破坏事故调查和处理程序、环境监理稽查工作程序等。在实际的工作中，应严格执行相应的工作程序，狠抓落实，做到执法必严、违法必究。

3）明确合作各方所应承担的责任。奥尔森的"集体行动"理论认为，公共物品的产生要靠强制性或选择性的方式，即要么强制执行，要么以奖惩机制来使外部性内化。[①]因此，为减少泛北部湾区域生态文明共享实现过程中的机会主义倾向，一方面要靠严格的法律制度和执法程序来规范各方的责任和义务，约束合作各方的行为；另一方面要建立起相应的奖励机制，对富有社会责任感、主动肩负泛北部湾区域生态文明共享责任的企业或个人实行奖励，给予减免税等优惠政策。同时，努力营造诚信、信赖的社会氛围，形成隐形激励，从而减少集团成员"搭便车"等机会主义倾向。[②]

第三节　城市圈生态文明共建共享的文化引导

生态文明建设的文化层面，是指社会主义现代化建设过程中要树立全民生态意识，在处理人与自然的关系时，包括指导我们进行生态环境保护的一切思想、方法、规划等意识和行为，都必须符合生态文明建设的要求。这就要求我们要做到以下几点。

1）树立生态文化意识。生态文化是人与自然和谐发展的文化。进入 21 世纪，人类已逐渐认识到长期对自然进行掠夺性索取、破坏必将遭受惩罚，一个从征服自然、破坏自然到善待自然、珍爱自然的新理念正在形成。因此，进行生态教育，提高人们对生态文化的认同，增强人们对自然生态环境行为的自律，牢固树立生态文化意识，是解决生态问题的一项重要举措。①注重生态道德教育。生态环境的优劣，反映着人们生态道德水准的高低；同时，人们生态道德水准的高低，又会决定生态环境的优劣。生态道德驱动着人们的生态意识和行为的自觉性、自律性与责任感。②加强生态道德教育，可以使人们自觉地承担保护

---

① 王慧博. 2006. 集体行动理论述评. 经济研究，（4）：81～82.
② 李璐璐，肖祥. 2013. 泛北部湾区域生态文明共享的行为监督机制研究. 潍坊工程职业学院学报，26(1)：83～85.

生态环境的责任和义务，同一切破坏生态环境的行为做斗争。应广泛动员人民群众参与多种形式的生态道德实践活动，努力形成防止污染、保护生态、美化家园、绿化祖国的社会文明新风尚。

2）加强生态文化建设。生态文化建设要求我们摒弃人类自我中心的思想，按照尊重自然、人与自然相和谐的要求，赋予文化以生态建设的含义。具体来说，生态文化建设包括生态哲学文化建设、生态科技文化建设、生态教育文化建设、生态伦理文化建设等方面的内容。①

一、支撑生态文明建设的重要观念

历史和现实都告诉我们，比起以往任何时代，从今以后，人与自然的关系将更直接、更紧迫、更不可回避地摆在我们面前。思考和建设生态文明，必须把促进人与自然的和谐放在首位。要在这个前提下，谋划可持续发展，下力气处理好经济建设与生态维护的关系。为此必须牢固树立以下观念。

1）文明的可持续性。生态文明的提出，源于人类文明的发展反而使人类继续生存下去成了问题。解决这个问题的关键是，把人与自然和谐相处放在首位。人与自然休戚与共，两者和谐相处是人与人、人与社会和谐的基础，也是人类文明可持续发展的前提。如果生态环境受到严重破坏，生产和生活环境恶化，经济发展与资源供给的矛盾尖锐，人与人、人与社会的和谐就难以实现。如果生态环境继续恶化，实现人类文明可持续发展的难度就会越来越大。主张人与自然和谐相处并不是否认两者存在矛盾，而是主张解决矛盾必须立足于尊重自然规律，满怀对自然的感恩之心，彻底摒弃视自然为被动可塑之物的傲慢态度，努力使人口增长、经济发展与资源、环境、生态的可持续支撑相协调，逐步形成与维护生态相适应的生产和消费方式，逐步消除经济活动对大自然的稳定、和谐所造成的威胁，在实现经济效益、社会效益和生态效益相统一的过程中，促进人与自然的和谐。

2）生态的系统整体性。首先，生态系统不论大小都是有机的整体，其中的生命与环境、生命与生命都相互作用、相互依赖、相克相生。任何生命都有生老病死，都有自己的克星。任何物种的过度强盛最终都会危及自身。其次，人是生态系统的一部分，人的生存和发展离不开良好生态的支持，人的实践生存只能建立在人的生态生存的基础上。正是人类对自身生态生存和实践生存的关系处理不当，才产生了日益严重的人口、资源、环境和生态问题。人能够通过认识和改造自然界为自身的生存和发展服务恰恰表明，人类不仅具有维护生

---

① 刘静 . 2008. 中国特色社会主义生态文明建设研究 . 中共中央党校博士学位论文：66.

态的义务和责任，而且只要人类自觉约束自己的所作所为，维护良好生态的愿望就能够实现。最后，生态系统的整体性是有层次的整体性，人对生态的破坏和维护都具有可传递的积累效应。如果人类的实践活动对生态的破坏是小范围、短时间的，局部生态系统的自恢复功能能够抵御，就不会一步步向全球扩散；如果是大范围、长时间的，超出了局部生态系统的自恢复功能，那就会逐步向外扩散，最终演变成全球性的生态危机。同样，治理生态也是分层次的、可传递的积累效应。小治理小受益，大治理大受益，局部治理局部受益，全面治理全面受益，地区和国家治理全球受益。在生态治理问题上，达成共识、采取共同行动、搞系统工程，是必要的但不是唯一的选择。更重要的倒是自觉与强制相结合，分头行动，搞零碎工程。在这方面，目前在西方发达国家流行的"估算碳足迹"就很能说明问题。所谓估算碳足迹，就是为了阻止全球气候继续变暖，每个人都从我做起，算一算自己每天在衣食住行中减少了多少二氧化碳的排放量。

3）人的物质生活和精神生活的互补性。放纵人的物欲，是工业文明不顾一切冲向地球生态容量底线的内在驱动力。全球生态问题产生的根本原因是人类对自然资源的过度开发和过度消费。引导过度开发、过度消费的是消费主义文化。消费主义文化的根本缺陷，就是把人的精神生活的满足归结为物质生活的满足，大肆张扬物质消费带来的快感和尊贵，把引领消费时尚与追求自我实现加以混同。消费主义文化的上述主张服务于资本增值的需要，也源于对幸福的片面理解。什么是幸福？从本质上看，"在马克思实践唯物主义视野里，幸福是一种主客观的统一。这种统一的基础是人的实践。人的幸福的获得，不是也不可能是某种外在力量的给予，而是人通过自己的实践活动改造外部环境，即通过实践活动过程本身获得的，即是说是人本身创造和争得的。而人的实践活动是一种主体客体化与客体主体化的双向活动。人的幸福在这种双向活动中，客体的变化及其对主体需要的满足，表现为客体向主体的生成"[①]。从日常生活的感受看，据西班牙《国家报》2008 年 12 月 28 日报道，近 10 年来，一些经济学家、社会学家、心理学家纷纷以人的幸福感的来源为题进行研究，得出的普遍结论是：第一，富裕比贫困幸福，但富裕到一定程度，金钱与幸福感就不再呈正相关，虽然购买力成倍增长，但幸福感却几乎没有变化；第二，人的幸福感取决于对生活各方面的满意程度，包括婚姻、社交、才能发挥、薪酬、自我控制、身心健康和寿命等；第三，自私自利的人不会感到真正的快乐，要想获得幸福感，应该多与他人合作，多行善举，多帮助他人。针对消费主义过分注重物质产品的生产和消费导致人的物质生活和精神生活的严重失衡，在思考和

---

① 林剑 . 2002. 幸福论七题——兼与罗敏同志商榷 . 哲学研究，（4）：48～54.

建设生态文明时，强行限制物质产品的生产和消费肯定是不可取的，唯一可行的就是在强调物质生活和精神生活互补的同时，积极引导精神产品的生产和消费，把人们从过分追求占有和享受物质产品，转移到理想情操等人生境界的提升上，在创造能力和审美情趣提高的基础上，使物质享受和精神享受更加丰富多彩。

4）发展的知识性。由于消费主义的产生和发展与日益发达的科学技术密切相关，许多人在对它进行批判反思时，也对科学技术展开了批判反思，这样做破除了对科学技术的盲目崇拜，很有必要，但是如果由此把科学技术看成是生产主义和消费主义的帮凶，那就完全错了。因为除了科学发现和技术发明能直接满足人的成就感外，科学技术本身并没有价值属性。在运用科技成果改造自然中出现的生态问题，有认识、价值、制度等方面的复杂原因，应当区分不同的情况，有针对性地加以解决。解决已有的人口、资源、环境和生态问题，建设生态文明离不开发展科学技术。目前，人类社会已经进入知识经济时代，各种新知识、新技术、新工艺、新材料迅猛发展，特别是信息技术和生物技术上的突破，正在迅速改变着人们的生产方式、生活方式和思维方式，为思考和建设生态文明提供了新的契机。但是，对此也不能盲目乐观，这主要是因为"科学和技术在今天已经成为一种无比巨大的力量，它们的影响广阔而深远；科学和技术又是以空前的速度在发展，以致我们对它们引发的各方面的变化还缺乏深刻的理解和把握；科学和技术并不就是自然而然地造福人类的，我们的制度、法律、道德实践等等也都还赶不上这种发展，不足以合理地运用和引导这种巨大的力量。此外，科学和技术的发展又内在地具有不确定性并使我们处于风险之中"①。

5）实现目的的条件性。生态文明尚在孕育之中。生态文明的提出，源于人们已经认识到人的生态生存是人的实践生存的必要条件。思考和建设生态文明，核心是追求人与自然的和谐双赢，关键是实现经济的可持续发展。对人的活动来说，生态文明突出了条件对实现目的的重要性。思考和建设生态文明之所以必然面临经济与生态的艰难权衡，就是因为生态环境的可持续支撑是人的实践生存的必要条件，经济的可持续发展是社会和人可持续发展的必要条件。必要条件在时间上先于目的，不具备必要条件，目的就根本无法实现。在生态文明中，人的一切活动必须同时围绕条件和目的旋转，"为达目的先创造条件"是行动的必然选择。思考和建设生态文明涉及自然观、人生观、价值观等根本问题，涵盖社会生活中的经济、政治、伦理、科学技术等诸多方面，需要人们在思维方式、生产方式、生活方式上作出明显变革。在这一切中，能真正引领人们的

---

① 朱葆伟. 2006. 工程活动的伦理问题. 哲学动态，（9）：37～45.

思考和行动的，就是处理好创造条件与实现目的的辩证关系，更加重视对条件的维护和创造。不然的话，把目的设想得再美好，也难免陷入乌托邦，也会在现实中一再碰壁。在上述观念中，讲究文明的可持续性和生态的系统整体性是生态文明的特质。正是在这两个观念上的高度自觉，把生态文明与其他形态的文明区别开来。人的物质生活和精神生活的互补性、发展的知识性、实现目的的条件性等观念，在其他形态的文明中也有不同程度的体现，但生态文明进一步丰富了它们的内涵，凸显了它们的重要性。[①]

二、完善环境教育法，提高民众的生态文明意识

环境教育对于保护环境，建设社会主义生态文明具有相当重要的意义。人类的行为总是受到一定意识的指引和控制。人类对待自然环境过去所采取的不友好的行为，就和人类对于自然环境认识的能力的有限性有关，更和这种有限性对人类形成了有严重局限的文明观念有关。通过环境教育，个人能够意识到自然环境对于我们生存、生产的重要作用，能够意识到人类对于自然认识的有限性与自然环境各部分、各要素的系统性、整体性，也认识到了良好的自然生态环境对于我们人类的精神心灵的重要性。只要我们具备了这些意识，认识到位了，我们就会采取正确对待自然生态环境的行为，在维护自然生态环境的可持续的前提下对自然资源进行适当的、合理的利用、开发与保护。但是环境教育也不是有民众自发学习就可以很好地完成的。环境教育需要获得一定的资金、人员和场所等方面的支持。这种支持不是单个的民众可以支撑的。因此，需要国家通过立法，以国家投入的方式支持环境教育。这种环境教育通过国家的立法及相应机构的实施，形成了由上而下贯彻全民的行为，这对于培养公众的环境意识，倡导参与环境管理是极为有益的。我国的《全国环境宣传教育行动纲要（1996—2010 年）》中规定将环境保护教育纳入九年义务教育，在高等学校开设环境保护专业；开展创建绿色学校活动；开展环境法制教育。但由于《全国环境宣传教育行动纲要（1996—2010 年）》只是一个政策，在实际中该政策的实施效力不高、效果不好。特别是中小学校对于儿童、青少年的环境教育流于形式、走过场，没有真正意识到环境教育对于儿童、青少年环境意识形成的重要性，以及对我国环境保护事业的重要意义，没有在教学时间、师资力量与资金、场所方面给予大力的支持。我们也应通过环境教育立法，把环境教育纳入到法治轨道中，从教学内容、教学资金保障、师资队伍建设与社会实践等方

---

① 关胜侠，高冠新 . 2009. 生态文明的三个关键问题 . 理论月刊，（6）：31 ～ 34.

面给予法律保障，使环境教育成为中、小学生的必修知识，提高社会整体的环境保护意识与环境保护能力，推动公众参与环境管理。①

三、加强教育，树立生态文明建设理念

加强教育，树立生态文明的建设理念，可以从如下几个方面做起：第一，牢固地树立生态文明理念。加快建设生态文明宣传教育示范基地，运用多种形式和手段，深入开展生态文明宣传教育和知识普及活动，加强生态文化建设，将生态文明内容纳入国民教育体系和各级党校、行政学院教学计划，引导党员干部、青少年学生和社会公众树立生态价值意识、生态忧患意识、生态责任意识。从社会公德、职业道德、家庭美德和个人品德等方面入手，推动建立以"善待自然、呵护环境，节约能源、珍惜资源，厚生爱物、促进公平"为主要内容的生态文明道德规范，鼓励广大人民群众自觉投身于生态文明建设的实践中。第二，推行生态文明生活方式。积极倡导理性消费，引导绿色消费，自觉减少过度消费对自然环境产生的污染。建立并完善激励购买无公害、绿色和有机产品的政策措施和服务体系，推行绿色采购制度，推进绿色销售，以绿色消费带动绿色生产，以绿色生产促进绿色消费。提倡绿色出行，减少一次性用品使用，养成节约资源与保护环境的生活习惯。第三，广泛开展生态文明创建活动。深入推进"全民环保行动"。组织全省各级党政机关、人民团体、企事业单位开展生态文明单位创建活动。全面推进生态县（市）、环境优美乡镇、生态村创建工作。大力开展绿色学校、绿色医院、绿色商场、绿色酒店、绿色社区和绿色家庭等绿色创建活动。多层次、多领域地强化生态文明细胞工程建设，夯实生态文明建设基础。②《国家环境保护"十二五"规划》规定："实施全民环境教育行动计划，动员全社会参与环境保护。"《全国环境宣传教育行动纲要（2011—2015)》指出："建立健全环境保护公众参与机制。拓宽渠道，鼓励广大公众参与环境保护。"生态文明建设是一项复杂的社会系统工程，要使其目标和任务得以协调、有序地实现，就必须加大宣传教育的力度，开展全民教育。

1）树立新的生态文明观。一是提高全民的生态文明意识，倡导生态消费模式，树立人与自然和谐相处、建设环境友好型社会的价值观；二要强化全民的生态危机意识，尤其是要强化我国人口多、人均资源少、环境形势严峻的国情意识，倡导文明、和谐与可持续发展的现代理念，摒弃以牺牲资源环境为代

① 李俊斌，胡中华. 2010. 论环境法治视阈下生态文明实现之路径. 山西大学学报（哲学社会科学版），33（3）：97～100.
② 湖北省发展和改革委员会. 湖北省委省政府关于大力加强生态文明建设的意见. 鄂发 [2009]25 号.

价的经济发展模式；三要强化全民的生态文明观念，着重实现三个转变，即从传统的征服自然向人与自然和谐相处理念转变，从粗放型过度消耗资源、破坏环境为代价向可持续发展、实现经济社会又好又快发展转变，从奢侈消费向简约生活、绿色消费转变。总之，通过宣传教育使生态文明的理念深入公众的心灵深处。

2）通过国民教育系统进行生态文明教育。充分利用好这个最基础的教育基地和教育平台。在幼儿园、小学、中学、大学等设置不同内容的有关生态文明、环境保护、地球家园等课程，使生态文明意识成为受教育者的基本教育内容，环境教育应编入教学大纲，从幼儿园到大学，根据每个阶段的特点安排环保知识的传授，让环境保护意识深入人心，把环境教育质量的好坏作为衡量学校的一个标准。

3）通过对有关环境保护节日的主题宣传，让公众更深刻地认识到生态文明建设与自己密切相关。例如，"世界环境日"主题：2009 年 —— 地球需要你：团结起来应对气候变化（Your Planet Needs You——Unite to Combat Climate Change）；2010 年 —— 多样的物种，唯一的地球，共同的未来（Many Species. One Planet. One Future.），中国主题：低碳减排·绿色生活；2012 年 —— 绿色经济：你参与了吗？（Green Economy：Does it Include You?）在节日来临前后集中媒体等各种宣传力量，进行广泛的宣传，使得主题内容家喻户晓，尽人皆知，通过这些活动让人们了解环境是人类生存和发展的物质基础，对环境的破坏就是对人类自身的毁灭；明白我国存在的环境问题，以及对我国经济、社会和人的全面发展造成的严重危害，让环境危机感深入人心，激发出人们强烈的环境保护意识。

4）大力开展社会方面的环境保护法等普法活动，以弥补学校环境教育的不足之处。学校不可能对每名公民进行环境教育，社会就要分担一部分，通过电视、网络、广播电台等方式传播环境保护知识。例如，通过标语、提示牌等方法警示人们去改变自己的行为，在旅游区设置环境保护宣传画，引人深思的图片比简单的文字更能刺激人的内心感官，留下深刻的印象；电视台播放环境保护公益广告的时间可以选在一些比较重要的时刻，让人更容易记住，等等。加强生态文明建设教育，提高公众的环境保护参与意识有利于生态文明建设。意识引导人的行为，公众的环境保护参与意识提高了，也就有了参与环境保护的动力，才能积极、主动地参与环境保护。提高公民的环境保护意识是完善我国环境保护中公众参与的必要条件。我国人口众多，公众的环境保护意识提高了，将会成为环境保护的一股强大的力量，环境保护工作也就容易展开，环

境事业也会得到进一步的发展。①

四、构筑区域文化合作平台

　　文化作为一种内在的意识，对地区之间的交往和合作有着十分重要的影响。区域内不同城市之间具有不同的城市文化，因此必须突出城市文化特色，培训城市精神，有效地实现文化资源的互补，呈现"百花争艳"的文化合作局面。推进区域文化的合作与发展，必须打破省、市之间的壁垒，培育统一有序的文化生产要素市场，构筑区域文化合作平台，以市场化手段促进文化资源的优化配置，按照"五个创新"的要求，繁荣区域文化市场，实现生态文化的多样性。即通过观念创新，确立"共赢"和"协同"思维；通过机制创新，建立一体化的区域文化市场；通过制度创新，形成共同遵守的区域文化发展规章和制度；通过管理创新，充分发挥民间组织、行业组织在区域文化一体化中的积极作用；通过模式创新，创立制度化的区域经济共同体。

　　树立生态文明的新理念，已经成为新时代贯穿区域经济合作的新亮点。从生态文明城市到区域生态文明示范区的发展，是区域经济一体化发展的本质诉求，也是实现科学发展，构建社会主义和谐社会的必由之路。作为开放、异质性合作型的武汉城市圈，拥有雄厚的经济总量和合理的区域布局，同时，在经济发展规划上进行协调、合作的愿望与日俱增，具备良好的生态优势，必将成为率先建设区域生态文明示范区的"试验田"②。

五、加强诚信建设，营造社会氛围

　　诚信建设已经成为社会舆论和社会思潮的最强音。一个诚信的社会是由众多社会主体的诚信构成的。诚信建设需要正确的舆论引导，通过各新闻媒体的报道，让诚信者美名远播、失信者臭名远扬，在全社会营造"诚信光荣、失信可耻"的良好氛围。同时，加强诚信立法和诚信制度建设，使其同个人的诚信品德修养有机地结合起来，德法并重，重建诚信。中国特色社会主义生态文明建设有3大主体：政府、企业和公众。可以说，政府诚信是核心，企业诚信是重点，个人诚信是前提。笔者认为，加强政府、企业和个人的诚信建设对于中国特色社会主义生态文明建设，对于社会主义和谐社会的构建具有重要的意义。

① 秦慧杰，王慧杰. 2012. 公众的环保参与意识是建设区域生态文明的基础保证. 世纪桥，（9）：128 ～ 130.
② 申振东. 2008. 区域合作中的生态文明建设探究. 理论前沿，（14）：17 ～ 18.

（一）加强政府诚信建设

在现代社会中，政府掌握着社会的公共权力，肩负着引导、监督和管理社会诚信的职责，这一地位决定了政府的一言一行都将对整个社会产生重要的影响。政府诚信是所有诚信中最核心的，直接或间接地影响着企业诚信、个人诚信的发展。当前，一些地方政府出现诚信缺失、朝令夕改等问题，这些问题严重地损害了政府形象，对于整个社会的诚信建设产生了极大的影响。近几年，我国在生态文明建设过程中也发生了一些损害政府形象的案例，这些事件要求政府要尽快加强诚信建设，重塑政府形象。比如，2005 年 11 月 13 日，中石油吉林石化公司双苯厂发生爆炸，导致 100 吨左右的强致癌物质苯、硝基苯流入河中。但哈尔滨市政府并没有向公众及时公布事实，却称环保部门检测整个爆炸现场及周边空气质量合格。直到 9 天后，环保总局①才接到吉林省环保部门关于这起重特大环境污染事故的信息，从而错过了解除污染隐患的最好时机，水污染已给当地百姓生活带来了极大的影响。松花江水污染事件引发的哈尔滨水危机事件，正是当地政府对公众的隐瞒，错过了决策和解决问题的黄金时间，同时引发公众恐慌，进而导致其对政府的不信任。因此，建立和健全社会诚信制度，首先要从政府做起。

1. 强化公务员的诚信意识

公务员不仅是政府诚信建设的组织参与者，也是政府诚信的代表体现者，他们的诚信意识直接影响到政府诚信建设的成败。首先，转变错误观念，强化为民意识。改变过去认为政府权力不受约束的错误观念，懂得政府权力来自于人民，树立为人民服务的意识，真正做到权为民所用、情为民所系、利为民所谋。其次，加强诚信教育，增强诚信观念。结合现实生活中出现的新情况、新问题，加强公务员对马列主义、毛泽东思想和中国特色社会主义理论体系的学习，加强社会主义荣辱观的教育。最后，宣传诚信典型，自觉践行诚信。通过宣传和表彰先进事迹和典型人物，引导公务员形成诚信的自觉性。同时，以反面典型为借鉴，向公务员展示诚信缺失的可悲下场，要求公务员开展批评和自我批评，并把诚信意识转化为自觉的行动，落实在具体的工作之中。

2. 加强政府的透明度

加强政府的透明度，实行政务公开是政府取信于民的重要途径，也是加强政府诚信的基石。政务公开可以加强政府与群众的沟通和理解，同时可以促使

---

① 现为中华人民共和国环境保护部。

政府将自己行政权力的实施置于群众的监督之下，增强政府工作人员遵守诚信原则、依法办事的自觉性。实行政府公开的渠道很多，主要有："进一步建立和完善政府新闻发言人制度，让人民群众和各社会团体及时了解政府有关的政策法规；充分发挥市长公开热线电话的作用，把市长公开热线电话当作联系人民群众、听取他们的呼声和意见的有力渠道；建立健全重要政策的公众听证制度。对于涉及人民群众利益的重要决策事项，请人民群众代表参加会议，充分听取他们的意见和建议，发挥群众参政议政的作用；加强'电子政务'建设，及时更新政府网站的内容，实行网上审批、网上办公；建立和完善'政务超市'，设立一门受理、一条龙服务的办事窗口，简化办事程序、明确办事时效、提高办事效率、增强办事透明度。"①

3. 健全政府诚信的监督制约机制

政府诚信建设必须有强有力的监督制约机制作保证，否则诚信建设很难有效地进行，政府的诚信也难以得到保证。通过制定法律法规对政府行为进行必要的监督和限制，同时还要做到有法必依、执法必严、违法必究；整合监督资源，充分发挥权力监督、立法监督和司法监督的合力；加强社会监督，充分发挥广大人民群众的主人翁意识和责任感，建立人民群众监督权力的保障制度，以切实保障人民群众监督权的有效行使。

（二）加强企业诚信建设

企业作为生态文明建设的主体之一，涉及的范围十分广泛，主要从事经济活动。企业在从事经济活动时，必然与资源和环境发生关系。企业作为生态文明建设的重要生力军，不仅应该积极承担与发挥自身的责任和作用，还要推动行业诚信建设与生态理念的形成。比如，作为一家乳品企业，蒙牛乳业自创立之初，就一直以优质奶源保证产品质量，致力于打造从源头到消费末端的绿色产业链，把奶牛养殖、牧草养殖、花卉观赏、蔬菜种植、生物智能发电和有机肥良性循环融于一体，形成了从牧场到餐桌的一条绿色链条。同时，其还呼吁同仁们一起努力，实现了中国乳业首个绿色倡议。在关注自身发展的同时，蒙牛乳业也高度重视节能减排与循环经济，着力构建绿色草原，维护良好的草原生态环境。可以说，蒙牛乳业在用涵盖全集团上下、贯穿整个产业链的绿色实践中诠释了企业诚信理念。如果企业行为与资源、环境的关系处理得当，则会有利于我国生态文明建设，否则会对我国生态文明建设产生不利的影响。目前，

---

① 毛彩菊.2008.论我国政府诚信的构建.湖北师范学院学报（哲学社会科学版），28（4）：51～55.

企业诚信缺失已经成为制约我国经济社会可持续发展的一大障碍。笔者认为，加强企业诚信建设应从以下几个方面入手。

1. 建立企业信用管理制度

信用管理是现代企业管理的核心内容之一，它有利于增强企业的竞争力，提高企业管理素质，推动企业的可持续发展。建立企业信用管理制度，首先应该加快建立产权清晰、权责明确、政企分开、管理科学的现代企业制度。信用关系的实质是财产关系，只有交易双方都拥有自己独立的财产，才能保证信用活动的产生。如果经济主体没有独立的财产，它就没有能力承担交易活动所产生的财产义务，没有能力履行合约中的承诺，也没有承担交易风险的能力，经营信用更无从谈起。改革产权制度，让企业成为独立财产的真正所有者，才能保证企业对财产保值真正负责，从而建立企业诚信。其次应该建立企业内部信用管理制度。既要对经济活动进行全程信用管理，又要对企业的主要客户信用状况进行调查和管理，从而建立内部信用管理制度，提升企业的信用管理水平。

2. 加强企业诚信文化建设

只有加强企业文化建设，树立企业诚信理念，才能使企业在经营活动中遵守诚信理念，从而拥有比较广泛的客户，增强企业的竞争力，促使企业的可持续发展。诚信文化建设是所有企业在企业文化建设中都应该予以重视的。企业应认识到诚信是其生存之本的重要价值，培育企业诚信文化。一方面，制定企业诚信准则。诚信准则是加强企业诚信文化建设的必要条件，它是要求企业员工遵守诚信规则的正式文件，表明了企业的基本价值观。通过制定诚信准则，具体说明了企业想做和期望员工做的事情，并以此为标准来判定企业政策和员工的个人行为。另一方面，提高管理者的诚信文化素质。管理者的诚信文化素质对提高整个企业的诚信文化水平起到了关键的作用。管理者以诚信为本，以企业为家能够为企业员工树立诚信、敬业奉献的榜样，并将诚信理念推向整个企业。在企业中，管理者以身作则是取信于员工的最好办法。管理者要做到忠于企业、忠于员工，认真履行对企业、对员工的承诺。通过诚信文化建设，使诚信理念成为企业文化的核心内容，为企业的健康发展提供一个良好的环境。

（三）加强个人诚信建设

政府、企业、个人作为生态文明建设的3大行为主体，也是社会诚信建设的重点对象。个人是最基础的行为"单位"，政府和企业都是由个人按照某种契约组成的，其行为活动也都是通过个人的行为来实现的。政府和企业的诚信行

为最终可以追溯到政府工作人员和企业员工的个人行为中去，因此，社会诚信的建立归根结底是靠无数现实人的诚信建设来实现的。

1. 建立个人诚信制度

个人诚信制度是指由国家建立的，通过对个人诚信的有效管理来监督和保障个人诚信活动规范发展的规章制度与行为规范。首先，建立个人诚信档案制度。政府为每个公民设置终身"诚信档案"，实现个人诚信信息的共享，促使其把讲诚信作为自己终身的"安身立命"之本。通过建立个人诚信记录，为社会提供个人诚信信息，作为社会评价个人诚信的依据。其次，建立个人信用评估制度。运用科学严谨的分析方法，在建立个人"诚信档案"的基础上，对每一位公民履行诚信的态度、意愿和能力等进行科学、准确的评价。通过个人信用评估，让每一位公民能够及时、准确地掌握个人履行信用制度的情况，激励他们更加诚信，从而在全社会达成一种共识，营造良好的信用行为习惯。最后，建立失信惩罚机制。在大力倡导诚实守信的同时，应当综合运用道德谴责和法律手段，惩罚失信者，表彰诚信者，以形成正确、健康的公民诚信观。

2. 开展个人诚信教育

加强个人诚信建设仅仅依靠制度的保障还不够，还需要加强对个人诚信的教育，使公民由不自觉到自觉，由自觉到情感自愿的升华，从而使诚信观念深入人心，并逐步转化为每一个人的自觉行动。因此，我们要采取多种教育方式开展个人诚信教育。首先，把诚信教育纳入到非思想品德修养课程中，把人文教育与诚信教育有机结合起来。其次，将学生的诚信情况与"三好学生"、助学金等挂钩，作为评选的重要标准。最后，在校园环境建设中注重体现诚信教育，营造良好的诚信教育舆论环境，让学生在潜移默化中受到教育。[①]

第四节　城市圈生态文明共建共享协同的管理手段

推进武汉城市圈"两型社会"建设，前提是创新行政管理体制和运行机制，

---

① 刘静. 2008. 中国特色社会主义生态文明建设研究. 中共中央党校博士学位论文：165.

实现政府职能在综合配套改革中的转型，建设"两型政府"。一是在观念上，要实现从区划行政到区域行政的转变。武汉城市圈由 9 个行政互不隶属、级别不等的城市组成，在建设"两型社会"进程中，迫切需要圈内城市政府超越以行政区划为界限的区划行政思维，树立区域行政（公共管理）的观念。通过政府间的合作、协商来共同解决跨行政区划的公共问题。二是在职能定位上，实现从行政主导的无限政府到市场主体的有限政府转变。在"两型社会"综合配套改革中，必须确立有限政府的价值取向，转变职能，把行政行为严格限定在公共领域，严格控制权力的任意扩张，节约成本，提高效率。三是在考核评价上，实现以 GDP 为中心向以科学协调的"两型社会"评价体系转变。对一个地方政府绩效的评价，应该把该地方社会经济发展现状与历史状况及长远发展有机结合，尤其要注重该地方的可持续发展能力。[①]

一、管理手段的分类

（一）合理运用法律手段

武汉城市圈区域生态文明共享的实现需要强有力的法律保障。目前，有关武汉城市圈区域生态文明共享行为监督的法律还不健全，仍需不断完善和深化。应当尽快制定一部综合性的武汉城市圈区域生态文明监督管理体制法律，尽快将武汉城市圈区域生态文明共享的监督工作纳入法制轨道，做到有章可循、有法可依，运用法律武器保护武汉城市圈区域的生态文明。

（二）综合运用经济手段

在法制不完善的情况下，应综合运用经济手段，加强财政对生态文明共享工作的监督。所谓经济手段，就是指国家根据价值规律，利用价格、税收、信贷等经济杠杆，调节和影响企业在生产开发中保护环境和消除污染的行为。[②]一方面要根据相关法规强化排污收费工作，适时、适当地提高排污费征收标准，保证专款专用，减少工业对生态环境的破坏；另一方面要增加财政对生态环境保护领域的投入，加强技术保障，运用财政补贴和税收优惠等措施鼓励各种节能减排活动，促进企业自觉保护环境。

---

① 江国文，李永刚，汤纲 . 2009. 武汉城市圈"两型社会"建设协调推进体制机制研究 . 学习与实践，（2）：164～168.

② 王显义，高骞 . 1996, 社会主义市场经济体制的建立必须强化环境监督管理 . 油气田环境保护，6（2）：28～30.

（三）强化运用行政手段

武汉城市圈区域生态文明共享的实现是一项复杂的系统工程，需要各级各部门的协调配合，因此政府部门应充分发挥自身的监督、协调职能，运用行政手段促进武汉城市圈区域生态文明共享监督机制的科学、有效运行。政府部门对环境保护发挥着统一监督和管理的作用，着眼于研究发展战略，拟订环境规划，协调政府与企事业单位的关系，促进各国政府间的交流与合作。加大政府对环境的监督管理力度，是促进武汉城市圈区域生态文明共享监督机制科学有效运行的关键。[①]

二、城市圈生态文明共建共享协调的具体管理手段

1）建立和完善生态文明建设的领导机制和工作机制。加强生态文明建设的组织、领导与协调、监督，形成党委领导、政协监督和参与、政府组织实施、部门分工协作的组织领导机制，特别是应建立健全高层级的组织协调机构，将生态文明建设任务纳入地方行政首长负责制，建立地方党政一把手负责制，各级政府和有关部门成立相应的组织协调机构，为生态文明建设提供切实的组织保障。

2）完善生态文明建设体系。在继续搞好环境保护、生态建设的基础上，大力发展循环经济，强化生态文明建设的产业支撑，倡导生态文明的生活方式和消费模式；加强生态文化建设和生态社会建设，建立生态文明的道德文化体系，从社会品德、职业道德、家庭美德等不同层面，制定和实施推进生态文明建设的道德规范。

3）建立生态文明建设评价体系。按照生态文明建设的内涵和要求，充分考虑我国各省区自然和经济的空间差异性，借鉴生态省建设的评价指标，建立体现省区特色的生态文明评价指标体系。指标设计要突出导向性原则，处理好指标的刚性与柔性、近期与远期的关系，指标选择要既能反映目前生态文明建设取得的积极成果，更要反映生态文明建设的努力程度和进步过程，体现不同发展基础的区域建设生态文明的真实情况，特别是为引导和帮助基础较差的区域实现其战略目标并检验其实现的程度提供科学依据。

4）改革中央对地方的绩效考核体系。在现有考核体系中，单一以 GDP 为核心的绩效考核体系正在逐步得到改变，被纳入了生态环境建设目标，但还缺

---

① 李璐璐，肖祥．2013.泛北部湾区域生态文明共享的行为监督机制研究．潍坊工程职业学院学报，26（1）：83～85.

乏生态文明建设目标。应建立以生态文明建设指标为重要内容的绩效考评体系，引导地方政府发展循环经济、建设生态文明，努力缩小地方政府行为与国家生态文明建设目标的偏差。

5）建立和完善区际生态补偿机制。按照"谁开发谁保护，谁破坏谁恢复，谁受益谁补偿"的原则，建立和完善区际生态补偿机制，对饮用水源区、自然保护区、重要生态功能保护区及重点流域等区域给予生态补偿，对因保护生态环境造成经济发展受限和增收困难的区域，实行财政转移支付补偿和利益补偿，探索多元化的区际生态补偿渠道。

6）探索区域生态合作治理。建立跨区域生态治理的组织机构，打破条块分割的地方行政体制，针对跨行政区的一些重要生态功能区设置组织管理机构，并统一制定区域性生态政策与生态文明建设规划；强化生态环境资源价值理念，探索和建立区域生态环境资源价格制度，形成鼓励合理开发和节约利用区域环境资源的价格体系；建立政府主导、市场推进、公众参与的多元治理机制，强化政府在生态治理中的主体地位，发挥其主导性作用，充分调动非政府组织、企业及居民参与生态文明建设的积极性，营造有利于生态文明建设的社会环境。

7）支持示范（试验）区建设。生态文明建设作为中央新的施政理念和新举措，制度设计不可能一步到位，需要试验和创新。建议在经济发展水平和生态环境基础不同的地区推进示范（试验）区建设，给予这些地区充分的改革权限和支持力度，支持其在推进生态文明建设中积极探索，大胆创新，先行先试，为破解生态文明建设中的体制机制障碍，促使生态文明建设向纵深推进提供经验。[1]

三、城市圈生态文明共建共享工作协调机制

就武汉城市圈来说，构建武汉城市圈，首先要在湖北省委、省政府的领导下，尽快建立推进武汉城市圈建设的工作协调机制。一是建立9个城市党政联席会议制度，共同研究武汉城市圈构建过程中的重大问题，协调解决区际合作中的现实难题；二是建立9个城市政府部门专题联席会议制度，通报、协调9个城市有关部门在推进区域经济合作中实际操作层面的问题；三是建立省级城市圈协调机构，研究和制定相关政策和措施，加大对武汉城市圈建设有关问题的协调力度；四是设立日常办事机构，专门负责确定事项的沟通协调和具体落实。近期应迈出实质性步伐，认真踏实地做一些具体的基础性工作，加强沟通，联络感情，主动相约，开展对口交流，加强互利合作，不能坐而论道，观望等待。

---

[1] 黄勤，王林海 . 2011. 省区生态文明建设的空间性 . 社会科学研究，（6）：17～20.

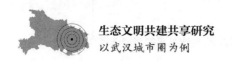

尤其是要鼓励支持各自企业到对方兴业发展，形成和扩大经济合作的基础。与此同时，进一步加大对构建武汉城市圈的宣传力度，扩大武汉城市圈的社会影响，奠定全民创业的坚实基础。①

第五节　城市圈生态文明共建共享的技术路径

电子治理是城市圈政府间横向协调的技术路径。对于解决官僚制沟通失灵导致的城市圈水环境保护的"囚徒困境"问题，城市圈"公共能量场"展现了一种利益相关者共同对话，以促进沟通进而达成城市圈政府间集体理性行动的美好愿景。尽管如此，这一愿景的实现在很大程度上仍有赖于沟通技术手段的改进。所幸近年来电子政府的创新对此贡献极大。所谓电子政府，可简明概括为：政府利用现代信息和通信技术打破行政机关的组织界限，建构一个基于计算机网络环境的电子化的虚拟政府，确立一个精简、高效、廉洁、公正的政府运作模式，是行政信息快捷的传播途径和发布平台。

实际上，并不可以把电子政府简单理解为信息技术在政府过程中的运用。至少就增进城市圈政府间横向协调和对城市圈水环境的合作治理而言，电子政府的创新影响深远。因信息技术"存在一种潜质，可以影响组织内或者跨组织的协调、生产和决策过程"，故而对于增进城市圈政府间的横向信任、协调并促进对城市圈水环境的合作治理大有裨益。

1）增进城市圈政府间横向信息的交流和信任，推动生态建设和环境保护与治理合作。一直以来，我国对城市圈实行分割管理，不同政区获取水资源信息的目的、方法、侧重点不一，很难对所获信息进行综合利用，这就造成了城市圈政府间对水资源信息的共享性较差②，并且各自基于私人利益的考量，实际上也很难形成互通信息的合作意识，由此逐渐加深了城市圈政府间横向的隔阂，进而导致城市圈生态建设，以及环境保护和治理合作治理难以实现。电子政府的出现正有助于这一问题的解决，其突出效应之一，即在于鼓励了政府内部不同部门之间的交流和协调，当然也包括城市圈政府间的横向交流与协调。原因

---

① 刘健 . 2008. 省会经济圈系统协调机制研究 . 合肥学院学报（社会科学版），25（1）：4～8.
② 雷玉桃 . 2006. 论我国流域水资源管理的现状与发展趋势 . 生态经济，（6）：86～89.

则在于，互联网络支撑下的电子政府所赖以运作的电子信息系统具备了如下特征：①开放。系统尽可能开放各种政务信息乃至可供跨界查询。②协同。系统打破了各行政区域的限制，政府信息即使跨区亦能以连贯一致的方式敞开。③交互。系统保证任何政府组织均可以交互表达和传递信息。④直通。系统通过计算机网络减少中间环节，保证信息交换的"直通"。不难看出，电子政府信息系统这几方面的特征对于沟通城市圈政府横向之间的信息交流，进而培养相互间的信任感，促进对城市圈水环境的协作治理很有好处。

2）促进省县间、县县间的沟通，进而推动城市圈政府间的合作治理，使得政府呈现出"扁平化"的特征，政府决策层的管理幅度也随之拓宽。比如，我国当前由于市管县体制对区域经济构成了极大的体制障碍，迫切要求实施"省管县"的"扁平化"改革。电子政府的发展恰恰为此提供了技术前提。其运用现代网络技术，使省县间的时空距离大为缩短，"省管县"因此十分可行。一旦"省管县"改革推及开来，城市圈内各省级政府获取来自县级政府有关城市圈水资源消费和保护的各种信息就将更加便捷和真实，据此就可能作出更为科学、更能为县级政府所接受的城市圈管理决策；与此同时，"去科层化"的"省管县"改革，亦为县级政府间的交往、沟通提供了更多的机会，这也有助于县级政府间协作完成省级政府交付的各项城市圈管理任务。总体上，这两方面均有利于省辖城市圈范围内水环境问题的减少，从而可以增进城市圈政府间的横向协调，以及全城市圈的可持续发展。电子政府由于具有上述改善城市圈政府间信息沟通的技术优势，进而促进了城市圈政府间的横向信任与协调，对此正可以概括或引申为一种城市圈政府间电子治理的形成。与治理概念相一致，其可以理解为：城市圈政府间依托电子政府实现信息共享与交流，确立互信关系，乃至在城市圈生态文明建设和环境保护和治理行动中形成真诚合作、去规则化、富有创造性和回应力的互动网络。①

第六节　城市圈生态文明共建共享的资金筹措路径

城市圈的生态文明建设和环境保护、治理都需要大量的资金，没有资金，

---

① 王勇 . 2009. 论流域水环境保护的府际治理协调机制 . 社会科学，（3）：26～35.

所有的解决方案都是空谈。那么资金从何而来呢？如何用合理的制度去管理这些资金呢？

一、建立合理的投资管理机制和区域共同发展基金制度

要按照区域开发银行的模式来组建区域经济开发银行，也可以按照商业银行法则，经过严格审贷，对都市圈内的开发项目实行一般商业贷款或短期融资。在此基础上，应建立区域共同发展基金，使协调机构具有相当的经济调控能力和投资管理能力，以促进区域的合作与发展。[①]

二、建立武汉城市圈生态补偿基金

由省环保局出面，组织、协调武汉城市圈内的地方政府可按比例从财政、水资源费、土地出让金、排污费、污水处理费，以及农业发展基金中分别提取生态补偿基金。补偿金专项用于武汉城市圈生态环境保护和生态项目的建设，包括用于生态公益林的补偿和管护，以日常生活垃圾处理为主的环保投入，因生态城市建设而需关闭或外迁企业的补偿等。建立完善的自然保护区、重要生态功能区、矿产资源开发和流域水环境保护等重点领域生态补偿标准体系，完善森林生态效益补偿制度，提高补偿标准，加强对生态区位重要和生态脆弱地区的经济扶持。[②]

三、争取上级政府的生态文明建设和环境保护、治理的专项资金

每一个时期中央政府及省政府都有一定的专项资金，去支持特定区域的生态建设和环境保护、治理。武汉城市圈应该积极争取这些专项资金，以确保城市圈的生态文明建设和环境保护、治理资金充足。

除了注意资金筹集之外，城市圈层面对生态建设和环境保护、治理的资金管理机制也非常关键。

---

① 毛良虎，赵国杰 .2008. 都市圈协调发展机制研究 . 安徽农业科学，36（7）：2955～2956.

② 梅珍生，李委莎 .2009. 武汉城市圈生态文明建设研究 . 长江论坛，（4）：19～23.

第七节　城市圈生态文明共建共享的群众参与路径

一、积极引导大众参与武汉城市圈生态文明建设

社会大众作为生态文明的建设者和受益者，要自觉确立环境至上和优先的理念，增强保护意识、责任意识，从节约资源、保护环境的点滴小事做起，大力提倡生活消费方式的生态化，鼓励绿色生活、文明消费，做生态文明建设的使者。各级政府和各部门要依靠行政组织力量，为社会大众积极参与生态文明建设搭建好平台，特别是要加强城乡基层的环保工作，让生态环境工作真正能够落实到基层。要积极开展创建生态文明示范单位，创建绿色社区、学校、企业、机关、家庭等群众性活动，引导社会大众热心、热爱环境保护事业，调动其生态文明建的积极性、创造性。生态文明是社会文明进步的标志，也是建设武汉生态城市圈的不懈追求，我们要举全省之力，集大众之智，加强领导，强化管理，不断创新思想和观念，不断创新发展模式，努力把武汉城市圈建成全国区域的生态文明之都。[①]

二、推动多元主体参与政策协调过程

目前，我国公民社会在不断成熟，社会公众越来越关注与自身利益密切相关的社会问题，并且期望参与到社会公共事务的管理过程中。同样，在区域地方政府政策协调过程中，社会公众及非政府组织也有此要求。因此，推进包括政府组织、非政府组织、社会公众等在内的多元化的主体参与到区域地方政府的政策协调过程中，形成对区域公共事务的多中心治理势在必行。这样不仅发挥了区域地方政府在政策协调中的主导作用，而且可以凭借多种治理力量，实现区域地方政府政策的协调平衡，弥补过去相互间政策失调带来的区域公共事务治理困境。

1）除了地方政府及区域协调管理机构外，还应重视非政府组织在政策协调中的作用。区域地方政府间的政策协调，不仅需要地方政府的推动及区域协调管理机构的协调管理，而且也需要那些以跨地区的非政府组织为主的社会力量自下而上地推进区域地方政府间的政策协调，进而实现区域经济的一体化。非政府组织是政府联系民众的桥梁和纽带，借助非政府组织推动政策协调，不

---

① 梅珍生，李委莎．2009．武汉城市圈生态文明建设研究．长江论坛，（4）：19～23.

仅成本费用低，而且因其没有地方政府利益考量等方面的影响，政策协调效果更为明显。

2）要拓宽社会公众参与政策协调的渠道。社会公众对区域地方政府政策协调的内容、方案等拥有必要的知情权、参与权。因此，应通过一定的制度机制的设计，激发公众参与政策协调的热情，不断拓宽社会公众政策协调的参与渠道。通过民意调查、公民投票、座谈会、听证会等形式，广泛听取社会各界民众的意见；政策协调达成的协议的执行过程应及时向社会公众公开，便于其对政策协调过程进行监督，减少政策协调的成本，促使政策协调能够按照区域公共利益的取向顺利推进。可见，在区域政策协调的参与主体中，不仅要强调政府及区域协调管理机构的政策协调作用，还要充分发挥公民及非政府组织等多元主体的作用，形成区域政策协调主体多元化的局面，促进区域政策的协调统一。[①]

本 章 小 结

本章是城市圈生态文明共建共享的实现路径。第一节是对城市圈生态文明共建共享的组织架构进行搭建。首先分析了城市圈设立协调组织的背景及其必要性，其次是对城市圈协调组织的必要功能的界定。然后设计了城市圈协调组织的形式，主要有城市圈协调委员会、城市圈协调的第三方部门、区域性的行业协会。最后界定了组织及政策协调的实施主体，包括政府、企业、社会公众、民间非政府组织等。第二节是对城市圈生态文明共建共享的制度设计。第一是应该建立健全环境立法体系，具体包括生态补偿制度、环境责任制度、环境风险评价制度及其他的环境立法工作，以及严肃的环境执法工作。第二，应该建立完善生态文明共建共享的相关政策和制度。第三是城市圈各地方政府之间有关协调方面的制度规范。应该从营造区域协调发展的制度环境，加强制度和环境基础的建设，加快区域政策和制度一体化的步伐，用政策明确落实合作各方的责任义务等环节。第三节是城市圈生态文明共建共享的文化引导。第一，介绍了支撑生态文明建设的重要理念，主要包括文明的可持续性、生态的系统整

---

① 王鹏远 . 2012，区域地方政府政策协调完善路径探究 . 广州大学硕士学位论文：39.

体性、人的物质生活和精神生活的互补性、发展的知识性、实现目的的条件性等。第二，是完善环境教育法，提高民众的生态文明意识，应该把环境教育纳入到法制轨道中来，从教学内容、教学资金保障、师资队伍建设与社会实践等方面给予法律保障。第三，是加强教育，树立生态文明建设理念。第四，是构筑区域文化合作平台。第五，是加强诚信建设，营造社会氛围。主要从加强政府诚信建设、加强企业诚信建设、加强个人诚信建设等方面进行。第四节是城市圈生态文明共建共享协同的管理手段。第一对管理手段进行了分类，共有3种管理手段可以用于区域生态文明共建共享的协调：法律手段、经济手段、行政手段。第二分析了可以用于管理协调生态文明区域共建共享的具体的手段。第三探究了促进城市圈区域生态文明共建共享工作的协调机制，包括建立城市圈内每个地方政府参与的党政联席会议制度、城市圈内每个地方政府相关部门参与的专题联席会议制度、设立专门的协调机构负责日常事务的协调等。第五节是城市圈生态文明共建共享的技术路径。主要是采取电子治理的形式来满足城市圈内部的信息共享和横向协调。第六节是城市圈生态文明共建共享的资金筹措路径。通过建立合理的投资管理机制和区域共同发展基金制度、建立城市圈生态补偿基金制度，来筹措城市圈生态文明建设和环境保护与治理的资金。第七节是城市圈生态文明共建共享的群众参与路径。通过积极引导大众参与城市圈的生态文明建设和环境保护治理，推动多元主体参与政策协调两种方式来建立群众参与机制。

通过对城市圈区域生态文明共建共享的实现路径的设计，能够使得城市圈区域生态文明共建共享的对策得以切实实现。这些路径是城市圈区域生态共建共享的梦想通向现实的桥梁。

第十章

研究总结与研究展望

第一节 研 究 总 结

本书是沿着"理论准备—现状梳理—问题发现—问题分析—框架构建—模式选择—机制分析—途径探索"这样的思路开展研究的。经过进一步分析,我们可以把本书研究的内容划分成"理论基础"、"现状研究"、"问题分析"、"对策研究"4 大部分,下面分别总结。

第一部分:理论准备。在理论准备部分,本书对国内外有关生态文明理论、城市或者区域间协调发展理论、可持续发展理论、公共产品理论、外部性理论等理论进行了全面的梳理,为进一步的研究做好了理论铺垫。

第二部分:现状研究。在本部分,本书通过对武汉城市圈生态文明建设现状的梳理,对经济社会发展状况,以及城市圈区域内公共事务协调现状的深入分析,找出武汉城市圈生态环境共建共享机制构建中存在的问题和困难,为进一步找出深层次的原因做好了铺垫。

第三部分:问题分析。在本部分,首先,对武汉城市圈生态文明共建共享的必要性进行分析。分析城市圈各自建设生态文明的弊端,从区域生态文明建设矛盾的自我化解的不可行性,得出区域生态文明共建共享的必要性。其次,对武汉城市圈生态文明共建共享的障碍进行分析,找出影响城市圈生态文明共建共享的真正难点,并从深层次去分析这些障碍的形成机理,为切实解决区域生态文明建设中的共建共享问题找出必须下工夫清除的障碍。

第四部分:对策研究。在解决对策这一部分,可以划分成"总体框架构建"、"模式选择"、"机制设计"、"路径选择"4 个板块。①在研究对武汉城市圈生态文明建设区域共建共享协调框架进行构建方面,树立区域合作的理念,明确区域合作的指导思想和指导原则,设立武汉城市圈区域生态文明建设的目标,探索武汉城市圈生态文明建设的着力点。②在武汉城市圈生态文明共建共享模式的选择方面，主要对"政府主导模式"、"市场主导模式"、"紧密联盟模式"、"松散合作模式"、"区域网格化管治模式"和"完全融合模式"等几种模式的优缺点及选择的限制条件进行研究，以便为各区域的选择提供更多的参考依据，并在此基础上设计武汉城市圈生态文明建设共建共享模式的演进路径，最终选择适合武汉城市圈的共建共享模式。③在对武汉城市圈有关生态文明建设的共建共享机制的设计方面，主要涉及武汉城市圈有关生态文明建设的共建功能规划机制、产业分工与协调机制、利益协调机制、区域协调的综合决策机制、沟通协商机制、市场机制、区域共同发展的资金筹措机制、政府绩效考核机制、政策协调机制、技术创新机制、网络合作机制等。通过这些机制的设计，武汉城市圈解决问题的基本方法就得以确立了。④在武汉城市圈生态文明共建共享实现路径探索方面，从组织建设、制度设计、文化引导等方面设计路径。在组织建设方面，从总协同机构、功能性机构、民间组织3个方面设计区域的协同机构；在制度建设方面，从总章程、生态文明建设"责任与利益"的划分与分配、纠纷的协商与仲裁等方面设计协同制度；在文化引导方面，对政府、企业、社会公众宣贯合作文化、和谐文化和科学发展文化。武汉城市圈生态文明共建共享的实现路径还有一些其他方面的补充，比如，政府的管理协同路径、环境治理和生态文明建设资金的筹措路径、环境治理和生态文明建设的群众参与路径。

第二节 研究展望

本书构建的"武汉城市圈"生态文明共建共享框架，以及在此基础上进一步设计的生态文明共建共享的模式、机制和路径，只是提出了解决"武汉城市圈"生态文明共建共享的思路和框架。一个系统能否正常并且有效地运行，不但要有思路和框架性的东西，还要有很多具体的措施，本书研究的后续工作就是要在深入"武汉城市圈"的生态文明建设实践，结合"武汉城市圈"的实际情况，诸如产业重构、政府绩效考核方案设计、一体化市场建设等方面进行进一步深入、细致的研究，拿出符合"武汉城市圈"实际需求的具体措施。